高等院校动画与数字媒体专业系列教材
河南省一流本科课程配套教材

Maya

三维角色动画设计与制作

王 威 著

化学工业出版社

北京

内容简介

本书基于影视动画、数字媒体行业应用型人才培养而编写，以 Maya 软件为主，融入 Daz Studio、Marvelous Designer、Substance 3D Painter 等软件，讲解三维角色动画创作知识、技能。全书共 16 章内容，主要介绍三维角色动画的发展历史，三维动画角色的类型，三维角色动画的创作流程等；三维动画软件 Maya 的基本操作；角色动画设计与制作的基本规则，角色动作制作的常用技巧，镜头组织，角色绑定技术，三维服装制作和动力学动画等。本书遵循应用型人才培养规律，由易到难地设置了 3 类实战案例——Q 版、卡通、写实，细致讲解具体的三维角色动画制作，并提供案例素材、源文件、微课视频。为便于数字化教学的开展，本书提供课件、教学大纲。

本书适用于高等学校影视动画、数字动画、数字媒体艺术、数字影像设计、影视多媒体技术、游戏设计、视觉传达设计、广告设计等专业教学使用，也可为影视制作、动画创作、游戏设计工作者和相关研究者提供参考与借鉴。

图书在版编目（CIP）数据

Maya三维角色动画设计与制作 / 王威著. —北京：化学工业出版社，2024.8
ISBN 978-7-122-45612-0

Ⅰ.①M… Ⅱ.①王… Ⅲ.①三维动画软件 Ⅳ.① TP391.414

中国国家版本馆 CIP 数据核字（2024）第 092081 号

责任编辑：张　阳　　　　　　　　　装帧设计：张　辉
责任校对：张茜越

出版发行：化学工业出版社
　　　　　（北京市东城区青年湖南街13号　邮政编码100011）
印　　装：中煤（北京）印务有限公司
787mm×1092mm　1/16　印张20　字数540千字
2024年8月北京第 1 版第 1 次印刷

购书咨询：010-64518888　　　　　　　售后服务：010-64518899
网　　址：http://www.cip.com.cn
凡购买本书，如有缺损质量问题，本社销售中心负责调换。

定　　价：79.80元　　　　　　　　　　　版权所有　违者必究

PREFACE 前言

　　动画产业被誉为21世纪中国最有发展前景的朝阳产业之一，具有广阔的市场空间和就业前景。动画专业人才在电影、游戏、动漫、广告、自媒体等行业领域都有旺盛的需求。进入新时代，随着我国文化事业的繁荣发展，这些行业对高素质动画人才的需求日益迫切。在这一背景下，越来越多的高校开设动画相关专业或设置相关课程。

　　"三维动画制作"是高校影视动画、数字媒体艺术等专业开设的核心课程之一，也是游戏设计、影视动画创作、动漫制作等行业领域重要的工作之一，而角色动画又是三维动画项目制作的重中之重。本书从三维角色动画创作人才培养的实际需求出发，由浅入深地、完整地创作4个三维角色。

　　书中使用到的软件以Autodesk公司的专业三维动画制作软件Maya为主。这是一款宗师级的三维动画制作软件。在大型影视动画项目的制作中，尤其是院线级的电影都将Maya作为主要制作软件来使用。随着技术的进步，三维动画制作模式已经由过去的单一软件制作，发展为多软件协同制作。本书也用到了目前业内普遍使用的其他三维制作软件：

　　Mixamo系统：Adobe旗下的一个基于网页版的在线三维角色自动绑定和动画制作平台。

　　Arnold（阿诺德）：基于物理算法的电影级别渲染引擎。

　　Marvelous Designer：专业制作和编辑3D服装的三维软件。

　　AdvancedSkeleton：专业制作三维角色骨骼绑定的插件。

　　Daz Studio：制作三维角色模型的软件。

　　Substance 3D Painter：Adobe旗下的制作三维材质贴图的行业标准软件。

　　Unreal Engine（虚幻引擎）：美国公司Epic Games开发的一款游戏引擎。

　　Stable Diffusion：一款开源的AI绘图软件。

　　本书具体内容特点和功能如下：

　　1.适用于应用型人才培养。分阶段、分步骤、递进式、引导式讲授三维角色动画制作全流程必备的知识技能。突出实用性、应用性，设置了4个完整的角色制作案例，步步解析，真正实现

"教、学、做"一体化。

2.体例明晰，便于教学。各章开头设置学习重点、学习难点，课后设置本章小结、课后拓展，以帮助学习者梳理学习目的，巩固知识与技能，提高学习效率，强化学习效果。

3.案例设置典型，具有可操作性。本书中的所有案例，都是笔者在郑州轻工业大学动画系（国家级一流本科专业建设点）讲授三维动画制作课程中，反复多次使用过，并取得良好效果的。学生在学习以后，所制作的三维动画短片先后在全国大学生广告艺术大赛、蓝桥杯大赛、米兰设计周、全国三维数字化创新设计大赛等教育部指定赛事中获得国家级奖项数十次。

4.配套资源丰富，方便获取。全书配套多个视频资源，扫描书中二维码可随时随地在手机端学习。附赠全套案例源文件和素材，可登录化学工业出版社官网，搜索本书书名免费下载。另外，本书配套完整课件、教学大纲，教师登录化工教育网，注册后可以下载使用。

本书是河南省第三批线上一流本科课程、河南省本科高校精品在线开放课程"数字艺术设计4（三维动画设计）"的项目成果和配套教材，也是郑州轻工业大学2023年度教材建设项目成果。需要说明的是，书中个别软件界面标点符号与出版规范有出入。

由于时间、精力有限，书中难免有疏漏之处，敬请广大读者批评指正，以便今后对本书进行修订与完善。

著者

2024年3月

CONTENTS 目录

第1部分
三维角色动画基础知识

第1章
三维角色动画概述

- **学习重点** 明确一个概念：角色是动画的核心。
  Q版、卡通版和写实版三维角色各自在制作上的优势。
  三维角色动画的设计和制作流程。

- **学习难点** 准确并完整地理解三维角色动画整体的创作流程。

什么是动画？

在我国，动画曾一度被称为美术影片（简称"美术片"）。比如，《大辞海》就将动画、木偶、剪纸等影片统称为"美术影片"，并具体解释为"运用造型艺术手段，赋予角色以动作和性格，塑造形象，表现情节"。

简单来说，动画，就是让一个原本没有生命的角色动起来的艺术形式。

角色，就是动画的核心。

1.1 ▶ 三维角色动画的发展历史

第二次世界大战期间，美国军方为了解决计算大量军用数据的难题，成立了由宾夕法尼亚大学莫奇利和埃克特领导的研究小组，开始研制世界上第一台电子计算机。经过三年紧张的工作，第一台电子计算机于 1946 年 2 月 14 日问世。

在当时，相信没人知道这一事件会给动画行业带来怎样的变化。

1972 年，美国犹他大学（The University of Utah）计算机科学系的一名叫做艾德文·卡

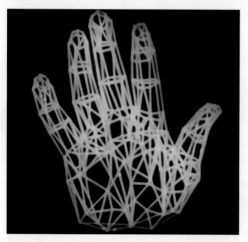

图 1-1 具有划时代意义的手的三维模型

特姆（Edwin Catmull）的博士生，制作出一个自己左手的石膏模型。他在这个石膏模型上用墨水绘制了约 350 个小三角形和其他类型的多边形，再对每个多边形的顶点坐标进行了测量，通过一个电传打字机键盘把这些坐标输入计算机，终于在计算机显示器上把这只"虚拟的手"完整地再现出来。整个"手"的三维模型可以旋转，也可以从各个角度进行观察。这是人类第一次尝试制作角色的三维模型，甚至可以看作是三维角色动画制作技术的原点，这段影片在此后的数年内一直是计算机动画制作方面的扛鼎之作 ❶（图 1-1）。

1984 年 7 月，在美国明尼阿波利斯市会议中心举办的 SIGGRAPH（Special Interest Group

---

❶ 大卫·A. 普莱斯. 皮克斯总动员：动画帝国全接触. 吴怡娜，等译. 北京：中国人民大学出版社，2009：13.

for Computer Graphics，计算机图形图像特别兴趣小组）年会中，一部由约翰·拉塞特（John A.Lasseter）负责制作的三维动画短片《安德鲁和威利冒险记》（*The Adventures of Andre And Wally B*）进行了首映，这也是第一次将迪士尼的传统动画原理运用到电脑三维动画制作中，开创了三维角色动画的先河（图1-2）。

图1-2　动画短片《安德鲁和威利冒险记》中黄色蜜蜂威利的制作过程

自此，三维角色动画正式进入历史舞台。

1986年，皮克斯动画工作室（Pixar Animation Studios）成立，前文提到的艾德·卡姆尔和约翰·拉塞特都在其中。

1988年，皮克斯开始尝试制作动画短片《小锡兵》（*Tiny Toy*），还是由约翰·拉塞特执导。在这部实验动画中，对人类婴儿的制作进行了尝试，同时也是对皮克斯开发的三维动画制作软件Renderman的一次正式测试。这部动画短片在1988年，获得了奥斯卡最佳动画短片奖，这是皮克斯获得的第一个奥斯卡奖项。这部动画也是后来皮克斯制作的动画电影《玩具总动员》的创意来源（图1-3）。

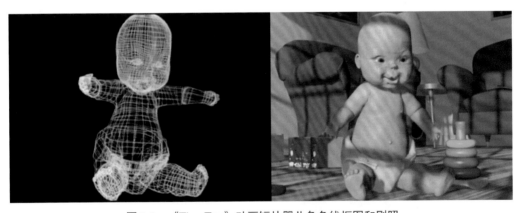

图1-3　《Tiny Toy》动画短片婴儿角色线框图和剧照

1995年，由约翰·拉塞特导演并负责制作的三维动画电影《玩具总动员》（*Toy Story*）上映，该片由迪士尼与皮克斯公司合作，第一次全部使用电脑制作，花了上亿的成本，历时四年才完成，在主题、技术、制作等方面均具有革命性意义，在票房上也取得了巨大成功。作为历史上首部全电脑制作的三维动画电影，它标志着电脑动画、三维动画技术的成熟（图1-4）。

随后，约翰·拉塞特变魔术般地再次执导并完成了全三维动画电影《虫虫危机》和《玩具总动员2》，再次在评论和票房上大获成功，使三维动画电影成为电影中不可或缺的主流类型。

图1-4 动画电影《玩具总动员》制作界面和剧照

课堂讨论

三维和二维动画只有一字之差,它们究竟区别在哪里呢?

说得浅显一点,平面的就是二维,立体的就是三维,二维只能进行上下、左右两个维度的运动,即X、Y轴向上的运动。而三维在这个基础上,还可以进行前后维度的运动,即Z轴向上的运动。网上很流行的"二次元"和"三次元"的说法,其实就来源于二维和三维。

二次元,来自日语的"二次元(にじげん)",意思是"二维",在日本动画爱好者眼中指漫画、动画、游戏等作品中的角色,相对地,"三次元(さんじげん)"被用来指代现实中的人物。

三维使动画的空间感更为真实可信,同时也使动画制作人员从动辄成千上万张画中解脱出来。它的出现颠覆性地改变了动画的制作流程,也使得越来越多的人走入了动画制作这个行业。

2009年底,由著名导演詹姆斯·卡梅隆(James Cameron)执导,20世纪福克斯出品,耗资超过5亿美元的科幻电影《阿凡达》(*Avatar*)上映。该片为三维动画技术的运用带来历史性的突破,大量的动作捕捉技术和合成技术的运用,使实拍镜头与三维动画完美结合,三维动画技术完美地创造出另外一个真实可信的世界(图1-5)。

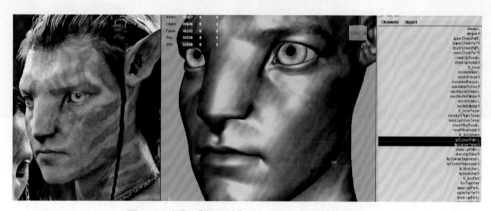

图1-5 电影《阿凡达》在 Maya 中的制作界面

在三维角色动画如火如荼发展的时代背景下,中国的动画人也开始了自己的尝试。

2012年初,一部由中国华强方特(深圳)动漫有限公司发行并制作的,名叫《熊出没》的三维动画片在中央电视台少儿频道播出。这部动画片迅速风靡全国,到目前为止,已经播出近1000集电视剧、11部电影,这也是中国第一部大获成功的三维动画片(图1-6)。

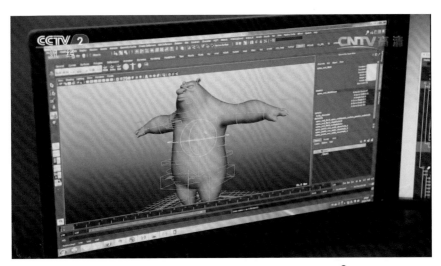

图 1-6　动画《熊出没》在 Maya 中的制作界面❶

　　2015 年 7 月，由中国导演田晓鹏执导的全三维动画电影《西游记之大圣归来》上映。该片以宏大的历史观和精美的画面，人气极高的三维角色齐天大圣孙悟空，再加上极具东方神韵的武打设计，斩获 9.56 亿元人民币的票房，在当时成功"登顶"中国动画电影票房总冠军，获得第 30 届中国电影金鸡奖最佳美术片奖，使中国三维动画开始受到大众的关注（图 1-7）。

　　2019 年，由中国导演饺子执导兼编剧的三维动画电影《哪吒之魔童降世》上映。该片改编自中国神话故事，讲述了动画主角哪吒虽"生而为魔"却"逆天而行斗到底"的故事。该片以49.7 亿元人民币的票房成绩在中国影史票房排行榜上位列第二，并代表内地参选 2020 年第 92届奥斯卡金像奖最佳国际影片，使中国的三维动画走向国际市场（图 1-8）。

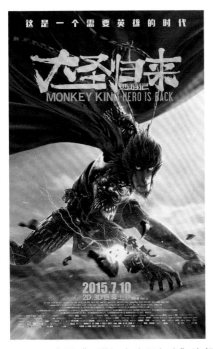

图 1-7　电影《西游记之大圣归来》海报

图 1-8　电影《哪吒之魔童降世》海报

❶ CCTV-2 财经频道 2016 年 10 月 21 日播出的电视节目《老爸全知道之动画片是如何制作的》截图。

1.2 ▸ 三维动画角色的类型

三维动画角色的美术设计大体上可以分为三类：Q版、卡通版和写实版。

Q版：指头身比为1：2以内的动漫角色形象，《喜羊羊和灰太狼》《海底总动员》《吃货宇宙》中的角色基本上都属于这种类型（图1-9、图1-10）。Q版角色最大的特点是设计简单，不需要掌握复杂的人体结构、肌肉走向，对美术人员的要求不高。动作制作也相对简单，因为Q版角色的肘、膝、踝、腕关节的运动不用表现得那么具体，制作难度、工作量以及对动画制作人员的技术要求都相对较低。

图1-9　《海底总动员》中的角色设计　　　　　图1-10　《吃货宇宙》中主角的设计

卡通版：指头身比在1：2和1：7之间的动漫角色，这种角色在美式动画中经常出现，《疯狂动物城》《玩具总动员》《米老鼠与唐老鸭》《熊出没》等动画片中的角色都属于这种（图1-11、图1-12）。卡通版的角色设计难度适中，可塑性较强，而且也符合动画片的制作风格。在制作技术上灵活性较高，可以使用多种技术结合的方式来降低成本。其制作成本适中，并且可以灵活控制。

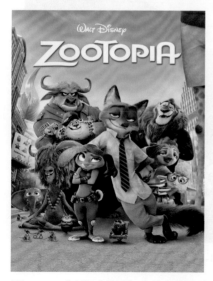

图1-11　《疯狂动物城》中的角色设计　　　　　图1-12　《玩具总动员》中主角的设计

写实版：指头身比 1 : 7 以上，和现实中正常人比例一样的动漫角色，《圣斗士星矢》《秦时明月》《太空堡垒》《超能陆战队》（*Big Hero* 6）等动画片中的角色都属于这种（图 1-13）。写实版角色最大的特点是制作复杂、难度高，因为角色造型和正常人比例一样，所以对美术人员的要求很高，不但要求对人体结构完全了解，还要求能制作出各种动作，不但肘、膝、踝、腕关节的运动要表现得很具体，连手指的运动都要表现出来。在三维角色动画的制作中，对绑定、贴图、权重以及动作都要求较高。能达到这种水准的动画制作人员在国内较为稀少，因而做写实版动画的成本是最高的。

图 1-13 《超能陆战队》中的角色设计

表 1-1 是 Q 版、卡通版和写实版动画的特点对比表，方便大家查看。

表1-1 不同类型三维动画角色的特点

类型	美术难度	制作难度	制作周期	制作成本	适用受众群
Q 版	★	★	★	★	儿童
卡通版	★★★	★★★	★★★	★★★	全年龄段
写实版	★★★★★	★★★★★	★★★★★	★★★★★	青年、成人

本书的内容框架就是基于这三类角色构建的。

1.3 ▶ 三维角色动画的创作流程

1.3.1 动画前期设计流程

无论是三维动画、二维动画，还是摆拍动画，前期的流程都是一样的：先创建剧本，再根据剧本制作文字分镜或画面分镜，接着是角色设计、场景设计、道具设计等（图 1-14）。

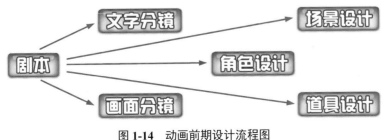

图 1-14 动画前期设计流程图

剧本创作：即整部动画的故事情节，如果是一般的动画创作，需要有故事梗概、发展主线、故事情节等。故事梗概要求用最少的文字将故事讲述出来；发展主线是将故事发展的一些转折点标注出来；故事情节则是完整的讲述。下面是一个简单的动画剧本：

> 一个14岁的小男孩，与进城打工的父亲一起，在城市中的生活。
>
> 主线：
>
> 进城→入校被拒→在家帮父亲分担家务→进民工子弟学校→上春晚
>
> 心情变化主线：
>
> 新奇、害怕→被人歧视→从无所事事到渴望读书→坚强、自立、刻苦→骄傲
>
> 故事情节：
>
> 14岁那年，我随打工的父亲，第一次来到这个陌生而又繁华的城市。第一次看到汽车，第一次看到高楼大厦，第一次看到红绿灯。一切都是那么新奇，我忽然发现我的眼睛不够用了。
>
> 父亲在外面打工，他告诉我要上进，要上学，这样才能出人头地，才不会被人看不起。在一天的清晨，我被屋外的吵闹声惊醒，出去一看，是父亲在向一个衣冠楚楚的胖老板请假，胖老板不断地摆手，转身要走，父亲追上去，不断地低头哈腰，终于，那个胖老板点头了……（以下略）

文字分镜写作：使用文字描述的方式，将动画分镜头写出来。这种方式一般用于工期比较紧的动画制作。由于没有时间去绘制分镜，因此就用文字的方式来表达。要求是：语言准确，一般不要带有任何修饰性词汇，例如"天气好得让人心旷神怡"，这样的表达会让制作人员无从下手，正确的应该是"蓝色的天空中飘着几朵白云，风把几片树叶轻轻吹了起来"，这样制作人员就知道如何绘制了，如表1-2所示。

表1-2　一个简单的动画文字分镜

序号	镜头	描述	对白/声音
01	中景转特写	空荡的房子，一个女孩蜷缩在角落，瑟瑟发抖。镜头上移至女孩背后的相框，照片上父母渐变成黑白色，字幕出：奢侈的幸福	争吵声，摔门声，瞬间变寂静
02	远景转中景	画面淡出，两栋楼的剪影，女孩站在楼中间的路上，过路的情侣和伙伴们从其身边走过	嘈杂声，路人说笑声，背景音乐起
03	特写	手机屏幕，显示电话本为空	
04	远景	女孩渐渐由彩色变成黑白	
05	中景	女孩站在咖啡店门口，躲雨，男孩站在旁边	雨声
06	特写	雨水从女孩发梢滑落，随之眼泪也划过脸颊滴落	
07	特写	一滴眼泪滴落，眼泪由少渐多	有节奏的泪水滴落声
以下略			

画面分镜绘制：使用绘画的方式将每一个动画镜头绘制出来。一般的动画对画面要求不高，能够表达清楚拍摄角度、摄像机的运动、人物的前后顺序、场景与人物的关系基本就可

以了。如果有时间还可以绘制出光线的变化和表情变化等。图 1-15 是三维动画电影《超人总动员》的画面分镜。

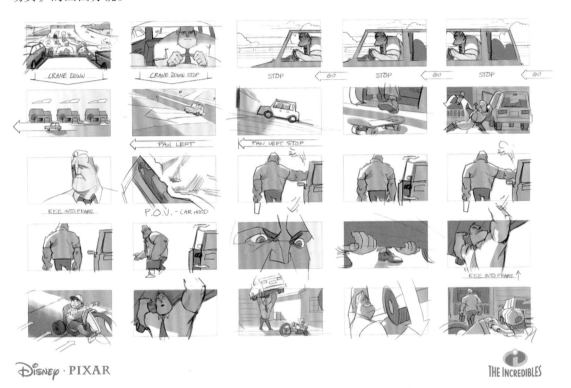

图 1-15　三维动画电影《超人总动员》的画面分镜

角色设计：包括前期的性格、行为设定，然后根据角色特征开始设计和绘制。如果有多个角色，在设计上需要将身高、体型区别开，太统一的造型会让观众感觉重复。所有的主角设计完以后，还需要绘制一张角色全图，将所有角色都放进去，使身高和体型差异显示清楚。图 1-16 是动画系列片《哈普一家》中的角色设计。

图 1-16　动画系列片《哈普一家》的角色设计图

场景设计：根据情节绘制不同的场景。如果是一般的动画创作，一张分图层的场景即可，但如果是较为复杂的场景，还需要绘制出场景的不同角度。图 1-17 是动画系列片《哈普一家》中主场景的设计图。

图1-17 动画系列片《哈普一家》的主场景设计图

1.3.2 角色设计流程

角色的设计也可以分为几个阶段：

第一阶段可以绘制角色的剪影，从整体的形状来设计角色的造型（图1-18）。

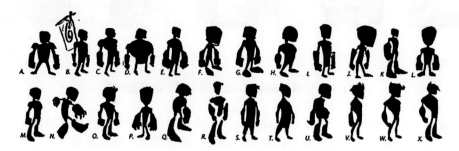

图1-18 角色剪影造型设计

第二阶段可以根据剪影的形状，绘制角色的线稿设计图，从形体上对角色进行设计（图1-19）。

图1-19 角色线稿造型设计

第三阶段可以给角色加上五官、细节，进行深入设计，例如摆出几个关键 Pose（姿势），以及简单地上色（图 1-20）。

图 1-20　角色形象的深入设计

当角色的形象确定以后，就要开始绘制角色的转面图。转面图的作用是展示角色的不同角度，一般包括角色的正面、半侧面、正侧面、半背面和背面（图 1-21）。

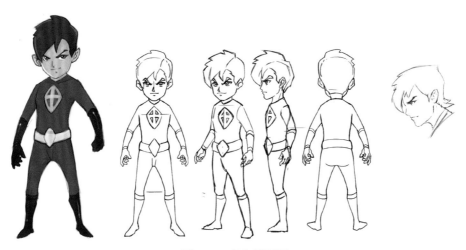

图 1-21　角色转面图

1.3.3　三维角色动画的制作流程

三维角色动画的制作流程包括建模、材质、骨骼绑定、动画、灯光、渲染、后期合成（图 1-22）。

图 1-22　三维角色制作流程

在这些步骤中，除了最后的后期合成要用到视频编辑软件以外，其他部分都需要在三维软件中完成。

　　建模：根据前期的角色设计图，在三维软件中制作出相应的模型。这个工种对人体结构、肌肉分布等知识的掌握要求很高，最好有一定的雕塑基础。另外，建模并不仅仅是把模型制作出来就行，它还有很多细节的要求，例如有的要求模型的面数在 10000 个以内，这样的模型称之为简模，但绝对不是很粗糙的模型，而是用最少的线做出高模的效果来。如图 1-23 所示模型的面数有 8000 个左右。

图 1-23　简模效果

　　既然有简模，就肯定会有高模，这样的高精度模型对细节要求极为严格，包括脸上的皱纹甚至皮肤的纹理都要呈现。如图 1-24 所示的模型面数高达 15 万个。

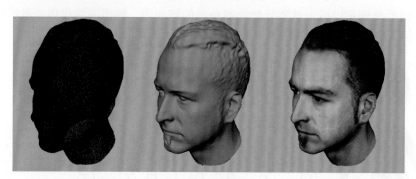

图 1-24　高模效果

　　材质：为制作好的模型绘制皮肤、服饰的贴图，要求对色彩和质感较为敏感，如有较强的美术功底，可以直接绘制贴图（图 1-25）。

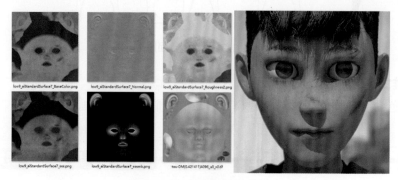

图 1-25　角色材质贴图

骨骼绑定：为角色的模型装配骨骼系统，其中包括 IK、FK，以及控制器、驱动关键帧等。这是一个逻辑思维能力比较强的人才干得来的活，大量的层级关系、约束和被约束、IK 和 FK 的转换等，都有比较强的逻辑关系在里面（图 1-26）。

图 1-26　角色骨骼

动画：调整角色的骨骼，使角色根据剧情的需要，做出不同的动作和表情，要求对角色的运动规律有较深的了解，使动作真实可信，而且能够在原基础上进行夸张甚至变形（图 1-27）。

图 1-27　角色动画效果

灯光：根据环境气氛，调节出适当的光影效果，要求对摄影技术有一定的了解，而且要对光影的变化很敏感（图 1-28）。

图1-28 舞台演出灯光效果

渲染：使用默认或外部的渲染器，对在软件中制作好的角色和场景进行渲染，输出成序列图片或视频，要求懂一定的计算机编程（图1-29）。

图1-29 渲染前后效果对比

后期合成：使用视频特效或合成软件，将镜头合成，并进行一些特效制作和校色工作，最后输出成完整的动画短片。

1.4 ▶ Maya与三维角色动画

课堂讨论

大家都听说过哪些三维制作软件呢？

在前些年，主流的三维制作软件只有Autodesk公司的3ds Max和Maya，但是随着技术的进步，新的三维制作软件也层出不穷。例如Maxon公司CINEMA 4D，以及免费开源的Blender等。

Maya作为老牌三维制作软件，有着广泛的用户群体。在角色动画的制作中，Maya有近乎完美的解决方案，其独有的XGen毛发系统，至今仍然是角色毛发制作的天花板。

作为行业标准的制定者Autodesk公司所开发的软件，Maya与其他绝大多数的软件都能无缝衔接，因此在大型影视动画项目的制作中，尤其是院线级的电影都将Maya作为主要制作软件来使用。

Maya 是原来的 Alias 公司在 Power Animator 基础上开发的新一代 3D 动画软件，最后定名为 Maya，这个词来自梵语，是"迷失的世界"的意思。2005 年，Autodesk 公司以 1.82 亿美元收购了 Alias 公司，Maya 也成了 Autodesk 公司旗下的软件。图 1-30 所示的是 Maya 软件的操作界面。

图 1-30　Maya 软件的操作界面

Maya 的定位是影视动画，特别是高端的电影制作。在大家熟悉的阿凡达系列、复仇者联盟系列、星球大战系列、指环王系列、变形金刚系列中，Maya 都发挥了重要的作用（图 1-31、图 1-32）。

图 1-31　电影《变形金刚 7：超能勇士崛起》海报　　图 1-32　电影《复仇者联盟 4：终局之战》海报

例如在影片《复仇者联盟4：终局之战》中，不但要表现一只活灵活现的火箭浣熊，还要使这只小浣熊很好地融入实拍的影片之中，这对于光线的把握和处理是非常严格的，而Maya对这方面的处理相当出色。另外一个重大技术难点就是火箭浣熊身上一根一根的毛发，这里边也大量应用到了Maya的毛发技术，使每一根毛发都与周围的景色相协调（图1-33）。

另外，一些三维艺术家也使用Maya做出了很多让人惊叹的作品（图1-34）。

图1-33　影片《复仇者联盟4：终局之战》中的火箭浣熊

图1-34　各国艺术家使用Maya制作不同风格的三维角色

本章小结

本章的主要学习任务是初步认识三维角色动画，需要掌握的内容包括三维角色动画的发展历史，三维动画角色的类型，三维角色动画的创作流程，并初步认识三维角色动画制作软件Maya。课后可以登录一些专业网站，看看高手们的作品，开阔一下眼界。

课后拓展

1.通过学习本章，请结合自己的需要，进行一部三维动画片剧本、分镜、角色、场景等的前期设定，为后面制作三维动画打下基础。

2.多在网上观看一些不同风格的三维动画短片，寻找一部动画短片作为自己的制作目标。

3.在初步了解三维动画的基础上，思考一下自己未来希望从事的职业和工种，明确了学习目标后才有更大的动力。

第2章
Maya的基本操作

- 学习重点　Maya软件的基本视图操作。
　　　　　　多边形基本体的创建、调整。
　　　　　　在Maya中完整地制作一个模型并渲染输出。

- 学习难点　三维动画的制作思路。

　　Maya 是一套极其庞大而又复杂的软件，它的命令成千上万，许多初学者就是因为它复杂的界面而望而却步的（图 2-1）。

图 2-1　Maya 软件的主界面

　　实际上 Maya 中的很多命令，使用者有可能一辈子都用不到，因此只要掌握好一定数量的常用命令，对付平时的工作和创作，就已经绰绰有余了，例如建模时只需要掌握几十个命令就可以完成一个漂亮的模型，所以这一点是完全不用担心的。

2.1 ▶ Maya的界面

　　打开 Maya 软件，会先弹出主页面，上面会显示出最近使用过的 Maya 源文件以及相关信息。如果是第一次打开 Maya 软件，"最近"一栏是空的，点击左侧的"新建"或右上方的"转到 Maya"按钮，就可以进入 Maya 的主界面当中了（图 2-2）。

图 2-2　Maya 软件的主页

Maya 主界面的组成如图 2-3 所示。

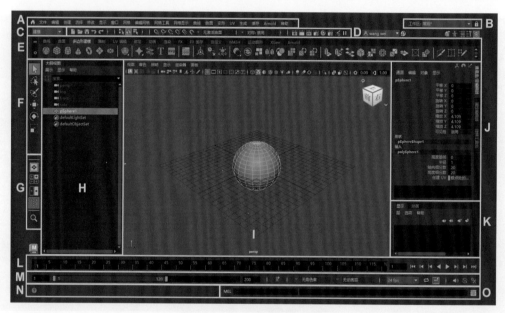

图 2-3　Maya 软件的主界面

A. 菜单： 菜单包含工作中所使用的命令和操作，位于 Maya 窗口的顶部。

B. 工作区选择器： Maya 的界面并不是一成不变的，可以根据不同的需求进行切换，不同的工作环节可以使用不同的工作区，方便进行各种操作。当前显示的是默认的"常规"工作区。

C. 菜单集： Maya 中主要包括 6 个默认的菜单，这 6 个菜单分别对应着 Maya 中不同的工作内容。在菜单集中选择不同的菜单，Maya 的菜单也会发生相应的改变。这 6 个菜单分别是：建模、绑定、动画、FX、渲染和自定义。

D. 状态行： 状态行主要用于显示与工作区操作相关的图标、按钮或者其他项目，也用于在物体的各个选择级别之间进行切换。它包含许多常用的常规命令所对应的图标，以及用于设置对象选择、捕捉、渲染等的图标。还提供了快速选择字段，可针对输入的数值进行设置。

单击垂直分隔线可展开和收拢图标组。

E. 工具架：包含常见工具对应的图标，并根据类别按选项卡进行排列。

F. 工具箱：包含始终用于选择和变换场景中对象的工具，包括选择工具、套索选择工具、绘制选择工具、移动工具、旋转工具和缩放工具。

选择工具（快捷键是 Q）：用于选择物体，位于常用工具栏的最上侧。单击选择此工具，然后在要选择的点、线或面上单击即可。

套索选择工具：用于选择不规则的物体。单击选择此工具，然后在视图中通过拖拽鼠标形成一个选择区域，以选择物体。

绘制选择工具：选择物体的另一种形式。这时鼠标会变为一支画笔，绘制到的地方就会被选择。

移动工具（快捷键是 W）：用于移动物体。选择物体后会显示出 3 个带有箭头的移动轴操纵器，可以使物体在 3 个轴向上任意移动（图 2-4）。

旋转工具（快捷键是 E）：用于旋转物体。单击选择此工具，被选择物体会出现不同轴向的旋转轴操纵器，可将物体任意旋转（图 2-5）。

缩放工具（快捷键是 R）：缩放工具用于改变一个物体的大小和比例。缩放可以按比例进行，也可以不按比例进行。单击选择此工具，被选择物体会出现 3 个轴向的缩放轴操纵器，可使物体在任意轴向上放大、缩小（图 2-6）。

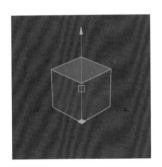 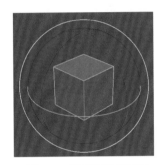 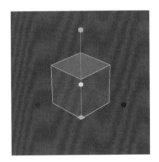

图 2-4　移动工具的显示　　　图 2-5　旋转工具的显示　　　图 2-6　缩放工具的显示

技术解析

操纵器的大小，可以通过按键盘的加号和减号去控制。

加号：在视图中将操纵器放大。

减号：在视图中将操纵器减小。

G. 面板布局 / 大纲视图按钮：通过工具箱下面的前三个快速布局按钮，只需单击一次即可在有用的视图面板布局之间切换，而底部按钮则用于打开大纲视图。

H. 大纲视图：以大纲形式显示场景中所有对象的层次列表。

I. 视图面板：可以使用摄影机视图通过不同的方式查看场景中的对象，显示一个或多个视图面板，具体取决于正在使用的布局。

J. 通道盒：会显示被选中物体的属性和相关参数，可以编辑参数和设置关键帧。

K. 图层编辑器：可以创建、编辑和删除图层，用于组织和管理场景中的物体。

L. 时间轴：时间轴可以显示可用的时间范围，主要用于动画的制作和编辑。默认显示 1 ～ 120 帧。

M. 范围滑块：用于设置时间轴的开始时间和结束时间。

N. 帮助行：当鼠标在工具和菜单项上滚动时，帮助行会显示这些工具和菜单项的简短描述，还会提示使用工具或完成工作流所需的步骤。

O. 命令行：命令行的左侧区域用于输入单个 MEL 命令，右侧区域用于提供反馈。

2.2 ▶ Maya的视图操作

一般的三维软件都会提供 4 个视图，作图时可以从不同角度观看和检查，它们分别是：Front（正视图）、Top（顶视图）、Side（侧视图）、Persp（透视图），Maya 默认的视图面板中，只有一个透视图，可以点击面板布局中的四视图按钮，将视图面板切换为四视图的布局（图 2-7）。

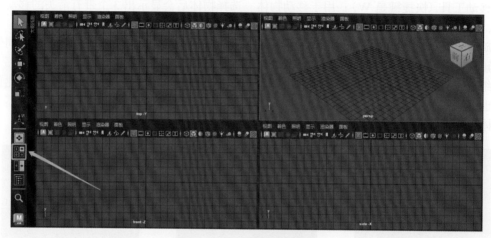

图 2-7　Maya 软件的四视图

这 4 个视图一般都可以最大化显示，便于更进一步观察。Maya 的视图最大化的快捷键是空格键。把鼠标放在一个想要最大化的视图上，快速地敲一下空格键，注意，一定要快速地敲击，否则就会弹出菜单的悬浮面板。当视图最大化的时候，如果又想切回四视图方式，可以再在视图上快速地敲一下空格键，就会再次切换回四视图的方式。

将鼠标放在视图中，按住空格键不放，然后把鼠标移到弹出的浮动菜单的中央，即被方框包住的"Maya"那里，按鼠标右键，会弹出来切换的视图选择，选择想切换的视图，在上面释放鼠标右键就可以对视图进行切换（图 2-8）。

图 2-8　切换视图

在视图中制作模型的时候，需要从不同角度、不同距离对模型进行观察，这就需要对视图进行平移、旋转和推拉操作。

平移视图：按住 Alt 键（Windows）或 Option 键（macOS）并使用鼠标中键（滚轮键）拖动。

旋转视图：按住 Alt 键（Windows）或 Option 键（macOS）并使用鼠标左键拖动。旋转视图只能在透视图中使用，其他 3 个视图不支持旋转的操作。如果想以某个物体为中心进行旋转，可以选中该物体，按下键盘的 F 键，再旋转视图即可。

推拉视图：按住 Alt 键（Windows）或 Option 键（macOS）并使用鼠标右键拖动，或者直接使用鼠标的滚轮进行操作。如果摄影机拉得太远，找不到物体了，可以按下键盘的 A 键，使所有的物体都显示在视图中。

在视图中制作多边形模型的时候，可以对模型的显示精度级别进行调整。

在场景中选中多边形模型，在视图中按"1"键，是该模型的粗糙几何体显示级别；按"2"键，是该模型的中等几何体显示级别；按"3"键，是该模型的平滑几何体显示级别（图 2-9）。

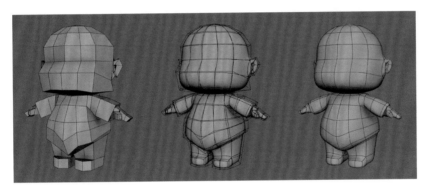

图 2-9 多边形模型不同的显示级别

还可以对模型的显示模式进行调整，方便对模型进行观察。

线框显示模式：在视图中按"4"键，模型就会以线框的模式显示。

着色显示模式：在视图中按"5"键，模型就会显示实体效果，如果有模型材质是基础颜色，也会显示出来。

贴图显示模式：在视图中按"6"键，模型上的外部贴图就会显示出来。

灯光显示模式：在视图中按"7"键，会显示出模型被场景中的灯光照亮的效果，如果还没有添加灯光，模型就会显示为黑色（图 2-10）。

图 2-10 模型不同的显示模式

2.3 ▶ 多边形模型概述

多边形的英语是 Polygon，顾名思义，它是由点组成边，再由边组成面，最后再由多个面组成复杂的模型，这种由多个面连接而成组的面网络，称为多边形网格。

多边形能用于构建各种类型的三维模型，并广泛应用于电影、游戏和动画等行业中。

在 Maya 中，多边形模型可以简单地分为顶点、边和面 3 个子级别，也可以这么说，Maya 的多边形建模，就是通过调整顶点、边、面达到最终的模型效果的（图 2-11）。

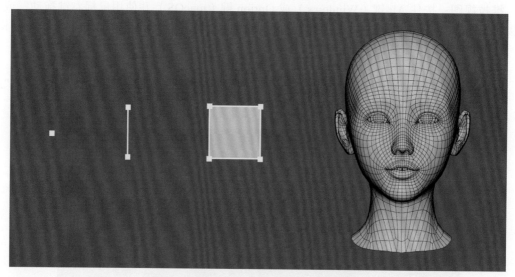

图 2-11　Maya 中的顶点、边、面和模型

Maya 中内置了很多多边形基本体，例如球体、立方体、圆柱体、圆锥体等，可以使用鼠标左键直接点击工具架中"多边形建模"下的相关图标进行创建（图 2-12）。

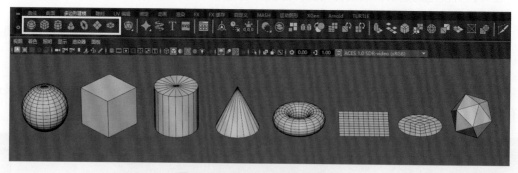

图 2-12　Maya 的多边形基本体

许多复杂的模型，在开始建模的时候，都是使用多边形基本体作为模型的起始点，该建模方法被称为基本体向上建模。

在 Maya 视图中新建一个多边形模型，把鼠标放在模型上，单击鼠标右键不要松开，这时会弹出浮动的面板，当中就有顶点级别、边级别和面级别（图 2-13）。

在浮动面板中分别选择顶点、边、面，也可以通过按下快捷键 F9、F10 和 F11 分别进入被选中模型的顶点级别、边级别和面级别中。选中一些顶点、边或面，使用移动、旋转、缩放工具对它们进行操作，从而对模型进行修改和改变（图 2-14）。

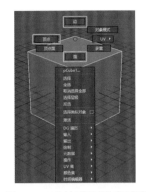

图 2-13　多边形的浮动面板

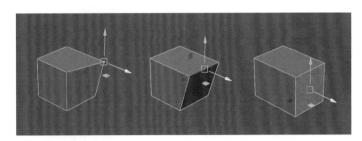

图 2-14　多边形模型的顶点级别、边级别和面级别

在创建多边形基本体的时候，可以直接调整它的顶点、边和面的数量。

在"通道盒 / 层编辑器"面板的"输入"栏下方，就会显示该多边形基本体的相关信息，其中"细分数"就是控制模型精细程度的。以立方体为例，它的"细分宽度"数值，是控制其宽度上要细分为多少份，输入 4，会看到立方体沿着 X 轴向被细分为 4 份，相应的顶点、边和面数都会有所增加（图 2-15）。同理，如果将"高度细分数"和"深度细分数"也都设置为 4，立方体将在 3 个轴向上都被细分为 4 份，更便于后续的调整（图 2-16）。

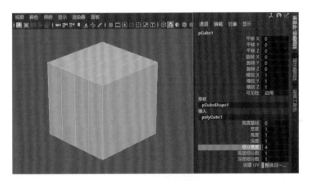

图 2-15　"细分宽度"为 4 的立方体

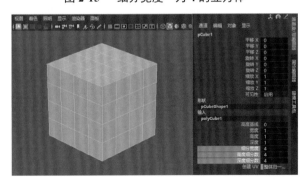

图 2-16　所有细分数都为 4 的立方体

Maya 中还有很多用于编辑多边形模型的命令和工具，将菜单集设置为"建模"的时候，就会在"网格""编辑网格""网格工具"和"网格显示"的菜单中找到（图 2-17）。也可以点击 Maya 主界面右上角的"显示 / 隐藏建模工具包"按钮，或者执行菜单的"窗口"→"建模编辑器"→"建模工具包"命令，将"建模工具包"面板打开，里面有编辑多边形模型最常用的一些命令和工具（图 2-18）。还可以在视图中选中多边形模型后，按着键盘的 Shift 键，在

视图中点击鼠标右键，弹出的浮动面板中也有相关的命令和工具（图 2-19）。

图 2-17 多边形的编辑菜单

图 2-18 "建模工具包"面板

图 2-19 视图中的浮动面板

2.4 ▶ 乐高风格角色的制作

本节将使用 Maya 中的多边形基本体，配合一些基础的操作，来制作一个简单的乐高风格的角色，效果如图 2-20 所示。

图 2-20 乐高角色效果展示

2.4.1 角色身体模型的制作

步骤 1 使用鼠标左键点击工具架中"多边形建模"下的"多边形立方体"按钮，这时会在视图的正中心创建出一个立方体，把它作为角色的头部（图 2-21）。

步骤 2 选中刚才创建好的头部立方体，执行菜单的"编辑"→"复制"命令，或者直接使用快捷键 Ctrl+D（Windows）或 Command+D（macOS），就会在该模型的位置直接复制出一个新的立方体，这时两个立方体是完全重合在一起的，看着像是只有一个立方体。直接在"工具箱"中选择移动工具，或者按下快捷键 W 键，切换到移动工

视频教程

具，将复制出来的模型向下移动一些，再按快捷键 R 键，切换到缩放工具，将该立方体缩小一些，作为角色的身体（图 2-22）。

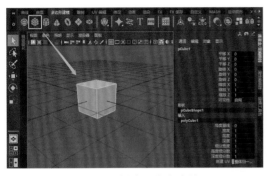

图 2-21　创建一个立方体

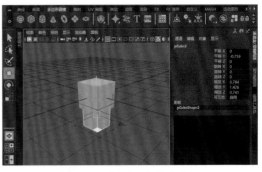

图 2-22　复制一个新立方体

步骤 3　用同样的方法，再创建三个立方体，使用缩放工具分别对它们的大小和长度进行调整，放在角色身体的一侧，作为角色的短袖、手臂和手，效果如图 2-23 所示。

图 2-23　短袖、手臂和手的模型

步骤 4　将一侧手臂的三个立方体选中，使用快捷键 Ctrl+D（Windows）或 Command+D 键（macOS）复制一份，再使用移动工具将它们移动到另外一侧，制作出另一只手臂（图 2-24）。

步骤 5　再创建两个立方体，分别调整它们的大小和长度，作为角色的腿部和脚部（图 2-25）。

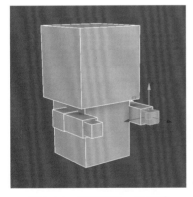

图 2-24　复制出另一只手臂

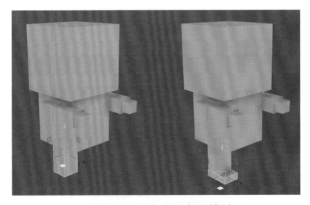

图 2-25　腿部和脚部的模型

步骤 6　用复制手臂的方法，再把另一侧的腿部和脚部也复制出来，这样整个角色的身体就制作完成了（图2-26）。这时可以在"大纲视图"中看到，目前的角色是由12个立方体所组成的。

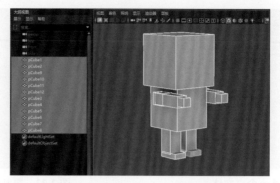

图 2-26 复制出另一侧的腿部和脚部

步骤 7 接下来要制作一个底座，让它看起来更像是乐高风格的角色。创建一个立方体，压扁并放大一些，放在角色的脚下。再创建一个圆柱体，缩小后放在底座上，并多复制几个，并排放在一起，制作出乐高积木的颗粒效果（图2-27）。

图 2-27 乐高底座的制作

步骤 8 选中这一列圆柱体，点击菜单的"修改"→"捕捉对齐对象"→"对齐对象"，选择命令后面的正方形图标，这样可以打开该命令的设置窗口。先将"对齐模式"设置为"中间"，"对齐"设置为"世界X"轴，点击"应用"按钮，就可以使这一列圆柱体沿着X轴向对齐。再将"对齐模式"设置为"距离"，将"对齐"设置为"世界Z"轴，点击"应用"按钮，就可以使这一列圆柱体沿着Z轴向均匀分布（图2-28）。

图 2-28 调整乐高颗粒的对齐和分布

步骤9 用同样的方法,将其他的乐高颗粒也制作出来,角色身体部分效果如图 2-29 所示。

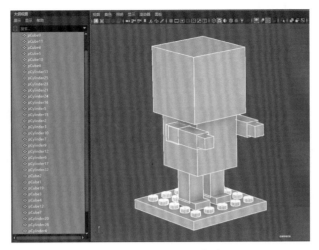

图 2-29 角色身体模型

2.4.2 角色头部模型的制作

视频教程

步骤1 创建一个多边形球体模型,使用缩放工具将它压扁并缩小,放在角色头部模型的一侧,作为角色的一只眼睛(图 2-30)。

图 2-30 眼睛模型

步骤2 选中眼睛模型,使用快捷键 Ctrl+D(Windows)或 Command+D(macOS)复制一份,使用移动工具将它向上移动一些。再按下快捷键 E,切换到旋转工具,按着键盘上的 J 键不要松手,再将该模型沿着 X 轴旋转 90 度,将它放平,作为角色的眉毛模型。按着 J 键旋转,可以每次旋转 15 度更为精准(图 2-31)。

图 2-31 眉毛模型

步骤 3　选中眉毛模型，按下鼠标右键不松手，在弹出的浮动菜单中选择"顶点"，也可以按下 F9，或者在"建模工具包"面板中点击"顶点选择"按钮，进入模型的顶点级别中（图 2-32）。

步骤 4　框选最中间的一列点，在"建模工具包"面板中，勾选"软选择"选项，或者可以按下快捷键 B 键，打开"软选择"模式，并调整"体积"的参数，使模型上的所有点，从中间一列到两边，呈现出由浅色到深色的渐变效果（图 2-33）。

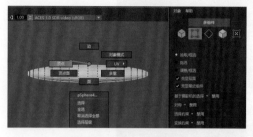

图 2-32　进入顶点级别

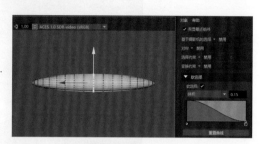

图 2-33　打开"软选择"模式

技术解析

"软选择"模式有助于在模型上创建平滑的渐变或轮廓，而不必手动变换每个顶点。

就像是一个磁场一样，在对子对象进行选择并变换时，其周围的子对象就会平滑地进行相应的变换，这种效果随着距离的远近而衰减或增强，衰减程度可以通过调整"体积"的参数来改变。

步骤 5　将中间一列点向上移动，会看到周围的点也随之进行移动，可以将眉毛做成弯曲的效果（图 2-34）。

步骤 6　按下 B 键，或者在"建模工具包"面板中，取消勾选"软选择"选项，将"软选择"模式关闭。选中一侧的眼睛和眉毛模型，使用快捷键 Ctrl+D（Windows）或 Command+D（macOS）复制一份，使用移动工具将它们移动一下，做出另一侧的眼睛和眉毛（图 2-35）。

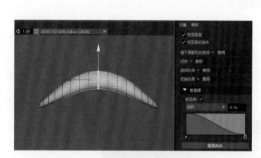

图 2-34　制作出眉毛弯曲的效果

图 2-35　复制出另一侧的眼睛和眉毛

步骤 7　选中任意一个眉毛模型，复制一份，使用移动工具把它移动到嘴部的位置，再使用旋转工具把它旋转 180 度，做出微笑的效果（图 2-36）。

步骤 8　创建一个立方体，把它缩小并压扁一些，放在嘴部模型和头部模型之间的位置，作为角色的胡子（图 2-37）。

图 2-36　制作嘴部模型

图 2-37　制作胡子模型

步骤 9　再创建一个立方体，在"通道盒 / 层编辑器"面板中，调整它的"高度细分数"和"深度细分数"都为 3，增加它的点数，方便后续的调整。使用缩放工具，将它放大一些，再使用移动工具，将它向后上方移动一些，准备制作角色的头发（图 2-38）。

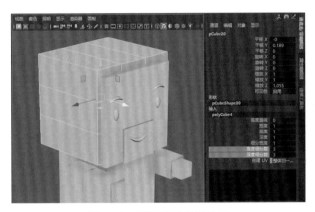

图 2-38　调整模型的细分数

步骤 10　选中头发模型，按下鼠标右键不松手，在弹出的浮动菜单中选择"顶点"，或者按下 F9，进入模型的顶点级别中，按照图 2-39 的步骤，调整并完成角色头发模型的制作。

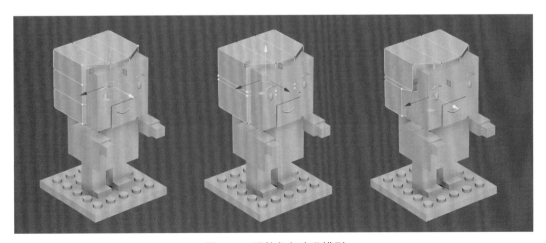

图 2-39　调整角色头发模型

步骤 11　创建 3 个立方体，分别对它们放缩并摆放好位置，作为角色的鼻子和两只耳朵（图 2-40）。

步骤 12　创建一个"多边形圆环"，在"通道盒 / 层编辑器"面板中，将"截面半径"的参数设置得低一些，使圆环变细，再使用缩放工具将它缩小一些，放在角色一侧的眼睛前，作为角色的眼镜框（图 2-41）。

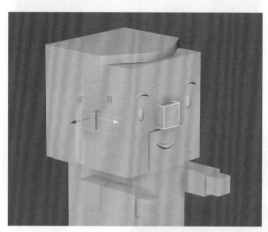

图 2-40　制作鼻子和耳朵模型

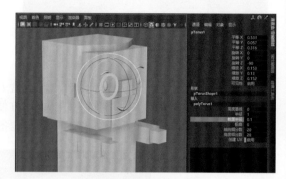

图 2-41　制作眼镜框模型

步骤 13　将另一侧的镜框也复制出来，再创建一个多边形圆柱体，缩小并把它旋转，作为两个眼镜框的连接体，完成眼镜的制作（图 2-42）。

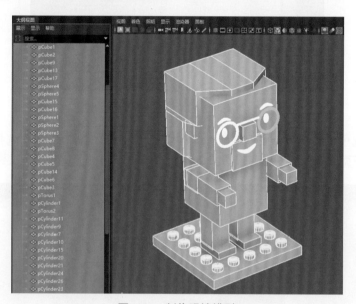

图 2-42　制作眼镜模型

步骤 14　执行菜单的"创建"→"类型"命令，或者直接点击"多边形建模"下的"多边形类型"按钮，这时画面中会出现一个三维文字模型，默认的文字是"3D Type"。选中该三维文字模型，在"属性编辑器"面板中，打开"type1"页面，可以在文字框中输入自己想要的文字。本案例中，输入的是"MAYA"，再调整"字体大小"属性的参数，将文字缩小一些（图 2-43）。

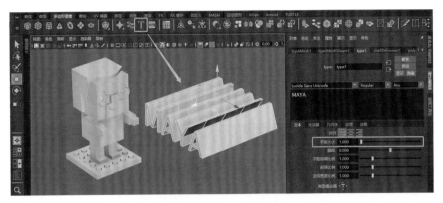

图 2-43 制作三维文字

步骤 15 切换到"几何体"页面中，将"挤出距离"的参数调低，让三维文字变薄一些（图 2-44）。

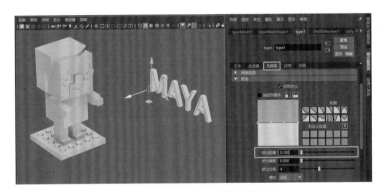

图 2-44 调整三维文字模型的厚度

步骤 16 使用缩放工具和移动工具，将文字放在角色的两手之间。这样角色的所有模型就都已经完成了。选中所有的模型，执行菜单的"编辑"→"分组"命令，或者直接使用快捷键 Ctrl+G（Windows）或 Command+G（macOS），将这些模型打包成一个群组，就可以对角色进行整体的调整了。在"大纲视图"中选中这个群组，按下键盘的回车键，将该群组改名为"old_man"，方便进行模型的管理（图 2-45）。

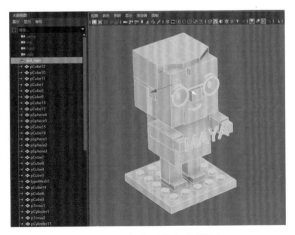

图 2-45 完成后的角色模型

2.4.3 材质的制作

视频教程

Hypershade 是 Maya 渲染的中心工作区，通过创建、编辑和连接渲染节点（如纹理、材质、灯光、渲染工具和特殊效果），可以在其中构建着色网络。

步骤 1 执行菜单的"窗口"→"渲染编辑器"→"Hypershade"命令，或者直接点击状态行上的"显示 Hypershade 窗口"图标，将 Hypershade 窗口打开（图 2-46）。

图 2-46 打开 Hypershade 窗口

步骤 2 在 Hypershade 左上角的浏览器窗口中，有 4 个默认的材质球，在创建了物体以后，系统会自动将这些材质球指定给物体，所以一般情况下，这 4 个材质球尽量不要调整它们。可以创建新的材质球进行调整，并指定给模型。

点击左下方的 Lambert 材质球，就会创建一个新的 lambert2 材质球（图 2-47）。

步骤 3 选中 lambert2 材质球，再点击右侧的 Color（颜色）属性后面的色块，会弹出调整颜色的窗口，把颜色设置为头发的颜色（图 2-48）。

图 2-47 创建新材质球

图 2-48 调整材质球的颜色

步骤 4 使用鼠标中键，将 lambert2 材质球拖动到头发模型上再松开鼠标，这时就会看到头发模型已经变成了头发的颜色，如果对颜色不满意，还可以继续调整 lambert2 的 Color（颜色）属性，头发模型的颜色也会实时变化（图 2-49）。

步骤 5 选中一侧的眉毛，再按着键盘的 Shift 键选择另一侧的眉毛和胡子模型，就可以把三个模型同时选中，在 Hypershade 窗口中，使用鼠标右键按着 lambert2 材质球不要松手，在弹出的浮动菜单中点击"为当前选择指定材质"，就可以把 lambert2 指定给被选中的眉毛和胡子模型了（图 2-50）。

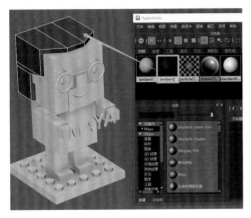

图 2-49　给头发模型指定材质

图 2-50　给眉毛和胡子模型指定材质

Hypershade 窗口一般适用于相对来说比较复杂的材质效果，如果只是简单调下颜色，还有另一种比较方便创建材质的方法。

步骤 6 选中头部、鼻子、耳朵、手臂和手的模型，按着鼠标右键不要松手，在弹出来的浮动菜单中，选择"指定新材质"命令，在弹出的"指定新材质"的窗口中，点击 Lambert 材质球图标，就可以为这些被选中的模型添加一个新的 Lambert 材质球了（图 2-51）。

步骤 7 在"属性编辑器"中找到刚才创建的 lambert3 的页面，点击"颜色"属性后面的色块，在弹出的颜色调整的窗口中，设置为皮肤颜色（图 2-52）。

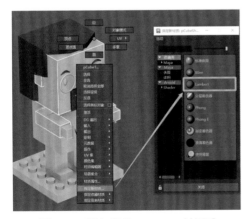

图 2-51　添加新的 Lambert 材质球

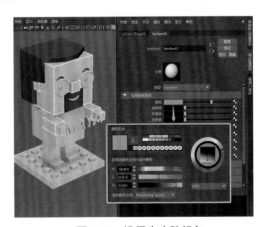

图 2-52　设置为皮肤颜色

步骤 8 如果还想给其他模型指定该皮肤材质，可以选中其他模型，按着鼠标右键不要松手，在弹出来的浮动菜单中，点击"指定现有材质"命令，会将已有的所有材质都列出来，点击想要指定的材质即可。也可以打开 Hypershade 窗口，用鼠标中键将皮肤材质拖动给想要指定的模型（图2-53）。

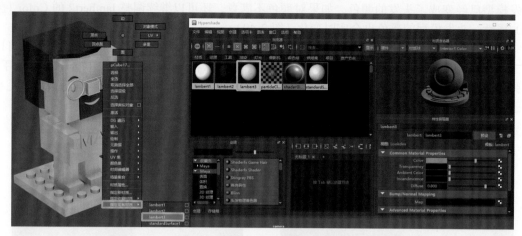

图 2-53　给其他模型指定皮肤材质

步骤9　用同样的方法，给其他模型上色，需要说明的是，Lambert材质的特点是没有任何高光，如果想要让模型有反光和高光，可以给模型指定 Blinn 或 aiStandardSurface 材质。在本案例中，底座和三维文字模型就是使用的 aiStandardSurface 材质（图2-54）。

图 2-54　完成材质的制作

> **技术解析**
>
> aiStandardSurface材质是Arnold（阿诺德）渲染器的标准材质。
>
> Arnold（阿诺德）渲染器是基于物理算法的电影级别渲染引擎，在2016年被Autodesk公司收购，Maya在升级到2017版本的时候将Arnold渲染器收入进来，取代了之前的Mental Ray渲染器。
>
> 在Maya升级到2024版本后，将默认材质由Lambert改为了StandardSurface，默认渲染器由Maya软件也改为了Arnold Renderer。

2.4.4　灯光和渲染输出

步骤1　材质完成后，就需要为场景打灯光了，这里使用的是 Arnold 的天光。进入顶部的 Arnold 工具栏，点击第4个图标，也可以执行"Arnold"→"Lights"→"SkyDome Light"命令，在场景中创建出球面的天光（图2-55）。

视频教程

步骤2 点击状态栏上的"渲染当前帧"按钮，会弹出 Arnold 的渲染窗口，对场景进行渲染（图 2-56）。

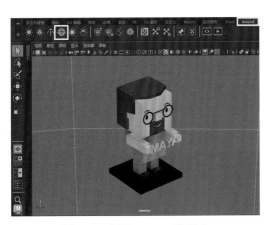

图 2-55 创建 Arnold 的天光

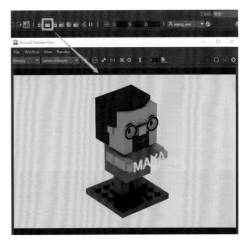

图 2-56 使用 Arnold 渲染当前帧

技术解析

如果点击"渲染当前帧"按钮后，弹出的不是Arnold的渲染窗口，有可能是渲染设置中没有设置使用Arnold渲染。

可以在状态栏上点击"显示渲染设置"按钮，在弹出来的"渲染设置"窗口中，点击"使用以下渲染器渲染"后面的下拉菜单，选择Arnold Renderer，然后再渲染就可以了（图2-57）。

如果在下拉菜单中没有找到Arnold Renderer，有可能是Arnold并没有被加载进来。可以执行菜单的"窗口"→"设置/首选项"→"插件管理器"命令，在"插件管理器"窗口中，找到"mtoa.mll"，并勾选它后面的"已加载"和"自动加载"两个选项，就可以将Arnold加载进来了（图2-58）。

图 2-57 选择 Arnold 渲染器

图 2-58 在 Maya 中加载 Arnold

步骤3 仔细观察下现在的渲染效果，发现画面比较暗，这就需要增加灯光的强度。在视图中选中天光，进入"属性编辑器"面板的 aiSkyDomeLightShape1 页面中，将 Intensity（强度）值调高，这样就能让整个画面更明亮一些（图 2-59）。

步骤4 Maya 默认渲染出来的图的比例是 16∶9 的宽屏，这样就会使画面两侧有较大的空白区域，可以打开"渲染设置"窗口，在"公用"页面下，设置"图像大小"中的"宽度"和"高度"的数值。本案例中，设置的是 960×960 像素的正方形比例（图 2-60）。

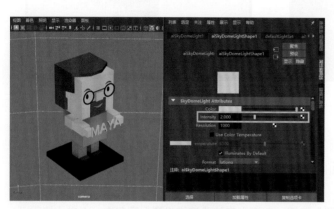

图 2-59 调整天光的强度

图 2-60 调整渲染图的宽度和高度值

步骤5 在视图菜单中，执行"视图"→"摄像机设置"→"分辨率门"命令，这时视图中会出现一个根据渲染比例的窗口，用来显示渲染的范围，窗口以外的部分不会被渲染进去（图 2-61）。

步骤6 再创建一个"多边形平面"模型，将它放大，作为角色模型的地面，并指定给它材质效果（图 2-62）。

图 2-61 打开"分辨率门"

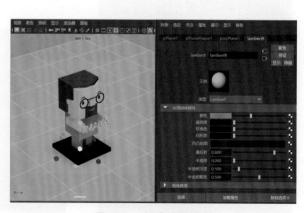

图 2-62 创建地面模型

步骤7 Maya 默认渲染的质量较低，这是为了能够快速看到画面效果。如果要进行最终输出，还需要把渲染质量调高。打开"渲染设置"窗口，进入 Arnold Renderer 页面，将 Sampling（采样值）下面的参数调高，一般 4、3、3、3、3、3 就够了（图 2-63）。

步骤8 再次点击"渲染当前帧"按钮，这次渲染时间就会明显增加，画质也会提高。渲染完毕以后，可以在渲染窗口中执行"File"（文件）→"Save Image"（保存图像）命令，在弹出的"Save Image As"窗口中，选择文件保存在电脑中的位置，再输入保存的文件名，按下"保存"按钮，就可以将渲染图片保存下来了（图 2-64）。

图 2-63　调高渲染质量

图 2-64　保存渲染图片

最终完成的文件是本书案例素材中的"2.4_lego.mb"文件，有需要的读者可以打开观看。

2.5 ▶ Maya项目的保存和设置

在制作过程中，为了避免突然的系统崩溃、断电等意外情况的发生，需要随时对文件进行保存。

在 Maya 中，尤其是复杂项目的制作，经常会使用到电脑硬盘中不同位置的多个不同类型的文件，例如模型文件、贴图文件、视频文件，以及制作过程中不断产生的缓存文件等，一旦文件位置或名称发生改变，就会导致制作出现问题，这就需要以"项目"的形式对文件进行存储。

执行菜单的"文件"→"项目窗口"命令，打开"项目窗口"面板（图 2-65）。

Maya 默认的保存路径，是在"我的文档"中，如果需要在新的位置创建项目，可以点击"当前项目"后面的"新建"按钮，然后在"当前项目"中输入项目名称，然后再点击"位置"后面的文件夹按钮，在弹出的"选择位置"窗口中，选择电脑中保存的位置，按下"选择"按钮返回，再点击"项目窗口"面板的"接受"按钮（图 2-66）。

图 2-65　打开"项目窗口"面板

图 2-66　创建新项目

在"我的电脑"中打开项目存放的路径，会看到以"当前项目"的名字命名的文件夹，点击进入文件夹，里面有不同名称的十几个文件夹，最常用的有：

Scenes（场景）：存放 Maya 源文件；

Images（图像）：在 Maya 中渲染出来的图片都会自动保存在该文件夹内；

Sourceimages（源图像）：存放贴图、纹理文件；

Movies（影片）：在 Maya 中使用播放预览所产生的视频文件都会自动保存在该文件夹内（图 2-67）。

这时在 Maya 中执行"文件"→"保存场景"命令，就会自动指定到该项目文件夹中的 Scenes 文件夹了（图 2-68）。

图 2-67　项目文件夹

图 2-68　保存场景窗口

在项目制作的过程中，也需要把用到的相关文件都拷贝到项目文件夹中，例如贴图文件可以放在 Sourceimages 文件夹中，模型文件可以放在 Scenes 文件夹中。

如果要在其他电脑上编辑该项目文件，就需要把整个项目文件夹都拷贝到其他电脑上，然后打开 Maya，执行"文件"→"设置项目"命令，在弹出的"设置项目"窗口中，找到并选中该项目文件夹，点击"设置"按钮，然后再打开相关的源文件，就不会出现文件丢失的现象了（图 2-69）。

图 2-69　在其他电脑上编辑项目文件夹

同理，如果在一台电脑上，想要切换到不同的项目中，也可以使用上述方法，使用"设置项目"命令，将当前的项目切换设置为其他项目。

本章小结

　　本章的主要学习任务是熟练掌握三维角色动画制作软件 Maya 的基本操作，需要掌握的内容包括 Maya 的界面、Maya 的视图操作、多边形模型概述，并以一个简单的案例为例，在 Maya 中完整地制作一个角色模型并渲染输出，让大家了解 Maya 的整体制作流程。

课后拓展

　　1. 在自己的计算机上安装 Maya 软件，并针对本章所介绍的 Maya 操作方法，对 Maya 进行简单的操作。

　　2. 熟练掌握 Maya 的视图操作，尤其是快捷键的操作。

　　3. 模仿或参考本章案例的具体制作步骤，完成属于自己的乐高风格角色，并最终渲染输出。

第2部分

Q版角色动画的设计与制作

第**3**章
Q版角色的建模

● 学习重点　Maya软件的多边形建模技术和方法。
　　　　　　在多边形建模中，"挤出""插入循环边""多切割""合并"等命令的使用方法。
　　　　　　在Maya中完整制作一个标准角色模型的整体流程。

● 学习难点　三维角色制作标准。
　　　　　　Maya软件操作。

　　在三维角色动画中，Q 版角色相对来说是制作难度最低的，这种风格的角色以可爱为主，深受广大少年儿童的喜爱。近些年，随着潮流文化娱乐品牌 POP MART（泡泡玛特）开发的盲盒玩具的兴起，Q 版角色也在年轻人中流行了起来（图 3-1）。

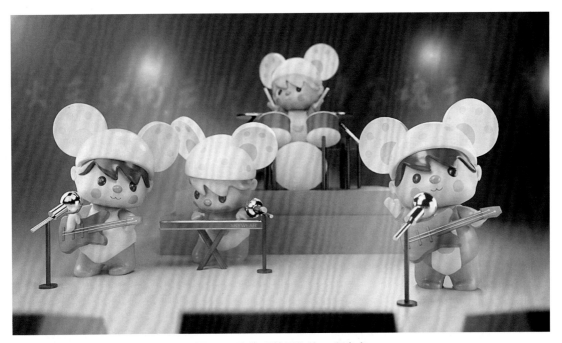

图 3-1　泡泡玛特风格的 Q 版角色

　　随着这股潮流文化的兴起，越来越多的企业开始设计并推广本企业的卡通形象，也就是企业 IP 形象设计。例如腾讯的企鹅形象、阿里巴巴的猫形象、京东的狗形象等。这些形象无一例外都是 Q 版角色。现在几乎每一家想要打造自己品牌形象的企业，都希望借助一个卡通 IP 形象的设计，来强化和塑造自身品牌的认知度和辨识度，让更多的人可以通过 IP 形象知道自己的品牌。

　　本部分案例，就是要完整地设计与制作一个 Q 版角色（图 3-2）。

图 3-2　案例最终效果

3.1 ▶ 参考图的导入

正常情况下，要根据角色的形象设计稿进行角色模型的制作，设计稿最少要有两张，分别是前视图和侧视图。

在建模之前，要先把设计图导入 Maya 中做成参考板，对照着进行制作。

步骤 1　进入前视图，执行视图菜单的"图像平面"→"导入图像"命令，然后在电脑中找到并打开本书案例素材中的"3.1_front.jpg"文件，这是本案例角色的正面参考图（图 3-3）。

步骤 2　这时会看到前视图中已经将参考图显示出来了，如果需要重新导入图片，可以在"imagePlaneShape1"的属性编辑器中，点击"图像名称"后面的文件夹图标，重新导入参考图（图 3-4）。

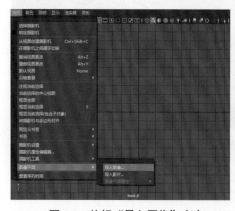

图 3-3　执行"导入图像"命令

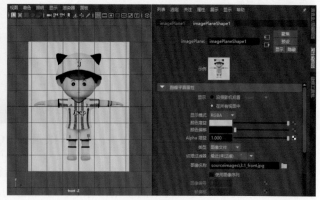

图 3-4　设置正面参考图

步骤 3　使用相同的方法将侧面参考图"3.1_side.jpg"导入侧视图中，这时会看到透视图中两张图像平面互相交叉在一起，就可以对比两张设计稿进行建模了（图 3-5）。

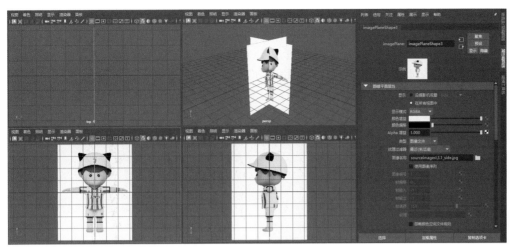

图 3-5　完成参考图的导入

3.2 ▶ Q版角色头部的建模

步骤 1　创建一个多边形球体，在"通道盒/层编辑器"面板中，调整它的"轴向细分数"和"高度细分数"都是 8，将点的数量减少，方便塑造整体结构（图 3-6）。

视频教程

步骤 2　在状态栏中，将"对称：禁用"改为"对象 X"，这样再去调整顶点、边和面的时候，沿着 X 轴向上的另一侧对应的子级别，也会进行对称的变化（图 3-7）。

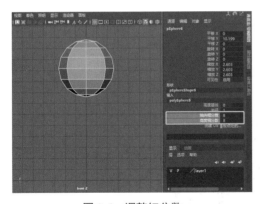

图 3-6　调整细分数

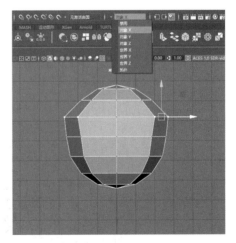

图 3-7　激活 X 轴向对称

技术解析

一般来说，角色的左右两边是对称的。例如人的左脸和右脸、左臂和右臂、左腿和右腿基本上都是一样的，因此在角色制作过程中，为了降低制作周期，都会只做一侧的模型，另一侧只需要保持对称就可以了。

在上一步的操作中，将对称"对象 X"打开，就可以同时调节两侧的模型效果，这在角色以及所有对称物体的制作中，都能够极大地提升工作效率。

步骤3 细分数降低了以后，模型会显得比较粗糙。选中模型，按下键盘的 3 键，使模型以平滑几何体显示级别在视图中显示，这样模型在顶点数不增加的情况下显示效果更佳，如果想返回之前的粗糙几何体显示级别，可以按下键盘的 1 键。

另外，视图中还会有帮助定位的栅格，如果想隐藏它，可以执行当前视图菜单的"显示"→"视口"→"栅格"命令，取消勾选，该视图中的栅格就会被隐藏；如果需要把栅格再显示出来，可以再执行该命令，使"栅格"处于勾选状态即可（图 3-8）。

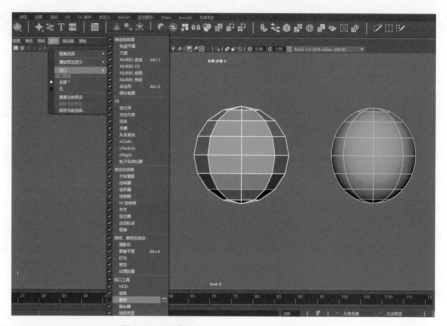

图 3-8 平滑几何体显示级别和隐藏栅格

步骤4 进入侧视图，先来调整角色的侧面造型。选中模型，按下鼠标右键不松手，在弹出的浮动菜单中选择"顶点"，或者按下 F9，进入模型的顶点级别中。选中需要调整的顶点，使用移动工具对它们的位置进行调整（图 3-9）。

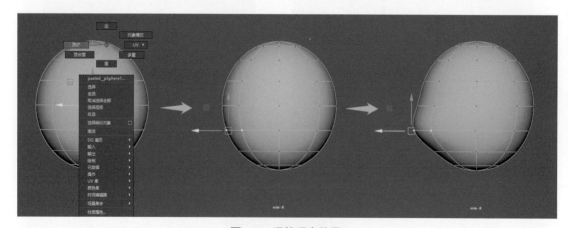

图 3-9 调整顶点位置

步骤5 继续在侧视图中对模型的顶点进行调整，将角色侧脸的造型结构制作出来（图 3-10）。

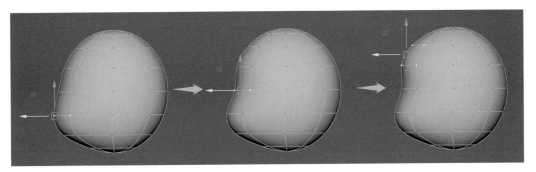

图 3-10　调整角色侧脸造型

步骤 6　切换到前视图，先框选整排的顶点，再按下 R 键切换到缩放工具，沿着 X 轴向对整排的点进行缩放，这样可以使点与点之间的距离相对平均。使用这种方法，在前视图中将角色正面脸部的造型结构制作出来（图 3-11）。

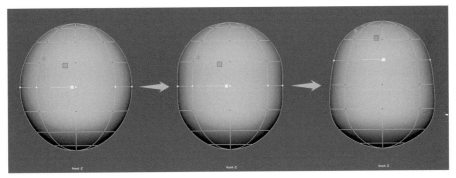

图 3-11　调整角色正面脸部造型

步骤 7　调整好以后，在模型上按下鼠标右键不松手，在弹出的浮动菜单中选择"对象模式"，就可以从顶点级别返回模型级别（图 3-12）。

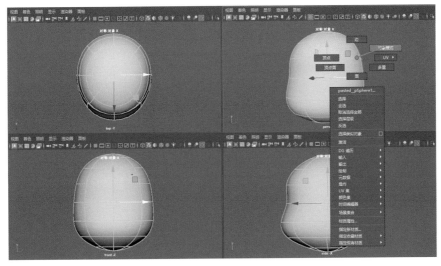

图 3-12　返回模型级别

在角色建模的时候，尤其是初学者，一开始不要把精力放在各种细节上，而是要快速把大型制作出来，采取先整体后局部再细节的方法进行制作。因此，头部的制作先进行到这一步就可以了，五官部分在整个身体制作完成以后，再去进行深入刻画。

3.3 ▶ Q版角色身体的建模

身体的建模，也可以从一个球体开始，先调整大型，然后再通过挤压面的方法，将四肢挤压出来。

3.3.1 身体大型的建模

步骤 1 创建一个多边形球体，在"通道盒／层编辑器"面板中，将其"轴向细分数"和"高度细分数"都调整为8，与头部模型的细分数保持一致，这是为了后续将头部和身体模型缝合在一起时，顶点数量能够对应上。使用缩放工具，将身体的球体拉高一些，再切换到移动工具，把它放在头部模型的下面（图 3-13）。

视频教程

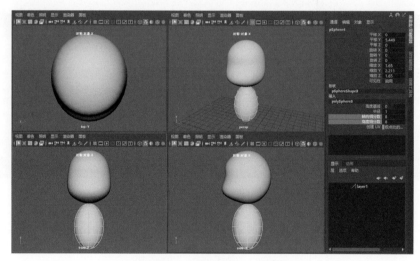

图 3-13 创建身体模型的球体

步骤 2 先切换到前视图，进入身体模型的顶点级别中，对整排的点进行缩放，将角色正面身体的造型结构制作出来（图 3-14）。

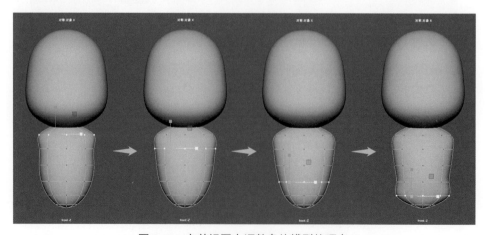

图 3-14 在前视图中调整身体模型的顶点

步骤 3 再切换到侧视图中，使用缩放工具和移动工具，对身体模型的顶点进行调整，制作出角色侧面身体的造型结构（图 3-15）。

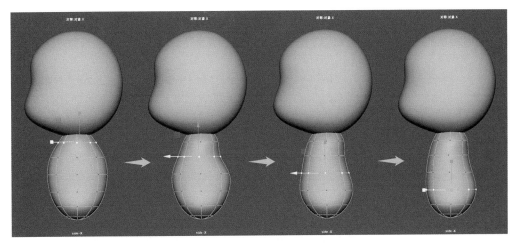

图 3-15 在侧视图中调整身体模型的顶点

3.3.2 手臂的建模

步骤 1 把光标放在身体模型上，按下鼠标右键不松手，在弹出的浮动菜单中选择"面"，或者按下 F11，进入身体模型的面级别中（图 3-16）。

步骤 2 确认对称"对象 X"处于激活状态，然后按键盘的 Shift 键，选中身体侧面的两个面，要用它们挤压出角色的手臂。在 Maya 中，执行同样的命令会

视频教程

有多种操作方法，这是为了适应使用者的不同操作习惯。以"挤出"命令为例，常用的有 4 种操作方法：

① 执行菜单的"编辑网格"→"挤出"命令；

② 使用快捷键 Ctrl+E（Windows）或 Command+E（macOS）；

③ 使用鼠标左键点击工具架中"多边形建模"下的"挤出"按钮；

④ 把光标放在被选中的面上，在按着 Shift 键的同时按着鼠标右键不要松手，在弹出的浮动菜单中点击"挤出面"命令（图 3-17）。

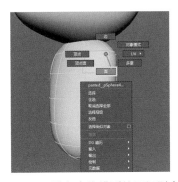

图 3-16 进入身体模型的面级别中

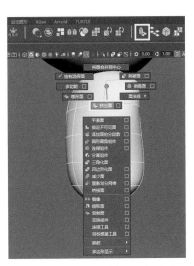

图 3-17 执行"挤出面"命令

"挤出"命令：它可以将模型上的一个平面、一条线段甚至一个点，挤压出一段多边形模型。

首先要进入顶点、边或面的子级别，选中一个或多个顶点、边或面，然后执行该命令，再使用移动工具、旋转工具和缩放工具，调整挤压效果。

步骤 3 将身体模型的两个面执行了"挤出"命令以后，会在原地再生成两个面，然后使用移动工具，将挤出来的两个面向外移动一些，会看到手臂模型就被挤出来了（图 3-18）。

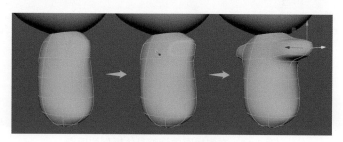

图 3-18　挤出手臂模型

步骤 4 直接挤出来的手臂模型是一个很扁的形状，这就需要逐一调整下顶点的位置。现在的模型是以平滑几何体显示级别在视图中显示，这种显示模式只是模拟出模型平滑以后的效果，因此顶点的位置不是很精确，不利于微调。选中模型，按下 1 键，切换回粗糙几何体显示级别（图 3-19）。

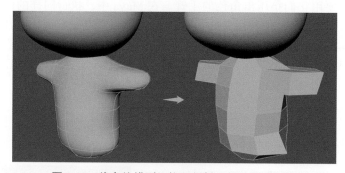

图 3-19　将身体模型切换回粗糙几何体显示级别

步骤 5 选中身体模型，按快捷键 Ctrl+1（Windows）或 Command+1（macOS），使身体模型单独显示在视图中，进入顶点级别，对手臂的形状进行调整，将它从扁平变得圆润起来（图 3-20）。

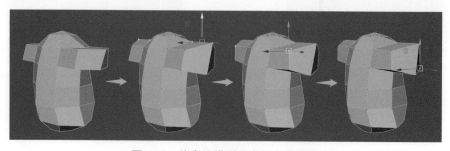

图 3-20　将身体模型从扁平变得圆润

步骤 6 将视图旋转到身体正面，调整手臂和肩膀部位模型的形状（图 3-21）。

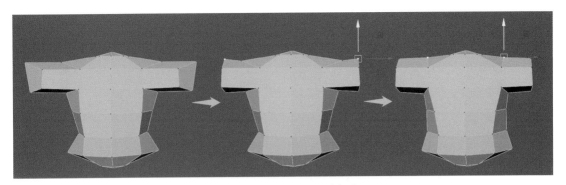

图 3-21　调整手臂和肩膀部位

步骤 7 因为这个角色是穿着一件短袖球衣，所以接下来要进行连续的挤出面的操作，把袖口的结构挤压出来。选中手臂的两个面，使用快捷键 Ctrl+E（Windows）或 Command+E（macOS）进行挤出面的操作，然后使用移动工具将其向外移动一点，再对两个面进行挤出，这次使用缩放工具，将它们在原地缩小一些，再次挤出面，并使用移动工具，将它们向内部移动并缩小一些，最后再对它们进行挤出面的操作，使用移动工具将它们向外移动，做出手臂的模型（图 3-22）。

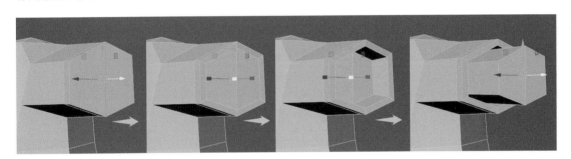

图 3-22　连续挤出面

步骤 8 再对两个面进行两次挤出，完成整个小臂和手腕的制作（图 3-23）。

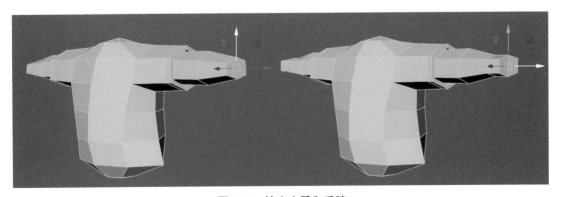

图 3-23　挤出小臂和手腕

步骤 9 选中手腕侧面的一个面，使用"挤出"命令，挤出大拇指的两段指关节，并使用移动工具、旋转工具，将大拇指稍微向下弯曲一点（图 3-24）。

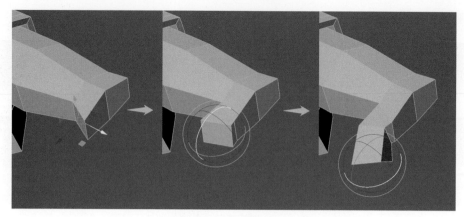

图 3-24 挤出大拇指

步骤 10 选中手腕前面的两个面，使用"挤出"命令，挤出整个手掌的两段，然后使用移动工具、缩放工具、旋转工具，将整个手掌稍微向下弯曲一点（图 3-25）。

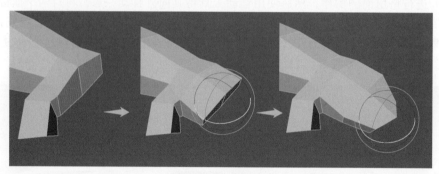

图 3-25 挤出手掌

3.3.3 腿部的建模

视频教程

步骤 1 接着来做角色的腿部。进入面级别，选中身体模型底部一侧的两个面，把它们向下挤出，然后进入顶点级别，调整腿部的形状（图 3-26）。

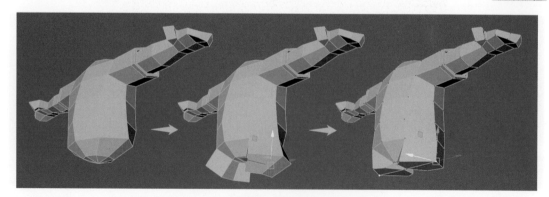

图 3-26 挤出腿部

步骤 2 继续向下挤出大腿的结构，因为要做出短裤的效果，所以还要像做袖口一样，向内挤出面，然后再向外挤出（图 3-27）。

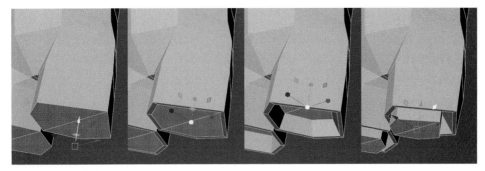

图 3-27　挤出短裤

步骤 3　继续向下挤出小腿和脚踝的结构，再选中前面的三个面，向前挤出脚部，并将脚部前面的形状缩小一些（图 3-28）。

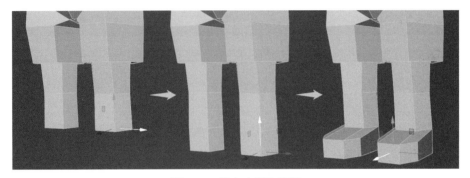

图 3-28　挤出小腿和脚部

这样身体部分就完成了（图 3-29）。可以选中模型，按下键盘的 3 键切换到平滑几何体显示级别，从各个角度观察模型，发现哪里有问题及时调整。

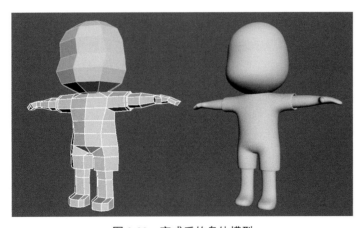

图 3-29　完成后的身体模型

3.4 ▶ Q版角色服饰的建模

对于 Q 版角色来说，身体和服饰是一体的，不需要分开建模。因此，包括上衣、短裤、袜子和鞋子，都直接在现有的模型上进行制作即可。

3.4.1　袜子的建模

步骤 1　进入面级别，选中小腿和脚部的所有面，按着 Shift 键的同时按下鼠标右键，在弹出的浮动菜单中，选择"挤出面"命令，然后在弹出的参数窗口中，确认"保持面的连续性"处于"启用"状态（图 3-30）。

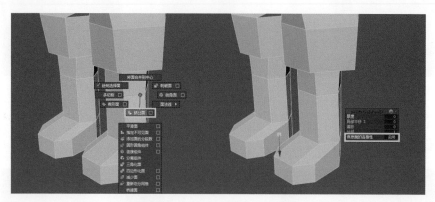

图 3-30　对"挤出面"进行设置

技术解析

在选中多个面进行"挤出"的时候，对"保持面的连续性"这个属性是一定要确认的。该属性在"启用"状态下，多个面是以一个整体进行挤出的。而该属性在"禁用"状态下，每个面是单独挤出的（图3-31）。

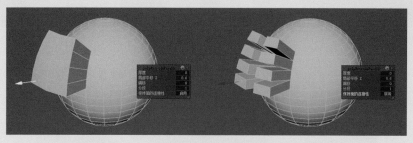

图 3-31　"保持面的连续性"的不同设置效果

步骤 2　按着键盘上的 Shift 键，逐一选中小腿上的 6 个面，使用缩放工具，将它们整体向外扩大一点，把袜子的结构做出来。做完以后，按下键盘的 3 键，切换到平滑几何体显示级别，会发现粗糙几何体显示级别时的袜子结构在平滑几何体显示级别中没有了，这就需要继续添加结构细节（图 3-32）。

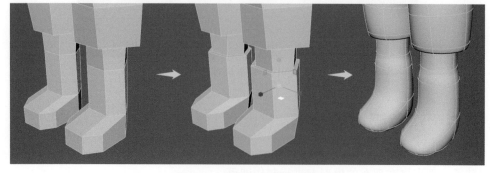

图 3-32　调整出袜子的结构

步骤3 在模型上按鼠标右键，在弹出的浮动菜单中点击"对象模式"，返回模型级别。再执行菜单的"网格工具"→"插入循环边"命令，或者按着 Shift 键在模型上按鼠标右键，在弹出的浮动菜单中点击"插入循环边工具"，然后在袜子下方点击，这时会沿着袜子模型生成一圈循环的边，按着鼠标拖动会调整边的位置，松手后，这一圈循环边就生成并固定下来了（图3-33）。

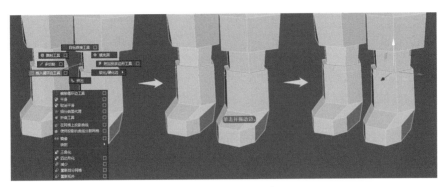

图3-33 生成循环边

技术解析

"插入循环边"命令是用线在多边形的表面进行划分，从而得出更多的顶点、边和面，便于调整细节。它可以同时在多个面进行划分，但只限于相邻且面数相同的面，最好为4边面，如果相邻的两个面边数不一样，比如一个是4边面，另一个是5边面，划分就会出现问题（图3-34）。

图3-34 边数不同的面执行"插入循环边"的效果

步骤4 进入"面"级别，选中划分出来的6个面，在按着 Shift 键的同时按着鼠标右键不要松手，在弹出的浮动菜单中点击"挤出面"命令，或者按下快捷键 Ctrl+E（Windows）或 Command+E（macOS），使用缩放工具，将它们放大一些，这时按下键盘的3键，切换到平滑几何体显示级别，袜子的结构就出来了（图3-35）。

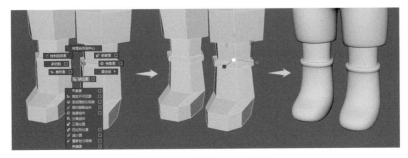

图3-35 制作袜子的结构

步骤5　进入模型的"边"级别，用鼠标左键双击袜子和腿连接处的任意一条边，这样就可以选中整条循环边，再使用移动工具，将整条循环边向下移动一点，让袜子的结构更加明确（图3-36）。

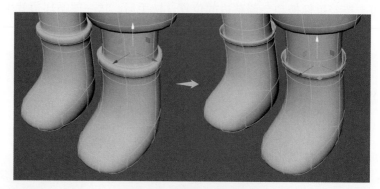

图3-36　调整袜子的结构

3.4.2　鞋子的建模

　　步骤1　进入模型的"面"级别，选中鞋子部分的所有面，按下快捷键Ctrl+E（Windows）或Command+E（macOS），进行"挤出"操作，再使用缩放工具和移动工具，将它们整体放大一些，并向前移动一些（图3-37）。

视频教程

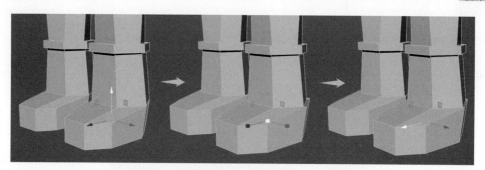

图3-37　挤压鞋子模型

　　步骤2　选中鞋子内侧的一圈面，进行"挤出"操作，使用移动工具把挤出的面整体向上移动一些（图3-38）。

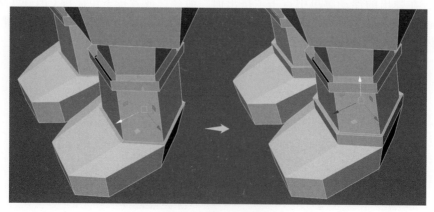

图3-38　向上挤出面

步骤 3 按下键盘的 3 键，切换到平滑几何体显示级别，会看到鞋子的结构就制作出来了（图 3-39）。

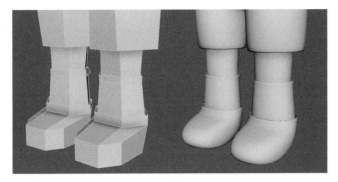

图 3-39 制作出鞋子的结构

步骤 4 可以在平滑几何体显示级别中，对鞋子部分的模型进行调整，使鞋子的细节更加丰富（图 3-40）。

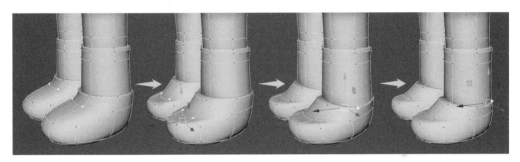

图 3-40 调整鞋子的结构

可能有人会有疑问：鞋子里面的脚还要不要做？

三维动画制作中有一个原则：观众看不到的地方是不需要做出来的。因此，只要后续该角色的动画，不涉及脱鞋露出脚部，就完全不需要做。

视频教程

3.4.3 衣服的建模

步骤 1 使用"插入循环边"命令，在角色模型的腰部添加两圈循环边（图 3-41）。

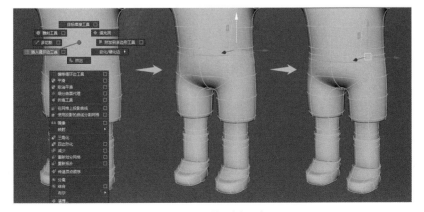

图 3-41 添加循环边

步骤2 进入模型的"边"级别，选中中间的一圈循环边，使用移动工具将它们向下移动，这一步可能会导致模型出现穿插混乱的效果，再切换到缩放工具，将移动下来的这一圈循环边放大一些，做出衣服下摆的结构效果（图 3-42）。

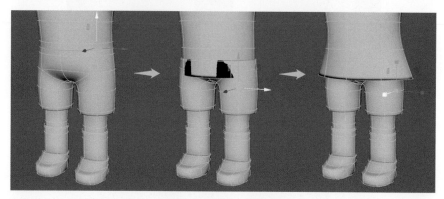

图 3-42 制作衣服下摆

步骤3 在衣服下摆的上面再添加一圈循环边，增加模型这一块区域的细节，然后进入"顶点"级别，调整下摆为弧线造型（图 3-43）。

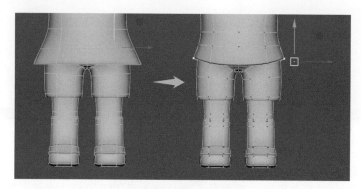

图 3-43 调整衣服下摆

步骤4 紧挨着衣服下摆，在它前后各加一圈循环边，增加模型的细节（图 3-44）。调整完后的模型效果如图 3-45 所示。

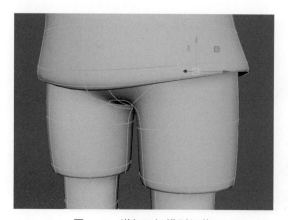

图 3-44 增加下摆模型细节

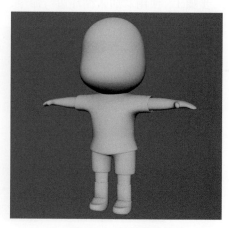

图 3-45 模型整体效果

步骤 5 接下来制作衣服的领子，进入"顶点"级别，选中身体顶部的点，使用缩放工具把它们放大一些（图3-46）。

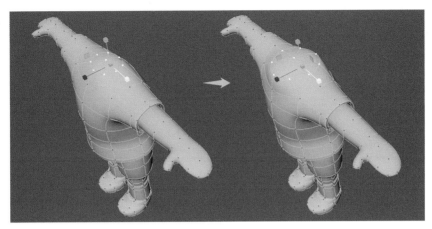

图3-46 放大顶部的顶点

步骤 6 进入"边"级别，把脖子处的所有边都删掉，只留下一个8边面，方便后续的挤出面的操作（图3-47）。

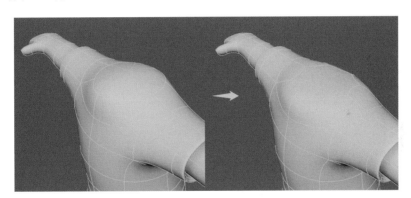

图3-47 删除脖子处的所有边

步骤 7 进入"面"级别，选中脖子的面，使用"挤出面"命令，先原地缩小一点，再第二次挤出面，向下移动并缩小一些，第三次挤出面，向上移动制作出脖子的结构（图3-48）。

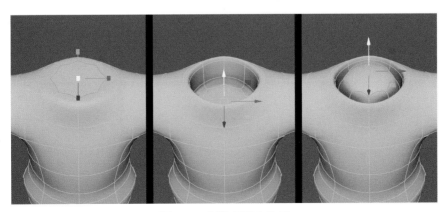

图3-48 制作领子和脖子

步骤8 进入"顶点"级别，调节领子的形状（图3-49）。

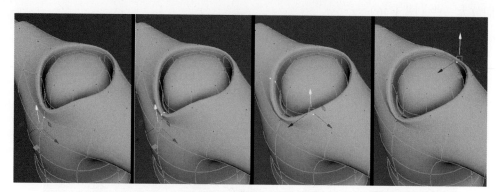

图3-49 调整领子的形状

3.5 ▶ 其他部分的建模

3.5.1 头部与身体的连接

现在头部和身体还是两个模型，如果需要调整角色的动态效果，就需要将两者结合为一个模型，这样才能进行骨骼绑定操作。

步骤1 先选中头部模型，把它稍微往上移动一些，和身体模型分开，按着Shift键选中头部和身体两个模型，执行菜单的"网格"→"结合"命令，这样就把两个模型结合为一个模型了（图3-50）。

视频教程

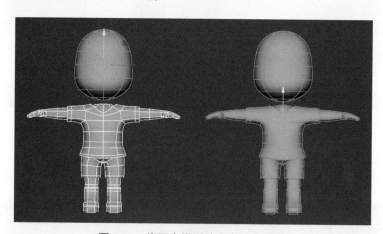

图3-50 将两个模型结合为一个模型

虽然两者被结合为一个模型了，但是它们并没有连接在一起，这就需要通过合并顶点的方式把它们真正连接成一个模型。

技术解析

"结合"命令可以使两个及以上的多个独立的多边形模型，结合为一个独立的多边形模型。在执行"结合"命令之前，可以点击该命令右侧的正方形，打开其命令设置面板，里面有更多的参数可以设置（图3-51）。

图 3-51　"结合"命令的设置面板

步骤 2　进入"面"级别，选中脖子最上面的一个面，按下键盘的删除键把它删掉（图 3-52）。

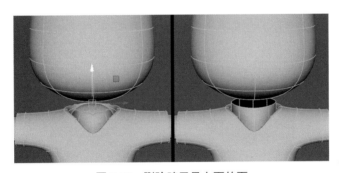

图 3-52　删除脖子最上面的面

步骤 3　再选中头部最下面的一圈面，按下键盘的删除键把它删掉（图 3-53）。

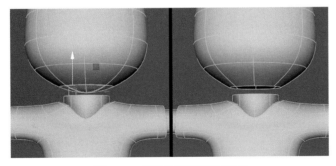

图 3-53　删除头部最下面的面

因为创建头部和身体最开始的球体的细分数是一样的，所以把这两部分的面删除后，各自都有 8 个顶点，就可以把它们两两合并在一起。如果前期制作中忽略了这个问题，导致两者顶点数不一致，可以自行加线或删除线。

步骤 4　先选中一组点，执行菜单的"编辑网格"→"合并"命令，两个点就能被合并成一个点了。如果执行"合并"命令后，点没有合并在一起，可能是两个点相距较远，可以调高弹出来的"距离阈值"数值（图 3-54）。

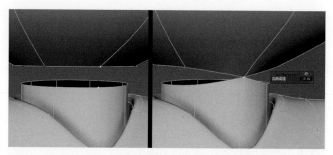

图 3-54　合并点

步骤 5　合并点之前，可以先把状态栏上的对称"对象 X"改为"对称：禁用"，将对称关闭，这样可以避免两侧的点被合并在一起。

继续依次选中一组点，执行菜单的"编辑网格"→"合并"命令，将身体与头部连接在一起（图 3-55）。

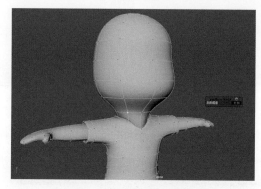

图 3-55　将两个模型连接在一起

步骤 6　现在脖子有些长，可以先选中两个模型连接处的循环边，向上移动一些，做出下巴的造型，再选中头部的所有边，让头部整体向下移动一些，使脖子变短（图 3-56）。

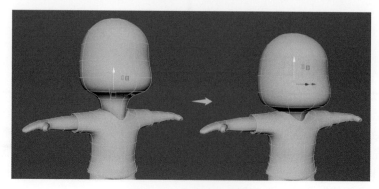

图 3-56　调整脖子长度

3.5.2 头发的建模

步骤 1　创建一个多边形球体，调整细分数为 8，放在头部模型的上面，并使用缩放工具，调整它使之比头部稍大一些（图 3-57）。

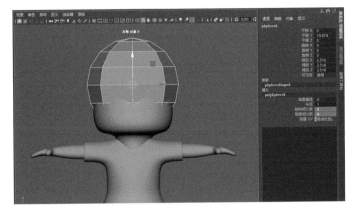

图 3-57　创建多边形球体

步骤 2　可以按下快捷键 Ctrl+1（Windows）或 Command+1（macOS），使球体模型单独显示在视图中。进入它的"面"级别，选中下面半圆的所有面，按下键盘的删除键将它们删掉，只保留上面的半圆（图 3-58）。这时的模型是空心的，可以执行菜单的"网格"→"填充洞"命令，或者按着 Shift 键再按下鼠标右键，在弹出的菜单中点击"填充洞"，就可以把模型空的部分填充上。

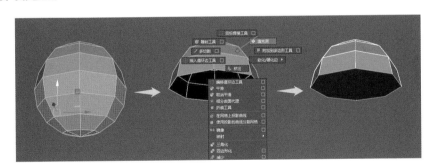

图 3-58　保留上半部的球体

步骤 3　进入"面"级别，选中底部的面，进行"挤出面"的操作，将挤出来的面在原地缩小一些（图 3-59）。

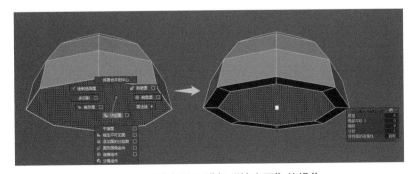

图 3-59　对底部的面进行"挤出面"的操作

步骤 4　这时可以按下快捷键 Ctrl+1（Windows）或 Command+1（macOS），取消球体模型的单独显示，把头部模型显示出来，对比着进行头发的制作。

把状态栏上的对称"对象 X"打开，进入模型的"面"级别，选中前面的两个面，向下"挤出面"，并进入"点"级别，调整出刘海的形状（图 3-60）。

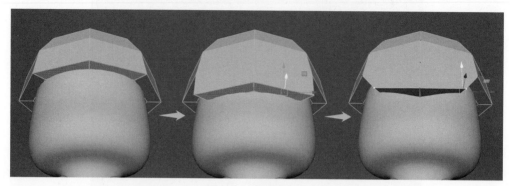

图 3-60　制作刘海

步骤 5　选中整个头发模型，使用旋转工具，在侧视图中将它向后旋转一些，与真实头发的走向相符合（图 3-61）。

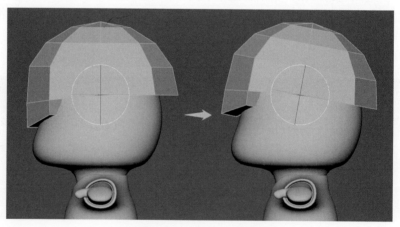

图 3-61　旋转头发模型

步骤 6　选中侧面的面，执行"挤出面"命令，将它向下挤出，然后再执行"插入循环边"命令，在该面和它相邻的其他面的中间插入循环线（图 3-62）。

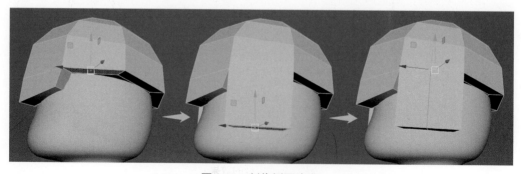

图 3-62　制作侧面头发

步骤 7　进入"顶点"级别，选中外侧的三个顶点，执行菜单的"编辑网格"→"合并"命令，把"距离阈值"属性的参数调高，将三个顶点合并为一个顶点。用同样的方法，把内侧的三个顶点也合并为一个顶点，完成头发鬓角的制作（图 3-63）。

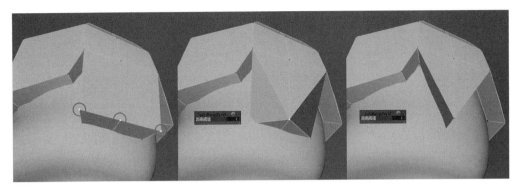

图 3-63　完成头发鬓角制作

步骤 8　使用同样的方法，将另一缕头发也制作出来（图 3-64）。
步骤 9　使用制作刘海的方法，将背面的头发也制作出来（图 3-65）。

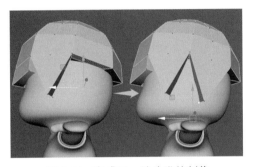
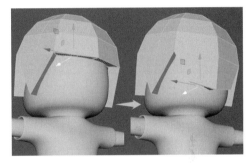

图 3-64　完成另一缕头发的制作　　　　图 3-65　制作背面的头发

完成后，可以按下键盘的 3 键，切换到平滑几何体显示级别，检查一下模型平滑后的效果，如果哪些地方有问题，可以再进入"点"级别调整一下（图 3-66）。

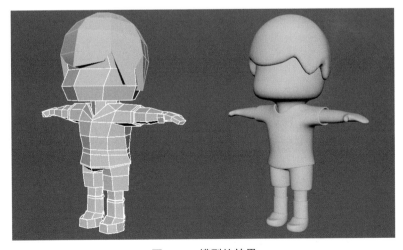

图 3-66　模型的效果

3.5.3　五官的建模

步骤 1　选中身体模型，按下快捷键 Ctrl+1（Windows）或 Command+1（macOS），使身体模型单独显示在视图中，再执行菜单的"网格工具"→"多切割"命令，或者按 Shift 键的同时在模型上按鼠标右键，在弹出的浮动菜单中点击"多切割"，然后在头部一侧耳朵的位置，用鼠标左键点击 4 下，绘制出耳朵的形状（图 3-67）。

视频教程

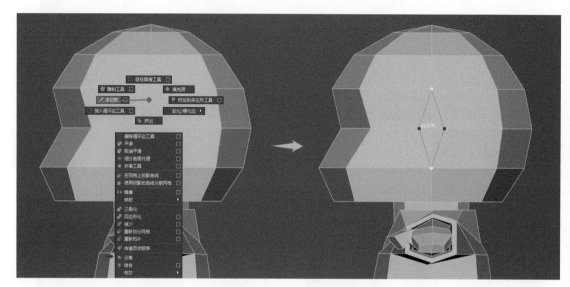

图 3-67　绘制耳朵的形状

技术解析

"多切割"命令是用线在多边形的表面进行划分，从而得出更多的点、线、面，便于调整细节，这个命令在角色建模中是使用次数最多的命令。

步骤 2　进入"边"级别，将耳朵形状内的 4 条边选中并删除，再进入"面"级别，选中耳朵的面，按下快捷键 Ctrl+E（Windows）或 Command+E（macOS），使用"挤出面"命令，将它向外挤出，做出耳朵的模型（图 3-68）。

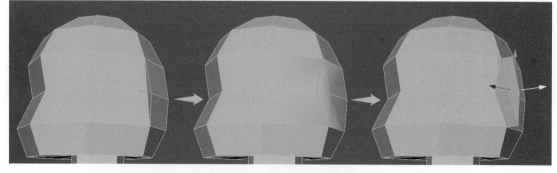

图 3-68　挤出耳朵模型

步骤 3　进入"点"级别，调整耳朵的形状（图 3-69）。

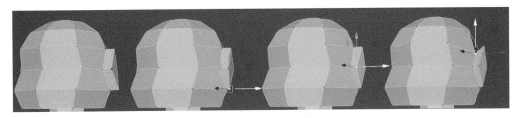

图 3-69 调整耳朵的形状（1）

步骤 4 把头发模型显示出来，再选中所有模型，按下键盘的 3 键切换到平滑几何体显示级别，观察一下头发和耳朵有没有出现模型交叉在一起的情况，如果有的话，可以分别对耳朵（图 3-70）和头发（图 3-71）进行调整。

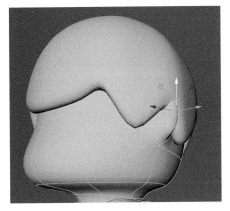

图 3-70 调整耳朵的形状（2）

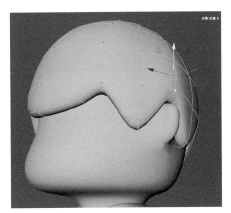

图 3-71 调整头发的形状

步骤 5 创建三个多边形球体，分别作为角色的鼻子和两只眼睛，缩放到合适的大小，使用移动工具将它们放在角色脸部的位置。再使用上一章案例讲解过的眉毛的制作方法，制作两只眉毛（图 3-72）。

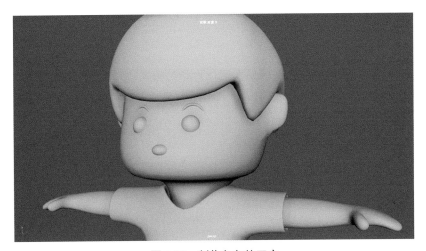

图 3-72 制作角色的五官

角色的嘴巴根据个人习惯，可以直接建模，也可以通过贴图的方式进行制作。本案例中，将使用绘制贴图的方法制作，该步骤会在后面的章节 4.4 中讲解。

3.5.4　帽子的建模

步骤1　创建一个多边形球体，删掉下半部分，再把它放大一些，放在角色头顶的位置（图3-73）。

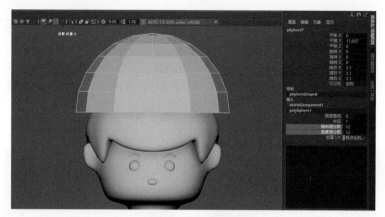

图3-73　创建球体

步骤2　执行菜单的"网格"→"填充洞"命令，将模型空的部分填充上。进入"面"级别，选中最下面的面，先使用"挤出面"命令，原地挤出面并缩小一些，再向内挤出面，做出帽子的形状（图3-74）。

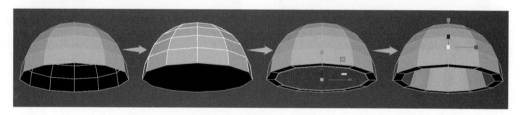

图3-74　制作帽子模型

步骤3　选中帽子模型一侧的两个面，连续两次使用"挤出面"命令，每次都缩小一些，做出帽子上的猫耳朵形状（图3-75）。

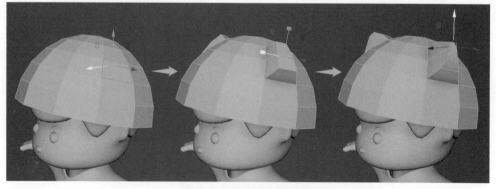

图3-75　制作猫耳朵效果

步骤4　使用"插入循环边"命令，在帽子底部加一圈循环边，再进入"面"级别，选中前面的4个面，使用"挤出面"命令，向前挤压出帽檐（图3-76）。

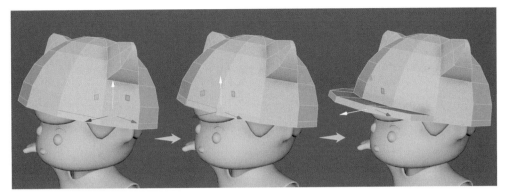

图 3-76　制作帽檐

步骤 5　这时可以按下键盘的 3 键切换到平滑几何体显示级别，再进入"点"级别，调整一下帽檐的形状，最终完成的角色模型如图 3-77 所示。

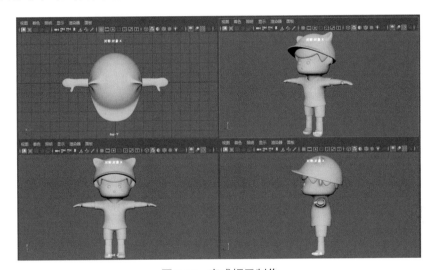

图 3-77　完成帽子制作

本章小结　本章的主要学习任务是在 Maya 中完整地制作一个 Q 版角色模型，需要掌握的内容包括参考图的导入、头部的建模、身体的建模、服饰的建模和其他部分的建模。

课后拓展

1. 在网上收集一些时下流行的盲盒玩具或企业 IP 形象设计案例，参考并设计一款属于自己的原创 Q 版角色，绘制出该角色前视图和侧视图的形象设计稿。

2. 将设计稿导入 Maya 中作为建模的参考图。

3. 在 Maya 中将该原创 Q 版角色完整地建模出来。

第4章
Q版角色的UV和贴图

　　UV用于定义二维纹理坐标系，全称为"UV纹理空间"。UV纹理空间使用字母U和V来指示二维空间中的轴。UV纹理空间有助于将2D的图像纹理贴图放置在3D模型上。为3D模型创建UV的过程称为"UV映射"，俗称"展UV"，即创建、编辑和整理UV。

　　UV设置好以后，就可以根据"UV映射"去绘制贴图了。

　　因为Maya不是专业的绘图软件，所以贴图的绘制一般在其他软件如Photoshop中进行，按照整理好的UV绘制贴图后，再把贴图重新贴在模型上，相当于给模型上色（图4-1）。

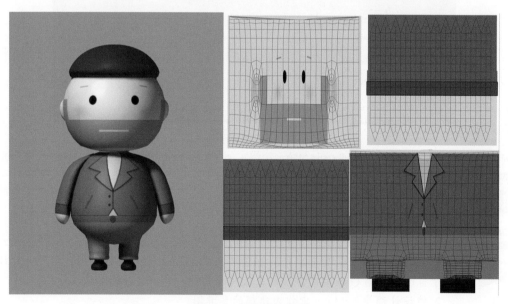

图4-1　贴图后的模型

4.1 ▶ UV基本概念介绍

　　进入UV环节的时候，可以把"工作区"切换为"UV编辑"，这时界面的布局会发生变化，跟UV相关的界面和工具都会显示出来，更有利于接下来的操作（图4-2）。

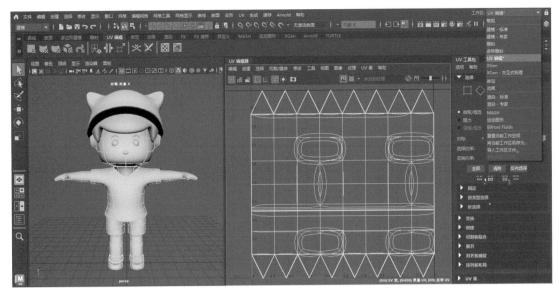

图 4-2 "UV 编辑"工作区

就像多边形模型有顶点、边、面等子级别一样，模型的 UV 也有 UV 和 UV 壳两个子级别。

选中模型，按下鼠标右键不松手，在弹出的浮动菜单中，将鼠标移动到"UV"上，会再次弹出两个浮动按钮，分别是"UV"和"UV 壳"。将鼠标移动过去，就可以进入相应的子级别中，也可以按快捷键，"UV"子级别的快捷键是 F12，"UV 壳"子级别的快捷键是 Alt+F12（Windows）或 Option+F12（macOS）（图 4-3）。

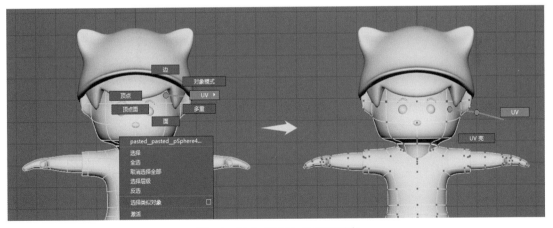

图 4-3 进入"UV"的子级别中

UV：俗称 UV 点，是模型 UV 中最小的单位，和多边形模型中的"顶点"子级别一样，也是一个一个的点。在"UV 编辑器"中进入模型的"UV 子级别"中，就可以选中任意一个或多个 UV 点，对它们进行移动、旋转和缩放（图 4-4）。

UV 壳：对复杂的模型展 UV，一般会将整个模型切割成多个部分，然后逐一去展开，而每一个部分就是一个"UV 壳"，每一个"UV 壳"都是由多个"UV"点所组成的。在"UV 编辑器"中进入模型的"UV 壳"中，就可以选中任意一个或多个 UV 壳，对它们进行移动、旋转和缩放（图 4-5）。

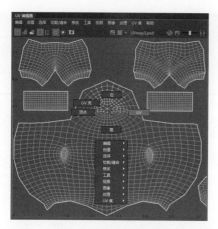

图4-4 "UV"子级别

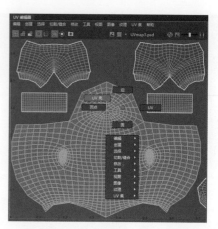

图4-5 "UV壳"子级别

简单来说，就是多个"UV"点组成"UV壳"，再由多个"UV壳"组成整个模型的UV。

对于初学者来说，理解多边形模型的"UV映射"，也就是"展UV"的时候，可以把多边形模型想象成是一件结构复杂的衣服，无论多复杂，都是由一张张平整的布料制作而成的。而"展UV"的过程，就是把这件结构复杂的衣服，通过裁剪，还原成一张张平整布料的过程。因此，"展UV"其实就分为两步：

① 将模型剪切开，剪切的过程中，也有可能会把剪切开的模型再缝合起来，这就需要用到"UV工具包"面板中的"剪切"和"缝合"两个工具；

② 将剪切开的模型平整地展开，这就需要用到"UV工具包"面板中的"展开"工具。

UV的编辑一般都在Maya的"UV编辑器"中进行，它可以实时显示UV原始的和展开后的状态（图4-6）。

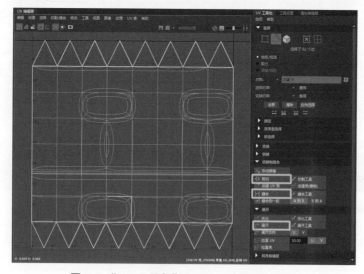

图4-6 "UV工具包"和"UV编辑器"面板

4.2 ▶ Q版角色UV的编辑

对多边形角色UV的编辑，最重要的就是对UV的剪切。在模型什么位置剪切呢？

① 不同材质的区域需要单独剪切出来。例如皮肤和衣服的材质肯定是不同的，所以头部

和衣服的模型部分就要单独剪切开。

②剪切的位置最好在相对"隐蔽"的位置。例如被其他模型遮挡住的区域，以及腿部和手臂的内侧、后脑等较少在镜头中出现的位置。

4.2.1 头部的UV编辑

先选中身体模型，按下快捷键 Ctrl+1（Windows）或 Command+1（macOS），使身体模型单独显示在视图中。

在"UV编辑器"中，点击左上角的"着色"按钮，进入"着色"显示模式中，这里有两个地方需要注意的：

①"UV编辑器"和视图中，模型的显示分成了两个颜色，蓝色区域表明UV较为正常，而红色区域则表示模型存在比较严重的重叠现象；

②视图中，模型的线会呈现两种颜色，白色的线是模型的剪切线，表明模型已经被Maya随机剪切开了（图4-7）。

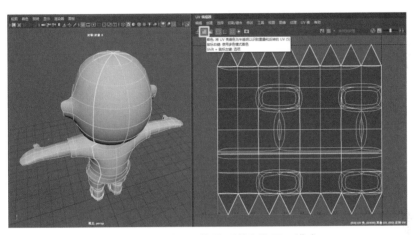

图4-7 "UV编辑器"的"着色"显示模式

步骤1 在视图中进入模型的"边"子级别，双击角色模型脖子与身体连接处的任意一条边，就会选中整条循环边（图4-8）。

步骤2 在"UV工具包"面板中，点击"剪切"按钮，从被选中的循环边处将模型剪切开（图4-9）。

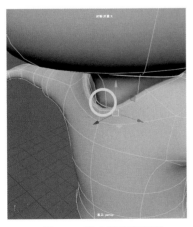

图4-8 选中整条循环边

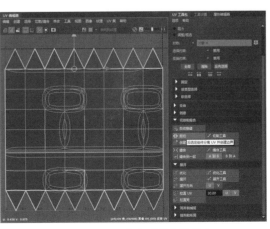

图4-9 点击"剪切"按钮

步骤3 进入"UV壳"级别，点击头部模型，会发现脖子部分没有被选中，仔细观察，会看到脖子与头部的循环线是白色的，这说明头部和脖子被 Maya 自动剪切开了（图 4-10）。

步骤4 进入"边"级别，双击选中头部与脖子连接的循环线（图 4-11）。

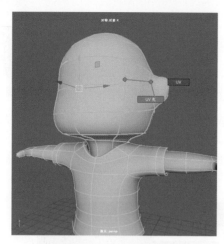

图 4-10 "UV壳"级别

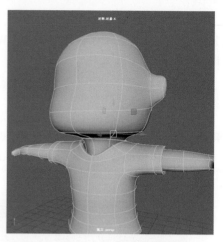

图 4-11 选中循环线

步骤5 在"UV工具包"面板中，点击"缝合"按钮，将脖子和头部的 UV 缝合上，再进入"UV壳"级别，点击头部，会看到头部和脖子结合成一个整体被选中了（图 4-12）。

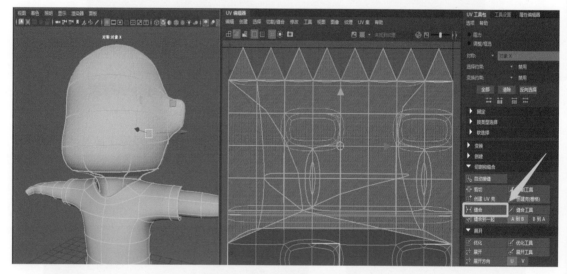

图 4-12 缝合头部和脖子的 UV

步骤6 按下键盘的 W 键，切换到移动工具，在"UV编辑器"面板中，将头部的"UV壳"向上移动一些，与其他的 UV 分开，便于单独进行操作（图 4-13）。

步骤7 点击"UV工具包"面板中的"展开"按钮，就会看到该 UV 壳被展开了（图 4-14）。

步骤8 现在的 UV 不够整齐，再次进入"边"级别，将头部模型顶部和侧面的几条白色剪切线选中，在"UV工具包"面板中点击"缝合"按钮，将这些边缝合在一起，这时"UV编辑器"中已经展开的 UV 壳会发生变形，这是因为剪切线发生了改变的缘故（图 4-15）。

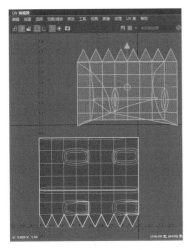

图 4-13　移动 UV 壳

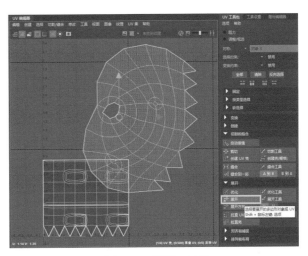

图 4-14　展开 UV 壳

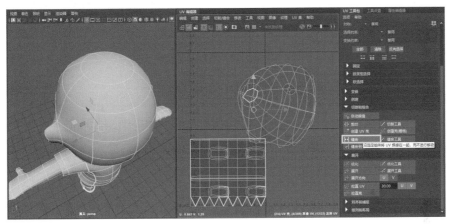

图 4-15　缝合头部 UV

　　步骤 9　选中头部正后方从脖子到后脑的一排线，再按键盘的 Shift 键，选中后脑处横向的 4 条线，在"UV 工具包"面板中点击"剪切"按钮，然后再进入 UV 壳级别，选中头部的 UV 壳，点击"UV 工具包"面板中的"展开"按钮，将它们重新展开，这时该 UV 壳就会展开为较平整的效果（图 4-16）。

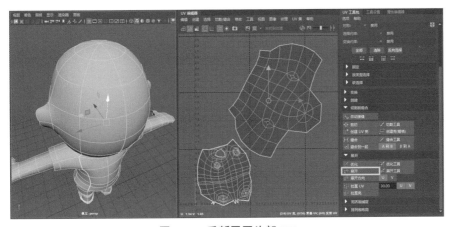

图 4-16　重新展开头部 UV

步骤 10　多次点击 "UV 工具包" 面板中的 "优化" 按钮，可以让 UV 更合理均匀地分布。再按下键盘的 E 键，切换到旋转工具，将头部的 "UV 壳" 旋转放正，这样整个头部的 UV 左右对称，更方便后期贴图的绘制（图 4-17）。

步骤 11　还可以进入 "边" 级别，选中最中间的一条或连续的多条纵向直线，在 "UV 工具包" 面板中点击 "定向到边" 按钮，整个 UV 壳就会以选中的这些边的角度为准自动对齐（图 4-18）。

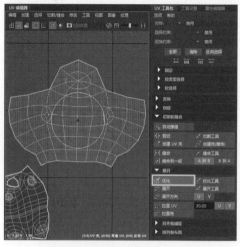

图 4-17　优化 UV 壳

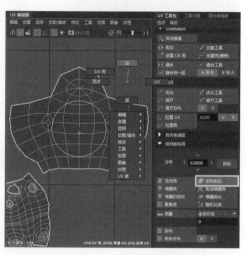

图 4-18　点击 "定向到边"

4.2.2　身体的UV编辑

步骤 1　进入 "边" 级别，并激活对称的 "对象 X" 选项，这样可以两只手臂同时进行编辑。选中手臂和袖口相连的一圈循环边（图 4-19）。

步骤 2　在 "UV 工具包" 点击 "剪切"，将两只手臂的 UV 从身体上剪切开。进入 "UV 壳" 级别，在 "UV 编辑器" 中选中手臂的 UV 壳，将它们移动到空白区域，便于单独进行操作（图 4-20）。

视频教程

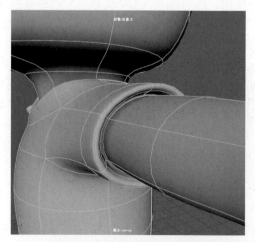

图 4-19　选中手臂与袖口连接的循环边

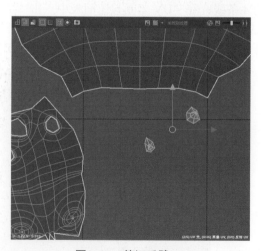

图 4-20　剪切手臂 UV

步骤 3　进入 "边" 级别，选中手臂后面的一排线（图 4-21）。

步骤 4 在"UV 工具包"点击"剪切",将手臂的 UV 沿选中的边切开,再进入"UV 壳"级别,选中手臂的 UV 壳,点击"展开",将两只手臂的 UV 展开(图 4-22)。

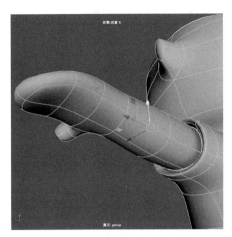

图 4-21 选中手臂的剪切线

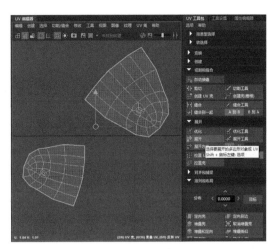

图 4-22 展开手臂 UV

步骤 5 将激活对称设置为"禁用",使用旋转工具和缩放工具,在"UV 编辑器"中分别将两只手臂的 UV 壳放大并旋转(图 4-23)。

步骤 6 进入"UV"级别,分别框选中手臂 UV 左侧第 1 和 2 列的 UV 点,在"UV 工具包"点击"拉直 UV",使这些点纵向对齐,方便后期贴图的绘制(图 4-24)。

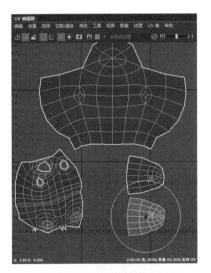

图 4-23 调整手臂的 UV 壳

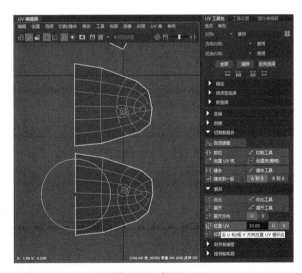

图 4-24 拉直 UV

步骤 7 选中身体与短裤相连的一圈循环边,在"UV 工具包"点击"剪切",将身体 UV 单独剪切出来。再进入"UV 壳"级别,在"UV 编辑器"中将身体的 UV 壳移动到空白处(图 4-25)。

步骤 8 进入"边"级别,先选中被系统剪切过的白色的线,点击"UV 工具包"中的"缝合",将这些边缝合起来(图 4-26)。

步骤 9 选中连接衣服正面和背面的一排线,点击"UV 工具包"中的"剪切",将整件衣服剪切为正面和背面两部分(图 4-27)。

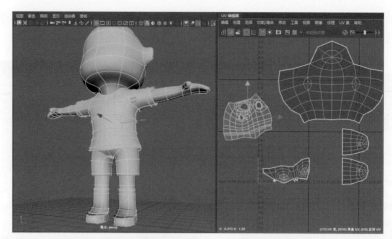

图 4-25　将身体的 UV 剪切出来并移动

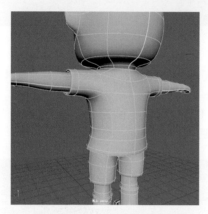

图 4-26　缝合身体的剪切线

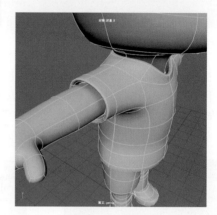

图 4-27　剪切 UV

　　步骤 10　进入"UV 壳"级别，在"UV 编辑器"中，分别选中衣服正面和背面的 UV 壳，将它们分开（图 4-28）。

　　步骤 11　分别将衣服正面和背面的 UV 壳展开，并多次按下"优化"按钮，将 UV 均匀分布（图 4-29）。

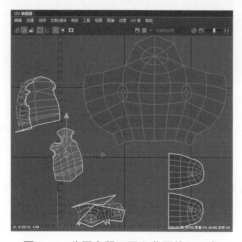

图 4-28　分开衣服正面和背面的 UV 壳

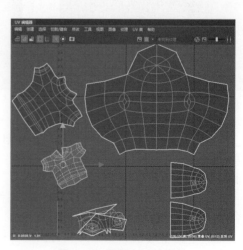

图 4-29　展开 UV 并优化

步骤 **12**　使用缩放工具，将两个 UV 壳调整到合适大小，再使用旋转工具，配合在"UV 工具包"的"拉直 UV"命令，将它们旋转放正（图 4-30）。

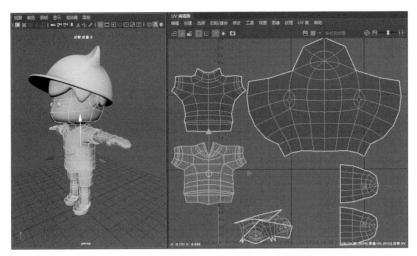

图 4-30　调整 UV 壳的大小和角度

步骤 **13**　因为领子部分的材质效果和衣服不同，所以可以进入"边"级别，选中领子和衣服交接的边，点击"UV 工具包"中的"剪切"，将领子与衣服分开（图 4-31）。

步骤 **14**　进入"UV 壳"级别，将领子的 UV 展开，并移动到空白处（图 4-32）。

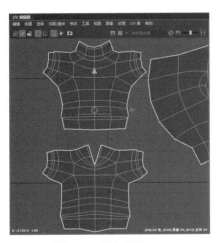

图 4-31　剪切领子 UV

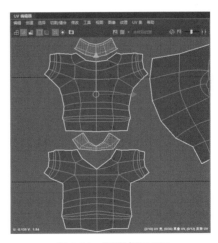

图 4-32　展开领子 UV

4.2.3　其他部分的UV编辑

视频教程

步骤 **1**　使用和衣服相同的方法，将短裤的 UV 剪切出来，再剪切为正面和背面两个 UV 壳，展开并优化后，缩放并移动到"UV 编辑器"中的空白区域（图 4-33）。

步骤 **2**　因为腿部和球袜的材质不同，所以腿部也要单独展开。选中腿部和球袜连接处的循环边，在"UV 工具包"点击"剪切"，将腿部 UV 单独剪切出来。再从腿部内侧将 UV 剪切，进入 UV 壳级别中，将腿部 UV 展开并优化，放大并移动到"UV 编辑器"中的空白区域（图 4-34）。

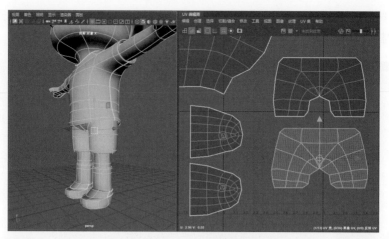

图 4-33　展开短裤的 UV

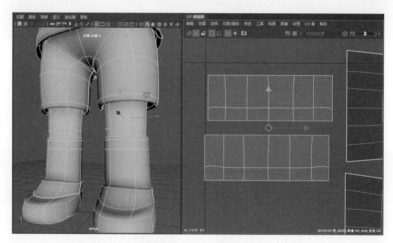

图 4-34　展开腿部的 UV

　　步骤 3　选中球袜与球鞋连接处的循环边并剪切，再从球袜内侧将 UV 剪切，展开并优化后，调整球袜 UV 壳的大小和位置，放在"UV 编辑器"中的空白区域（图 4-35）。

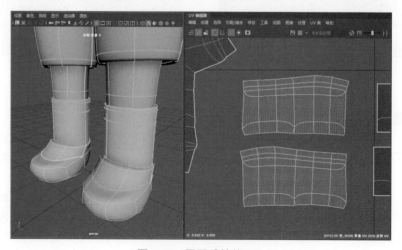

图 4-35　展开球袜的 UV

步骤 4　用相同的方法，最后将球鞋的 UV 展开，再对它们的 UV 壳调整大小和位置，并放在"UV 编辑器"中的空白区域（图 4-36）。

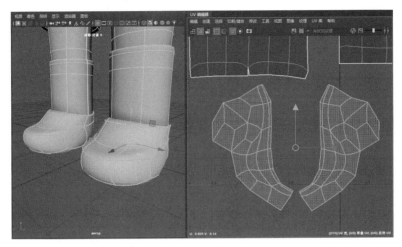

图 4-36　展开球鞋的 UV

步骤 5　到这一步，整个身体模型的 UV 就都编辑完成了，可以按下快捷键 Ctrl+1（Windows）或 Command+1（macOS），将头发、帽子、眼睛等模型显示出来。

步骤 6　将帽子上的两只耳朵的 UV 剪切出来，从耳朵模型侧面剪切一下，将它们的 UV 展开并优化（图 4-37）。

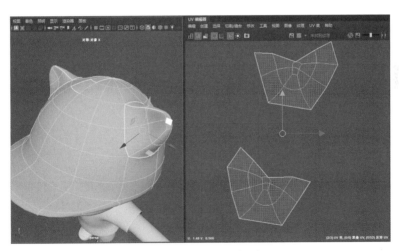

图 4-37　展开耳朵的 UV

步骤 7　沿着边缘将帽子的 UV 剪切开，将整个帽子模型分为外部和内部两个 UV 壳，从它们后面剪切一下，并展开和优化，放在"UV 编辑器"中的空白区域（图 4-38）。

因为要给其他的头发、眼睛、眉毛、鼻子等模型添加纯色材质，不需要使用 UV 去定位贴图，所以就不对它们编辑 UV 了。

步骤 8　选中帽子和身体模型，使它们的 UV 都在"UV 编辑器"中展示出来。点击并打开"棋盘格贴图"按钮，视图中的模型会显示出棋盘格的贴图效果。这是检查模型 UV 的一种方法，仔细观察模型上的棋盘格，如果分布均匀，没有扭曲现象，那就说明 UV 分布是合理的，反之则需要对相应的 UV 做出调整（图 4-39）。

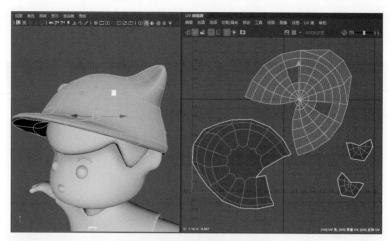

图 4-38   展开帽子的 UV

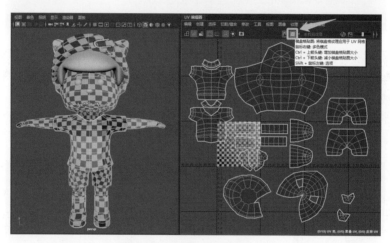

图 4-39   对模型 UV 进行检查

技术解析

在展开模型UV的过程中，有时候会弹出"修复非流形几何体"的警告窗口，这是因为有些相邻的面存在法线指向相反的问题，这时可以直接点击警告窗口中的"修复"按钮进行修复（图4-40）。

或者选中整个模型，点击菜单的"网格"→"清理"命令右侧的正方形，打开该命令的设置窗口，勾选"非流形几何体"选项，再按下"清理"按钮（图4-41）。

图 4-40   "修复非流形几何体"的警告窗口

图 4-41   清理选项

如果上述方法都使用过，但是依然弹出警告窗口，可以选中模型，执行菜单的"UV"→"自动"命令，让系统将模型的UV进行整体拆分，然后再重新缝合、剪切并展开UV即可。

4.3 ▶ UV的排布和导出

多边形模型的 UV 编辑好以后，就需要将 UV 导出去绘制贴图。但是导出之前，还需要将 UV 进行有序地排列，避免 UV 出现重叠现象，也可以使 UV 之间的间距和适配达到最理想的状态，还有助于确保每一个 UV 壳都拥有自己单独的 UV 纹理空间。

视频教程

步骤 1　在视图中选中帽子和身体，让模型的 UV 在 "UV 编辑器" 中显示出来，再进入 "UV 壳" 级别，选中所有的 UV 壳，点击 "UV 工具包" 中的 "排布" 按钮（图 4-42）。

步骤 2　这时所有的 UV 壳会自动排布在介于 0 和 1 的坐标方格内，仔细观察，会发现这些 UV 壳被随机分配了位置，例如衣服的正反面的 UV 壳相距太远，很多 UV 壳之间几乎没有任何空间（图 4-43）。

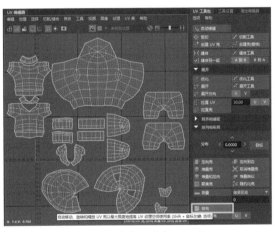
图 4-42　选中所有的 UV 壳

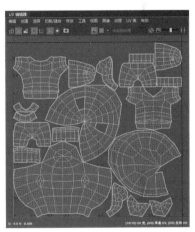
图 4-43　UV 壳自动排布

步骤 3　逐一选中 UV 壳，调整它们位置、角度和大小，使所有的 UV 壳都整齐有序地排列在介于 0 和 1 的坐标方格内（图 4-44）。

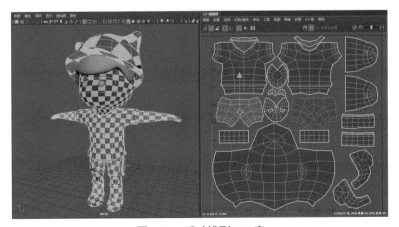
图 4-44　手动排列 UV 壳

> **技术解析**
>
> 怎样排列的UV才是合格的呢?
>
> ① 所有的UV壳互相独立,没有出现交叉重叠的情况,而且彼此之间是有间距的。
>
> ② 排列有序。因为在制作中,UV编辑和贴图绘制往往不是同一个人,因此UV编辑好以后,让其他人能够准确地将UV与模型对应上,这是非常重要的。
>
> ③ 能够最大限度地利用空间。尽量找到最好的UV排列方法,在介于0和1的坐标方格内将UV排满,一定不能超出这个范围。

步骤4 在"UV 编辑器"菜单中执行"图像"→"UV 快照"命令,或者直接点击界面上的"UV 快照"按钮(图 4-45)。

步骤5 在弹出的"UV 快照选项"窗口中,设置文件名,"图像格式"选择 JPEG,大小选择 2048×2048 的标准 2K 大小,然后点击"应用"按钮(图 4-46)。

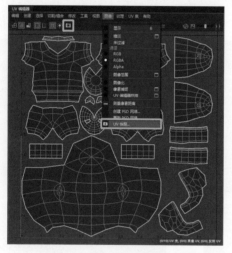

图 4-45 执行"UV 快照"命令

图 4-46 设置 UV 快照的参数

在设定的路径中,找到导出的 UV 快照图片,打开检查一下和 Maya "UV 编辑器"中的是否一致。

4.4 ▶ 在Photoshop中绘制贴图

Adobe Photoshop,简称"PS",是由 Adobe 开发和发行的图形图像处理软件。Photoshop 主要处理由像素构成的数字图像。使用其众多的编修与绘图工具,可以有效地进行图片编辑和创造工作。

绘制贴图这一项工作,可以使用任意一款具有绘图功能的软件进行。本案例将使用 Adobe Photoshop 进行绘制。

4.4.1 在Photoshop中导入UV

步骤1 打开 Photoshop 软件,点击主页面左侧的"打开"按钮,或者执行菜单的"文件"→"打开"命令,在弹出的"打开"窗口中,找到并选中从 Maya 导出的 UV 快照图片,再点击"打开"按钮(图 4-47)。

视频教程

步骤2 UV 快照图片文件被打开并出现在 Photoshop 软件内，就可以对它进行编辑和绘制了（图 4-48）。

图 4-47 执行"打开"命令

图 4-48 打开 UV 快照图片

步骤3 现在的 UV 快照是白色的线，黑色的背景，如果想要转成黑线框白背景效果，可以执行菜单的"图像"→"调整"→"反相"命令，或者按下快捷键 Ctrl+I（Windows）或 Command+I（macOS），就可以将图像的色相颜色完全反转（图 4-49）。

步骤4 找到 Photoshop 的"图层"面板，如果没有的话，可以执行菜单的"窗口"→"图层"命令，或者按下快捷键 F7，打开"图层"面板，会看到只有一个"背景"图层，且已经被锁定不能编辑，双击该图层，在弹出的"新建图层"窗口中，直接点击"确定"按钮（图 4-50）。

图 4-49 执行"反相"命令

图 4-50 解锁图层

步骤5 点击"图层"面板下方的"创建新图层"按钮，这时在之前图层的上面，会生成一个新的"图层 1"（图 4-51）。

步骤6 在 Photoshop 左侧工具栏的下方，点击"设置前景色"按钮，在弹出的"拾色器"窗口中，选择一款偏皮肤色的颜色，然后按下"确定"键（图 4-52）。

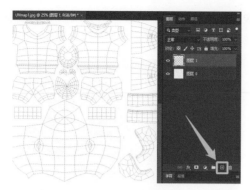

图 4-51 创建新图层

图 4-52 设置前景色

步骤 7 先确认在"图层"面板中选择的是新建的"图层 1",在工具栏中点击"油漆桶"工具,如果没找到,可以使用鼠标左键长按"渐变工具",在弹出的浮动菜单中点击"油漆桶"工具,这时光标会变成油漆桶标识,点击画面,会看到整个画面都变成了前景色设置的皮肤颜色了(图 4-53)。

步骤 8 在"图层"面板中选中"图层 1",使用鼠标左键将它拽到最下面(图 4-54)。

图 4-53 填充颜色

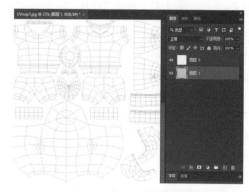

图 4-54 设置图层顺序

步骤 9 在"图层"面板中选中 UV 图,将图层混合模式改为"正片叠底",这时它就去掉了白色的背景,只保留了黑色的线框(图 4-55)。

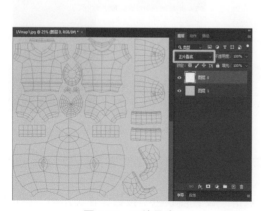

图 4-55 正片叠底

图 4-56 设置图层格式

步骤 10　执行菜单的"文件"→"存储为"命令，或者按下快捷键 Shift+Ctrl+S（Windows）或 Shift+Command+S（macOS），在弹出的"存储为"窗口中，选择要保存的位置，将"保存类型"设置为 PSD 格式，这是 Photoshop 源文件的格式，可以有效地保存文件的图层等信息（图 4-56）。

4.4.2　贴图的绘制和保存

步骤 1　再新建一个图层，放在"图层 1"的上面，在工具栏中点击"多边形套索工具"，在画面中多次点击，将球衣、球裤和袜子部分选中（图 4-57）。

步骤 2　设置前景色为白色，再使用工具栏的"油漆桶工具"，点击选区内，将球衣、球裤和球袜部分填充为白色（图 4-58）。

视频教程

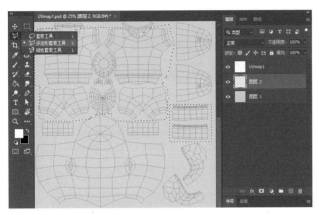

图 4-57　多边形套索工具

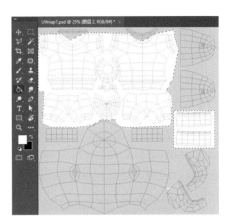

图 4-58　填充球衣、球裤和球袜

步骤 3　用同样的方法，根据自己的喜好，给 UV 的其他部分填充不同的颜色（图 4-59）。

步骤 4　还可以使用工具栏上的文字工具，给画面添加不同的文字效果（图 4-60）。

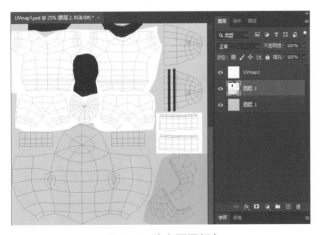

图 4-59　填充不同颜色

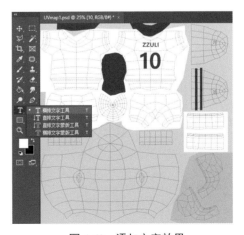

图 4-60　添加文字效果

步骤 5　继续添加细节，最终完成的基础颜色的绘制如图 4-61 所示。

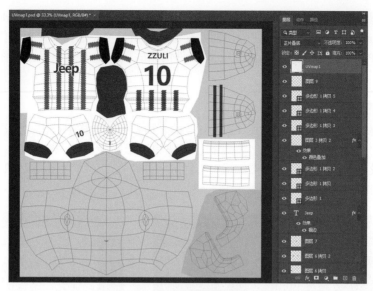

图 4-61　基础颜色贴图

步骤6　还可以继续给贴图添加明暗关系、柔和过渡等效果，最终完成后，因为贴在
Maya 模型中的贴图是不需要线框效果的，所以要点击取消 UV 快照图层最左侧的小眼睛，使
UV 线框隐藏，然后再保存贴图文件（图 4-62）。

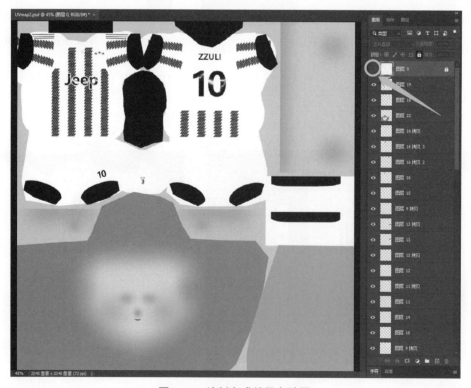

图 4-62　绘制完成并保存贴图

最终完成的贴图文件是本书案例素材中的"4.4_UVmap.psd"文件，有需要的读者可以打
开观看。

4.5 ▶ 在Maya中给模型贴图

视频教程

步骤1 回到 Maya 中，选中帽子和身体模型，按下鼠标右键，在弹出的浮动菜单中点击"指定新材质"命令，然后再点击"Lambert"，给它们添加一个没有任何反光的 Lambert 材质（图 4-63）。

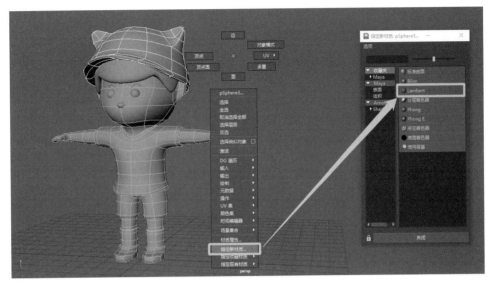

图 4-63　添加新材质

步骤2 进入新材质 lambert2 的"属性编辑器"中，点击"颜色"属性最右侧的黑白格子按钮，会弹出"创建渲染节点"窗口，点击里面的"文件"按钮（图 4-64）。

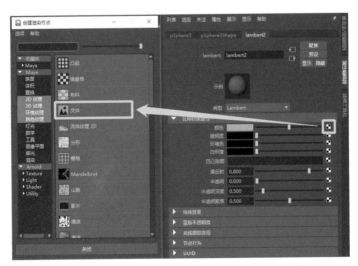

图 4-64　给"颜色"属性添加"文件"渲染节点

步骤3 这时"属性编辑器"会自动进入"file"节点的面板中，点击"图像名称"右侧的文件夹按钮，在弹出的窗口中找到在 Photoshop 中绘制并保存的贴图文件，按下"确定"按钮，在视图中按下 6 键，进入"贴图显示模式"，就会看到绘制的贴图在模型上显示出来了（图 4-65）。

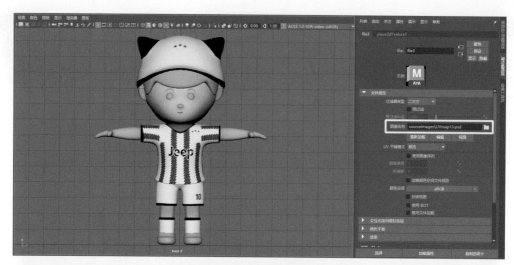

图 4-65　将贴图贴在模型上

步骤 4　用之前学过的方法，给头发、眉毛、眼睛、鼻子添加材质，并逐一修改它们的颜色。对于眼睛这种需要高光的模型，可以选择 Phone 材质。最终完成的效果如图 4-66 所示。

图 4-66　模型最终的贴图效果

最终完成的文件是本书案例素材中的 "4.4_boy.mb" 文件，有需要的读者可以打开观看。

本章小结　本章的主要学习任务是在 Maya 中为制作好的多边形 Q 版角色模型进行 UV 的编辑和贴图绘制，需要掌握的内容包括 UV 基本概念、Q 版角色 UV 的编辑、UV 的排布和导出、在 Photoshop 中绘制贴图、在 Maya 中给模型贴图。

课后拓展
1. 对自己制作的原创 Q 版角色模型进行 UV 编辑。
2. 将角色的 UV 导入其他绘图软件中进行贴图绘制。
3. 在 Maya 中，将绘制好的贴图指定给角色模型。

第5章
Q版角色的绑定和动作

● 学习重点　Maya软件中Human IK系统的使用技术和方法。
　　　　　　使用Mixamo系统绑定的流程。

● 学习难点　角色骨架的搭建和调整。
　　　　　　角色模型权重绘制和处理的方法。
　　　　　　角色姿势和动作的调整。

　　肢体运动应该是角色动画中最重要的部分，同时也是最复杂的。它可以分为两个阶段，一个是角色绑定，另一个是动画调节。

　　角色绑定阶段就是使用Maya中的骨骼系统，对模型进行绑定，并通过骨骼来控制模型。这项工作对制作者的逻辑关系能力要求较高，一般而言分为以下几个阶段：

　　① 骨骼设定：就是把一个角色的骨架搭建起来，并设定好骨骼与骨骼之间的关系。

　　② 蒙皮：即把搭建好的骨骼和角色模型进行绑定，可以使用骨骼来操纵模型。

　　③ 权重：将每一段骨骼控制模型的那一部分设定清楚。

　　而动画阶段主要是靠制作人员运用角色运动规律，通过骨骼去控制角色的不同姿势，再使用关键帧将这些姿势做成动画。

　　在对角色模型进行绑定之前，先要对模型进行细化的处理。

　　执行菜单的"显示"→"题头显示"→"多边形计数"命令，这样视图的左上角就会出现模型的相关数据。选中模型，按下1键，切换回该模型的粗糙几何体显示级别（图5-1）。

图5-1　切换回粗糙几何体显示级别

　　从数据中可以看到，目前模型的面数只有4000多个面，这对于绑定来说是远远不够的。

选中身体、帽子、头发等模型，点击菜单的"网格"→"平滑"命令右侧的正方形，打开该命令的选项面板，设置"分段级别"参数为2，点击"应用"按钮，就会看到模型的面数增加到14980，模型表面也变得更加精细了（图5-2）。

图 5-2　执行"平滑"命令

5.1 ▶ 使用Human IK系统进行绑定

Human IK 是 Maya 自带的一套角色骨骼系统，可以快速方便地为角色创建整套骨骼。可以点击 Maya 界面右上角的"切换角色控制"按键，将 Human IK 的控制面板打开（图5-3）。

如果界面中没有 Human IK，也有可能是没有被加载进来，可以执行"窗口"→"设置／首选项"→"插件管理器"命令，勾选 mayaHIK.mll 后面的"已加载"和"自动加载"按钮（图 5-4）。

图 5-3　打开 Human IK 的控制面板

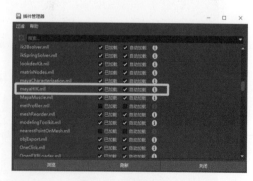

图 5-4　加载 Human IK

需要注意的是，Human IK 只支持呈 T 形站姿的角色模型，也就是双脚并立、双臂伸展打开的姿势。

5.1.1 Human IK的快速绑定工具

步骤1 在顶部的工具栏中，进入"绑定"工具栏，单击第5个"快速绑定"图标，或者在Human IK的属性面板中点击"快速绑定工具"，这时会弹出"快速绑定"的工具面板，根据提示，选择角色的所有模型（图5-5）。

视频教程

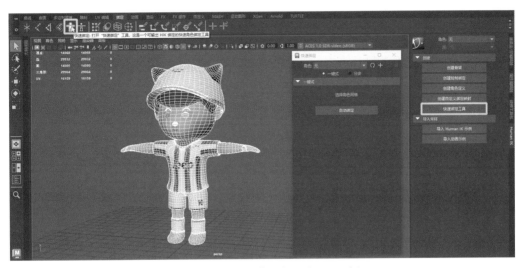

图5-5 打开"快速绑定"的工具面板

步骤2 在"快速绑定"的工具面板中，选择"一键式"，在所有角色模型都被选中的情况下，点击"自动绑定"按钮，经过短暂的计算，就给角色模型装配好了所有的骨骼和控制器，并自动绑定完成和刷好了权重，现在已经可以选中控制器，为角色进行动作的调整了（图5-6）。

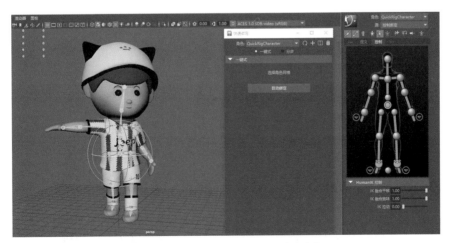

图5-6 对角色模型进行"自动绑定"

这套角色骨骼工具看起来十分便捷，但这毕竟是系统对模型的判断，不一定完全准确。仔细观察就会发现，膝盖、大腿根部位置的骨骼不太准确，另外"快速绑定"工具是不包含手指骨骼的，这也是该工具的局限性（图5-7）。如果需要较为精准的对位，就需要使用"快速绑定"工具中的"分步"式进行制作了。

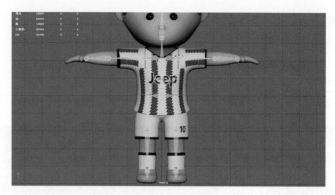

图 5-7　腿部骨骼位置不太准确

步骤 3　先来把刚才"快速绑定"创建的骨骼系统删掉。在 Human IK 的属性面板中，点击上方的垃圾桶图标，将之前创建的骨骼系统删除（图 5-8）。

步骤 4　重新打开"快速绑定"工具面板，点击"分步"，再点击"分步"按钮右侧的"创建新角色"的加号图标（图 5-9）。

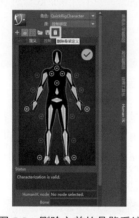

图 5-8　删除之前的骨骼系统

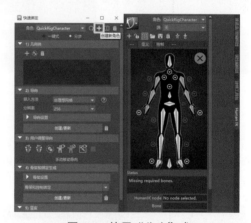

图 5-9　使用"分步"式

步骤 5　选中所有的角色模型，在"快速绑定"工具面板中，点击"几何体"下面的加号，将模型加载进来，如果模型较为复杂，可以将"分辨率"调高，脊椎、颈部、肩部 / 锁骨的骨骼数量也可以调整，然后点击"创建 / 更新"按钮，就会看到角色模型的各个关节处出现多个骨骼点（图 5-10）。

图 5-10　创建骨骼

步骤 6 选中位置不准确的关节，使用移动工具，将它们移动到准确的位置，调整完一侧后，可以点击"快速绑定"工具面板中的向左或向右镜像命令，使两侧的关节点位置保持统一（图 5-11）。

图 5-11 调整关节点的位置

步骤 7 调整好所有关节点的位置以后，依次点击"骨架和绑定生成"和"蒙皮"中的"创建/更新"按钮，创建角色的骨骼系统并蒙皮，这时就可以对角色的姿势和动作进行调整了（图 5-12）。

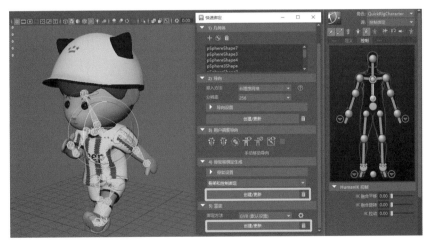

图 5-12 完成骨骼绑定

"快速绑定"工具虽然很方便，但是它最大的问题是不能创建手指和脚趾的骨骼，因此只适合于给那些没有手指的卡通角色使用，例如哆啦A梦等，如果需要有手指的骨骼，就需要使用 Human IK 中的"自定义骨架"了。

5.1.2 Human IK的自定义骨架

步骤 1 返回绑定骨骼之前的角色模型阶段，在 Human IK 的属性面板中点击"创建骨架"按钮（图 5-13）。这时场景中会出现一个巨大的双足角色骨架（图 5-14）。

视频教程

图 5-13　创建骨架

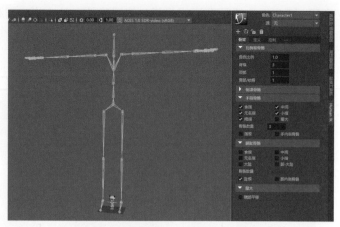

图 5-14　出现巨大的双足角色骨架

步骤 2　该骨架不能直接使用缩放工具调整，而是需要在 Human IK 的属性面板中，调整"角色比例"后面的参数。需要注意的是，每一次调整完比例后，该数值都会自动恢复到 1.0，本案例中是将比例调整了 4 次 0.1 后得到的效果（图 5-15）。

步骤 3　使用移动工具，逐一对骨架中的骨骼位置进行调整，使之匹配模型的位置，调整完以后，可以使用 Human IK 属性面板上面的镜像工具，使两侧骨骼保持一致。在调整手部骨骼的时候，可以调整每根手指的骨骼数量，本案例中因为是卡通造型，只做了大拇指和整个手掌，所以取消了食指、中指和小指的勾选，用无名指的骨骼去控制整个手掌，还将每根手指的骨骼数量由 3 改为了 2（图 5-16）。

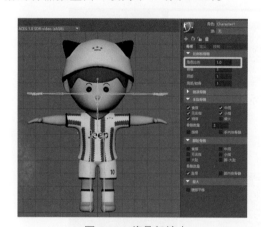

图 5-15　将骨架缩小

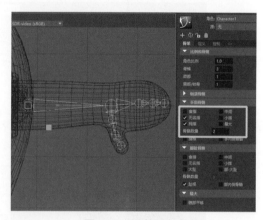

图 5-16　调整手部骨骼

在自定义骨架中，可以决定每根手指和脚趾的骨骼是否保留，本案例中因为角色穿了鞋子，因此就没有再生成脚趾的骨骼。

步骤 4　点击 Human IK 属性面板上面的"创建控制绑定"按钮（图 5-17）。

这时会看到，骨架自动生成了相应的控制系统，选择控制曲线进行调整，发现骨架虽然完成了，但是还没有进行蒙皮，无法控制模型（图 5-18）。

步骤 5　现在在场景中显示的都是骨架的控制系统，如果需要蒙皮，就需要先把真正的骨骼显示出来，切换到 Human IK 属性面板的"控制"面板，点击上面的"显示 / 隐藏骨架"按钮，同时关闭"显示 / 隐藏 IK"和"显示 / 隐藏 FK"按钮，这时场景中就只显示真正的骨骼了（图 5-19）。

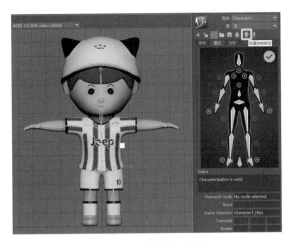

图 5-17　创建控制绑定

图 5-18　骨架无法控制模型

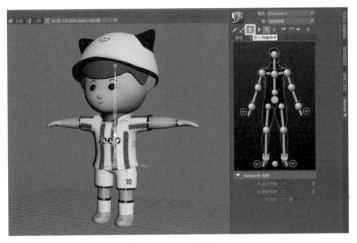

图 5-19　显示骨骼

步骤 6　选中角色的身体模型，再按着 Shift 键选中骨骼，执行"绑定"模块的"蒙皮"→"绑定蒙皮"命令，将模型和骨骼绑定在一起（图 5-20）。

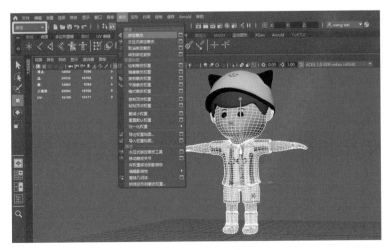

图 5-20　绑定蒙皮

步骤 7　绑定蒙皮后，再把"显示 / 隐藏 IK"和"显示 / 隐藏 FK"按钮打开，这时就可以使用骨架来控制模型的姿势了，但是这时发现，其他的眼睛、头发、帽子等模型，并没有被骨骼系统所控制（图 5-21）。

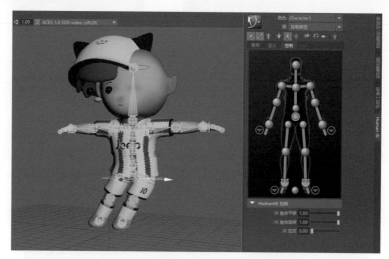

图 5-21　其他模型并没有被骨骼系统控制

步骤 8　返回只显示骨架的模式，按着键盘的 Shift 键，依次选中没有被控制的模型，最后再选中头部的那段骨骼，执行菜单的"编辑"→"建立父子关系"命令（快捷键 P 键），使这些模型成为头部骨骼的"子级对象"，并被头部骨骼所控制（图 5-22）。

这时再调整骨骼系统，就会看到，所有的模型都已经被骨骼系统控制，绑定完成（图 5-23）。

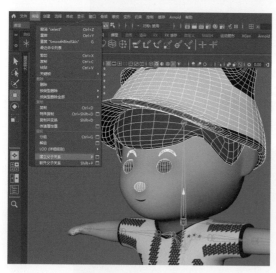

图 5-22　建立父子关系

图 5-23　完成绑定

技术解析

父子关系是三维动画制作软件中常见的设置方式，简单来说，就是将两个以上的物体分别设置为"父级对象"和"子级对象"，当对"父级对象"进行移动、旋转、放缩等操作时，"子级对象"也会随之进行相应的操作。

"建立父子关系"前，需要先将设置关系的所有物体选中。选择的顺序也是有要求的，最后被选中的物体是"父级对象"，而其他物体则为"子级对象"。

　　在大纲视图中，"子级对象"是依附在"父级对象"里面的，需要点开"父级对象"前面的小加号，才能看到"子级对象"（图5-24）。

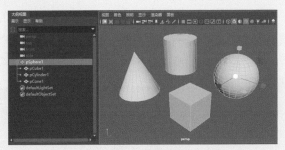

图 5-24　大纲视图中显示的父子关系

　　如果想要断开对象的父子关系，可以先选中"子级对象"，然后执行菜单的"编辑"→"断开父子关系"命令（快捷键Shift+P），或者在大纲视图中，用鼠标中键将"子级对象"拖拽到"父级对象"外面即可。

5.2 ▶ 角色模型权重的绘制

视频教程

　　权重，实际上就是调整骨骼和模型绑定效果的过程，即调整每一段骨骼控制模型的范围。

　　在调整骨骼做某些动作的时候，模型的一些地方会出现撕扯现象，例如手臂动作会导致头部出现撕扯，这就需要用权重来进行调整（图5-25）。

　　步骤1　选中模型，在"绑定"模块中，点击"蒙皮"→"绘制蒙皮权重"命令右侧的正方形，打开该命令的设置面板，这时会看到模型表面的颜色变成了黑色和白色。在"绘制蒙皮权重"的设置面板中，点击"影响物"列表中的每一个选项，会看到模型表面的颜色也在发生不同的变化。"影响物"列表中是每节骨骼的名称，选中某节骨骼，模型上会显示该骨骼的控制范围，这就是"权重"，白色是被控制部分，黑色则是不被控制的部分（图5-26）。

图 5-25　模型出现撕扯

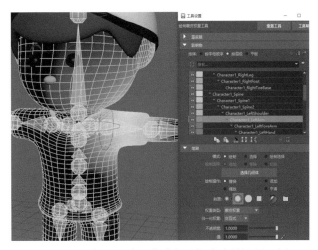

图 5-26　打开"绘制蒙皮权重"命令的设置面板

"绘制蒙皮权重"命令的设置面板中，"笔刷"卷轴栏中的"不透明度"是画笔的强度值，"笔划"卷轴栏下的"半径(U)"是画笔的大小。控制画笔大小也可以按着键盘的B键，使用鼠标左键在视图中左右拖动，就可以更加直观地调整画笔大小。

在绘制权重的时候，直接绘制出来的颜色是白色，这是被骨骼控制的范围。按着Ctrl键绘制出来的是黑色，这是绘制不被骨骼控制的范围。按着Shift键绘制，则是对选择边缘进行柔和处理，但是大家在调整的时候要注意下面的"值"这个参数，值为0则绘制出来的是黑色，值为1则为白色（图5-27）。

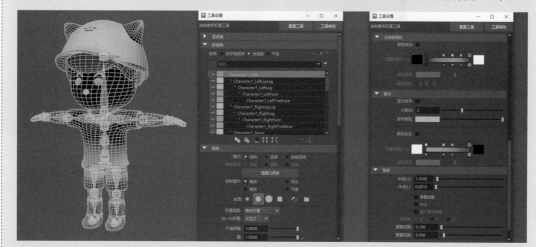

图 5-27 "绘制蒙皮权重"命令的设置面板

步骤 2　绘制权重之前，先调整一下各个骨骼，让角色摆出各种姿势，来检查一下哪个骨骼的权重有问题，从测试结果来看，控制头部模型的颈部骨骼、控制手臂的肩部骨骼的权重有较大问题，腿部骨骼相对较好（图 5-28）。

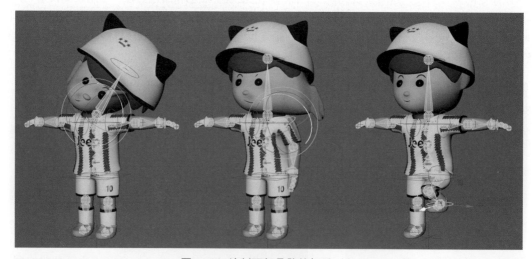

图 5-28　绘制颈部骨骼的权重（1）

步骤 3　选中角色的身体模型，打开"绘制蒙皮权重"的设置面板，选中"影响物"列表中的"Character1_Neck"，这是角色的颈部骨骼，这时角色头部模型会由下到上呈现出黑白渐变的效果，使用画笔将整个头部模型都涂白，使颈部骨骼控制整个头部模型，然后再按着Shift键，配合画笔绘制颈部与身体交接的部分，使权重的过渡更加柔和（图5-29）。

图 5-29　绘制颈部骨骼的权重（2）

步骤 4　绘制完权重以后，选中颈部骨骼，旋转或移动以测试权重绘制的效果，如果发现有问题，可以再次对颈部骨骼的权重进行绘制，然后再测试，直到颈部骨骼可以对头部模型完全控制为止（图5-30）。

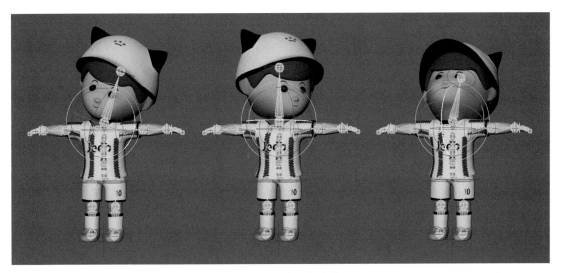

图 5-30　测试颈部骨骼

测试完成后，多次按下快捷键 Ctrl+Z（Windows）或 Command+Z（macOS），退回到角色 T 形站姿的原始状态，以便进行其他骨骼权重的绘制。

接下来调整模型肩部的权重，这里要说明的是，调整肩部的权重，并不一定要调整肩部的骨骼。在前面的测试中，调整肩部导致头部和身体的模型出现撕裂，这是因为肩部骨骼控制了不该它控制的头部和身体部分，因此，把它不该控制的模型部分指定给其他骨骼即可。

步骤 5　在"绘制蒙皮权重"的设置面板中，选中"影响物"列表中的"Character1_Spine2"，即胸部骨骼，使用画笔将身体模型涂白至如图5-31所示的效果。

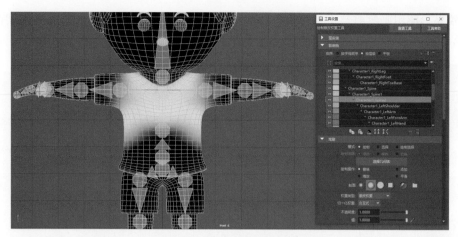

图 5-31　绘制胸部骨骼权重

步骤 6　绘制完权重以后，选中手臂骨骼进行测试，哪里有问题就返回继续绘制权重，测试完毕后，使角色回到 T 形站姿的原始状态（图 5-32）。

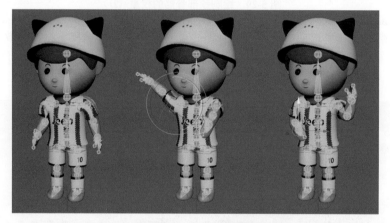

图 5-32　测试手臂骨骼

步骤 7　继续调整腿部的权重。在"绘制蒙皮权重"的设置面板中，选中"影响物"列表中的"Character1_Spine"，即髋部骨骼，使用画笔将身体模型涂白至如图 5-33 所示的效果。

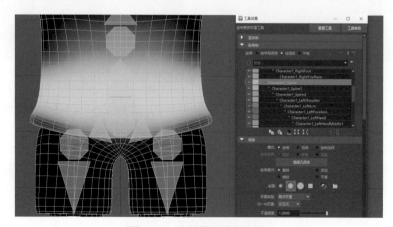

图 5-33　绘制髋部骨骼权重

步骤8　测试腿部骨骼，测试完成后，将角色调整到T形站姿的原始状态（图5-34）。

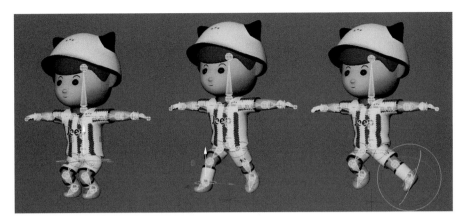

图 5-34　测试腿部骨骼

　　步骤9　接下来可以整体去调整角色的动作，测试其他骨骼权重，可以根据实际情况调整，如果绘制的是腿或手臂部分权重，可以在绘制完一侧以后，在"绑定"模块中，点击"蒙皮"→"镜像蒙皮权重"命令右侧的正方形，打开该命令的设置面板，设置"镜像权重"的轴向，点击"应用"按钮，就可以将这一侧的权重镜像复制给另一侧（图5-35）。

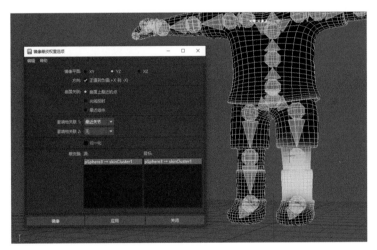

图 5-35　镜像蒙皮权重

5.3 ▶ 使用Mixamo系统进行绑定

　　除了Maya自身的绑定工具以外，还有很多的公司和个人开发了不同的绑定工具，本节就使用一个名叫Mixamo的角色动画制作平台，重新对Q版角色进行绑定。

　　Mixamo是Adobe旗下的一个基于网页版的在线三维角色动画制作平台，可以更轻易地创建出3D角色动画。其自身提供众多3D角色模型和动画文件。也可以上传三维角色模型来进行创作，将Mixamo中的动作文件直接套用到上传的角色模型上。Mixamo能够无缝地和所有主流的三维软件和游戏引擎协同工作，包括Maya、Cinema 4D、Blender、3ds Max、Unity、UNREAL ENGINE等。

　　Mixamo支持常用的三维模型通用格式FBX、OBJ等，因此需要将Maya的角色模型重新导出为 FBX 或 OBJ 格式的文件。

5.3.1 角色模型的绑定和导出

步骤 1 选中所有的模型，执行菜单的"文件"→"导出当前选择"命令
（图 5-36）。

视频教程

步骤 2 在弹出的"导出当前选择"窗口中，将"文件类型"设置为"FBX
export"，即 FBX 格式，在"文件名"中输入保存的文件名，并设置好导出的位置，按下"导
出当前选择"按钮，就可以将被选择的模型导出为一个 FBX 格式的文件（图 5-37）。

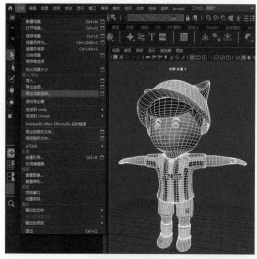

图 5-36 执行"导出当前选择"命令

图 5-37 将"文件类型"设置为"FBX export"

步骤 3 在网页浏览器中打开网址 https://www.mixamo.com/，进入 Mixamo 的主页面
（图 5-38），点击"Browse Characters"按钮。

图 5-38 进入 Mixamo 的主页面

步骤 4 在 Mixamo 的 Characters 页面中，点击右侧的"UPLOAD CHARACTER"按钮，
在弹出来的"UPLOAD A CHARACTER"窗口中，点击下面的"Select character file"文字，
打开上传文件的窗口，在电脑中选中刚才导出的 FBX 文件并点击"打开"按钮，或者直接将
角色模型的 FBX 文件拖动到窗口的虚线框内，就可以把文件上传至 Mixamo 中了（图 5-39）。

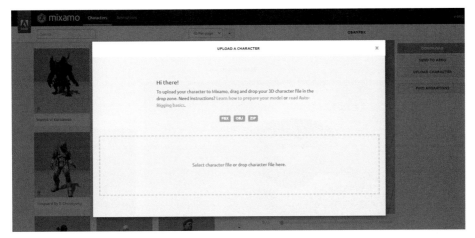

图 5-39　上传 FBX 文件

步骤 5　上传完成后，会显示模型文件的预览效果，如果发现问题可以回到 Maya 中调整，然后再输出 FBX 文件，重新上传，没有问题的话可以点击"NEXT"按钮进入下一步（图 5-40）。

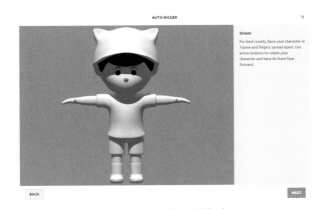

图 5-40　预览上传模型

步骤 6　进入"AUTO-RIGGER"窗口中，会看到模型左侧有 5 种不同颜色的圆形，分别代表下巴、腕关节、肘关节、膝关节、大腿根部（图 5-41）。

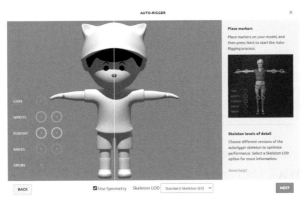

图 5-41　进入"AUTO-RIGGER"窗口

步骤7 参考右侧的示意图，使用鼠标将不同颜色的圆形移动到模型相应的位置上，然后按下右下角的"NEXT"按钮（图5-42）。

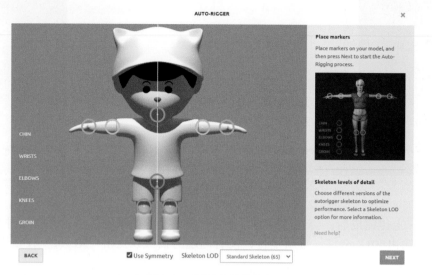

图 5-42 设置关节的位置

步骤8 然后系统进入绑定阶段，可能需要等待一会儿，绑定完成以后，角色模型会做一些动作，方便去检查绑定效果。如果发现有问题，可以按下左下角的"BACK"按钮，返回重新调整关节的位置，然后再重新绑定。如果绑定没问题，可以点击右下角的"NEXT"按钮（图5-43）。

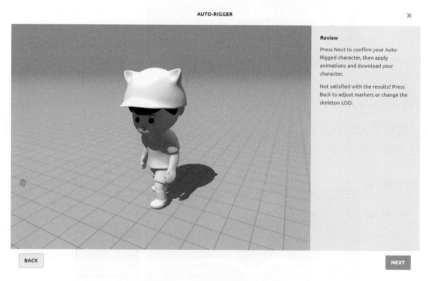

图 5-43 绑定效果测试预览

步骤9 返回到 Mixamo 主界面，点击右上角的"DOWNLOAD"按钮，在弹出的下载设置窗口中，设置"Format"（格式）为"FBX Binary"，"Pose"（姿势）为"T-pose"，然后再点击"DOWNLOAD"按钮，将模型和骨骼的 FBX 文件下载到自己的电脑上，命名为"5.3_T pose.fbx"（图5-44）。

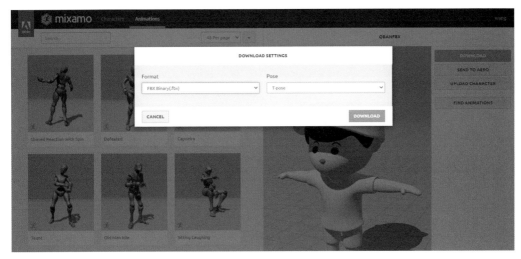

图 5-44　下载模型

步骤 10　回到 Maya 中，执行菜单的"文件"→"新建场景"命令，或按快捷键 Ctrl+N
（Windows）或 command+N（macOS），新建一个场景。然后执行菜单的"文件"→"导入"
命令，在电脑中找到刚才下载的 FBX 文件，或将该文件直接拖入 Maya 的视图中，这时会看
到模型和骨骼都出现在视图中（图 5-45）。

步骤 11　现在骨骼显示太大了，执行菜单的"显示"→"动画"→"关节大小"命令，
在弹出的"关节显示比例"窗口中，将参数调小，使骨骼显示正常（图 5-46）。

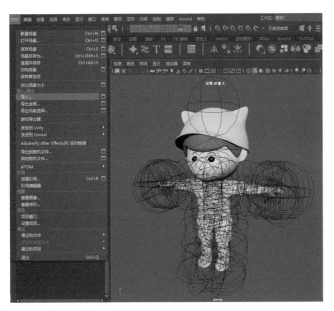

图 5-45　导入绑定好的模型

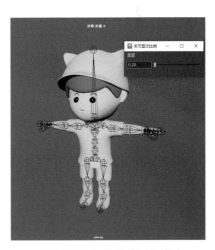

图 5-46　调整骨骼显示大小

5.3.2　角色模型的动画和导出

Mixamo 不仅是一个三维角色的绑定平台，它还是一个三维角色的动作库，
里面有数千种角色动作，可以直接应用在角色上面。

步骤 1　返回 Mixamo 主界面，点击左上角的"Animations"按钮，这时界面

视频教程

的左侧会出现多种两足角色动作的动画，点击任何一个动画，该动作就会被指定给上传的角色，右侧还有该动作相应的参数可以调节（图5-47）。

图5-47　将动作指定给模型

步骤2　调整完动作以后，点击右上角的"DOWNLOAD"按钮，在弹出的下载设置窗口中，设置"Format"（格式）为"FBX Binary"，其他的可以根据实际情况进行设置，然后点击"DOWNLOAD"按钮，将该文件下载到自己的电脑上，命名为"5.3_Jumping Down.fbx"（图5-48）。

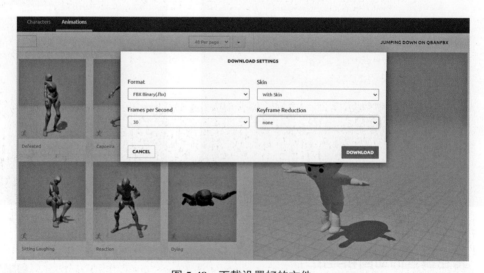

图5-48　下载设置好的文件

步骤3　将下载的FBX文件导入Maya中，在下面的时间轴上拖动时间滑块，就会看到角色在视图中动起来了（图5-49）。

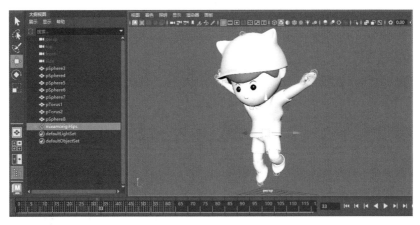

图 5-49　在 Maya 中导入角色和动作

步骤 4　如果需要调整模型的位置、大小或者角度，可以在"大纲视图"中，选中"mixamorig:Hips"，然后再使用移动工具、旋转工具或缩放工具对它进行操作，整体的骨架和模型就会一起被调整了（图 5-50）。

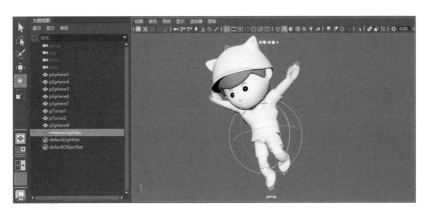

图 5-50　调整角色形态

步骤 5　按下键盘的 6 键，进入贴图显示模式，检查模型贴图有没有问题，如果贴图没有显示出来，可以进入模型的材质属性中，将贴图重新贴上去（图 5-51）。

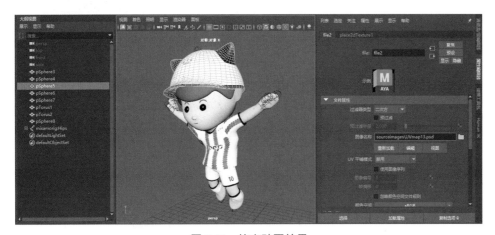

图 5-51　检查贴图效果

　　调整完以后，执行菜单的"文件"→"场景另存为"命令，快捷键Ctrl+Shift+S（Windows）或command+shift+S（macOS），将模型保存为Maya格式的源文件。

　　最终完成的文件是本书案例素材中的"5.3_Jumping Down.mb"文件，有需要的读者可以打开观看。

5.4 ▶ 角色动作的调整

　　在做动画的时候，角色可能会在每个镜头中做不同的动作，一般制作人员都会习惯在角色T形站姿的基础上进行调整。因此，在角色的整套骨架系统都搭建完成后，一定要把角色T形站姿的原始状态单独另存一份文件，命名为"5.4_T pose.mb"。

5.4.1　动作姿势的调整

　　步骤1　在Maya中新建一个场景，命名为"5.4_pose1.mb"，再执行菜单的"文件"→"导入"命令，将"5.4_T pose.mb"文件导入（图5-52）。

视频教程

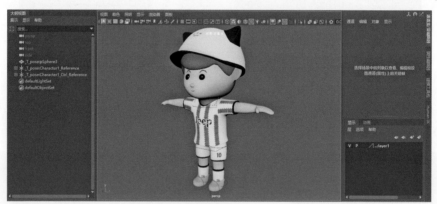

图 5-52　新建场景并导入 T pose 模型

　　步骤2　选中模型腰部位置的控制器，将它向下移动一些，调整好角色的重心，再使用旋转工具，将它向角色的左侧旋转一些，让角色稍微侧身（图5-53）。

步骤 3　选中角色左脚位置的控制器，将它向前方和上方移动一些，做出射门的腿部动作，再使用旋转工具，旋转角色的脚部，使角色的脚弓向外（图5-54）。

图5-53　调整角色重心

图5-54　调整角色腿部和脚部

步骤 4　选中模型右脚位置的控制器，将它向后移动一些，作为角色的支撑脚（图5-55）。

步骤 5　选中角色脖子位置的控制器，将它向角色的右侧旋转一些，做出侧身的效果，再把身体向后仰一些（图5-56）。

图5-55　调整角色右脚

图5-56　调整角色侧身效果

步骤 6　选中模型左手腕位置的控制器，将它向下移动，对左臂进行调整（图5-57）。

步骤 7　选中角色右手腕位置的控制器，将它向角色身体前侧移动，并选中手掌的骨骼，向内旋转一些，做出握拳的效果（图5-58）。

图5-57　调整角色左臂

图5-58　调整角色右臂

步骤 8 再对其他部位进行一些微调，最终完成效果如图 5-59 所示。

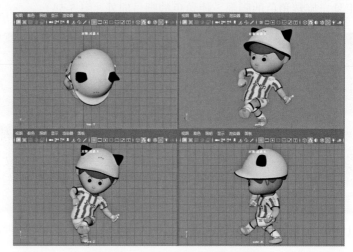

图 5-59　完成角色射门姿势的调整

5.4.2　其他角色动作姿势的调整

现在的场景中只有一个角色，是不完整的，如果再制作其他的角色，会增加制作时间。这时可以把现有的角色加以改动，做成其他角色形象，再和现在的角色放在一起。

视频教程

步骤 1 在 Maya 中新建一个场景，命名为 "5.4_T pose2.mb"，再执行菜单的 "文件" → "导入" 命令，将 "5.4_T pose.mb" 文件导入进来。

步骤 2 把帽子模型删掉，然后在 Photoshop 中对贴图重新进行调整和绘制，改变角色球服的样式，完成效果如图 5-60 所示。

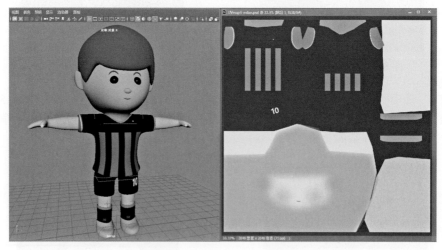

图 5-60　改变角色球服样式

最终完成的贴图文件是本书案例素材中的 "5.4_UVmap.psd" 文件，有需要的读者可以打开观看。

步骤 3 重新打开 "5.4_pose1.mb" 文件，将修改了球衣的 "5.4_T pose2.mb" 文件导入，在大纲视图中选中新角色的整体骨架，将它向后移动一些（图 5-61）。

图 5-61　导入新角色

步骤 4　调整新角色的动作，摆出追赶的姿势（图 5-62）。

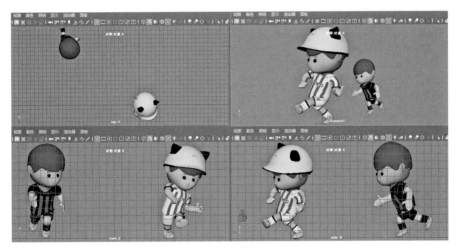

图 5-62　调整新角色的动作（1）

步骤 5　用同样的方法，制作新角色并导入，逐一调整姿势动作（图 5-63）。

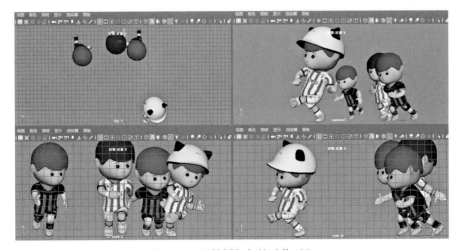

图 5-63　调整新角色的动作（2）

5.5 ▶ 场景和道具的制作

整个画面当中，只有角色是不完整的，还需要制作相应的场景和道具。

步骤 1 使用 Maya 的多边形基本体，创建出地面和球场边的广告牌，在远处创建一个平面，作为观众席（图 5-64）。

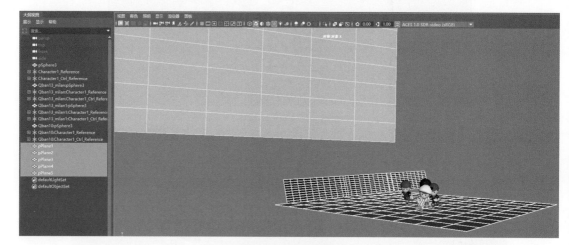

图 5-64 制作场景

步骤 2 在透视图中，调整角度，使角色和场景都在画面内，再给场景设置一些简单的贴图效果，让画面更加丰富（图 5-65）。

图 5-65 给场景贴图

步骤 3 在"多边形建模"的工具架中，使用鼠标右键点击"柏拉图多面体"，在弹出的浮动菜单中点击"足球"，创建一个足球的模型，将它移动到角色的前方，并给模型设置一些足球的贴图效果（图 5-66）。

步骤 4 在透视图的菜单中，执行"视图"→"从视图创建摄像机"命令，将当前视图角度创建为新的摄像机视图，这时"大纲视图"中会多出一个"camera1"的图标，这是新创建的摄像机，同时视图正下方的"persp"也会变成"camera1"（图 5-67）。

图 5-66　设置足球贴图

图 5-67　创建摄像机

步骤 5　再执行透视图菜单中的"视图"→"锁定摄像机"命令，就可以对当前摄像机视图进行锁定，无论怎么操作都不会改变当前镜头角度。

本章的主要学习任务是在 Maya 中为制作好的多边形 Q 版角色模型进行绑定和动作的调整，需要掌握的内容包括使用 Human IK 系统进行绑定，角色模型权重绘制，使用 Mixamo 系统进行绑定、角色动作调整，场景和道具制作。

1. 为自己制作的原创 Q 版角色模型进行骨架搭建和绑定。

2. 为角色模型绘制权重。

3. 调整角色模型的姿势动作，完成一个完整的场景效果。

第**6**章

用Arnold设置灯光和渲染

● 学习重点　Arnold（阿诺德）渲染器中使用灯光照明的方法。
　　　　　　Arnold渲染器中渲染参数的调整。

● 学习难点　Arnold渲染器中不同光源的特点和使用方法。
　　　　　　渲染设置中各项参数的调整。

　　Arnold 渲染器是基于物理算法的电影级别渲染引擎，2016 年被 Autodesk 公司收购。Maya 在升级到 2017 版本的时候将 Arnold 渲染器收入了进来，取代了之前的 Mental Ray 渲染器，从此 Maya 进入了一个崭新的发展时代。

　　对于每一个从事三维行业的人员来说，制作照片级别的作品是始终追求的目标，而 Arnold 的强项就是真实模拟现实世界中的光影、质感等（图 6-1）。

图 6-1　Arnold 渲染的三维场景

6.1 ▶ Arnold渲染器概述

6.1.1　Arnold的发展历史和特点

　　在 Arnold 官网中，开发团队自曝 Arnold 这个名字的灵感来源于著名影星阿诺德·施瓦辛格（Arnold Schwarzenegger）。

Arnold 的 开 发 团 队 Solid Angle 的 历 史 可 以 追 溯 到 1997 年。2004 年，索 尼 影 业 Imageworks 将源代码授权给 Arnold，并与 Marcos 合作开发，采用 Arnold 作为 Imageworks 的主要渲染器。

目前，Arnold 已经确立了自己的解决方案，团队已经发展到 30 人，大多数领先的 VFX 和动画公司都选择 Arnold 作为他们首选的渲染解决方案。

2016 年 2 月，Solid Angle 加入 Autodesk，成为 Autodesk 的全资子公司，并与 Maya 和 3ds Max 捆绑，成为它们的默认渲染器。

Arnold 的全局照明效果非常优秀，而且参数的设置非常简单，只需要简单几步，就能够做出照片级别的照明效果（图 6-2）。

图 6-2　Arnold 渲染的写实场景

到目前为止，Arnold 发展非常成熟，它让许多电影成功实现了令人惊艳的视觉特效。在诸如《复仇者联盟》《地心引力》《饥饿游戏》《X 战警》《爱丽丝梦游仙境》等特效大片中都可以看到它的影子（图 6-3）。

图 6-3　Arnold 渲染的电影效果

Arnold 的光线追踪算法优化得非常好。即使不使用它的新功能也可以用来代替 Maya 默认的渲染器。在渲染大量反射、折射物体的场景时，速度要比默认渲染器快 30%。其置换贴图和运动模糊的运算速度也远远快于默认渲染器，而这些恰恰是 Maya 的弱点。

Arnold 适合表现金属、玻璃等折射强的物体，另外对毛发和人物皮肤的 3S 效果的表现也很强大（图 6-4）。

图 6-4　Arnold 渲染的角色毛发效果

除了这些，在一些 Q 版形象的游戏、动画中，Arnold 的表现也同样优秀（图 6-5）。

图 6-5　Arnold 渲染的游戏宣传动画

6.1.2　Arnold和Maya

　　Maya升级到2017的时候，将Arnold渲染器嵌入进来，取代了原先的Mental Ray渲染器。当用户在场景中进行渲染的时候，会默认使用Arnold进行渲染。如果需要切换渲染器，需要打开"渲染设置"面板，在"使用以下渲染器渲染"一栏中进行选择。如果需要调节Arnold的渲染精度，需要在"渲染设置"面板中的"Arnold Renderer"中进行设置（图6-6）。

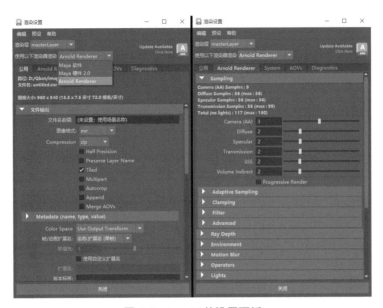

图 6-6　Arnold 的设置面板

　　如果在渲染设置面板中找不到Arnold渲染器，可能是Arnold没有被加载进来，可以执行"窗口"→"设置/首选项"→"插件管理器"命令，勾选"mtoa.mll"后面的"已加载"和"自动加载"即可（图6-7）。

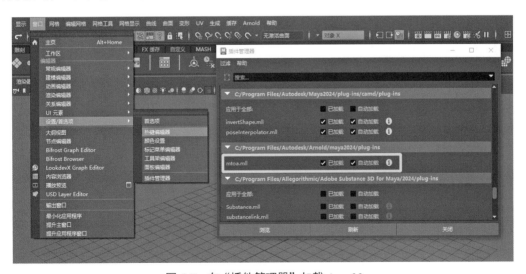

图 6-7　在"插件管理器"加载 Arnold

　　在"Hypershade"窗口中，还有专门的Arnold材质可以直接使用，其中最常用的就是"aiStandardSurface"阿诺德标准材质了（图6-8）。

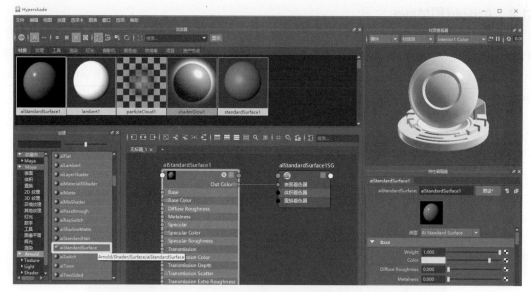

图 6-8　Arnold 标准材质

在每一个模型、灯光、材质的属性设置面板中，都有 Arnold 的设置项，便于对每一个物体进行调整，这些设置也使 Arnold 能够经过简单设置，就可以渲染出照片级别的效果（图 6-9）。

图 6-9　Arnold 渲染的特效效果

6.2 ▶ 设置灯光进行基础照明

Maya 中内置了很多种灯光，但是想要做出照片级的真实照明和质感是非常困难的，需要用各种方法去模拟，但是在 Arnold 中，只需要把灯光放在对应的位置，剩下的就交给 Arnold 去运算就可以了。

视频教程

步骤 1　先来为场景创建一个基础的 Arnold 灯光，进入顶部的 Arnold 工具栏，点击第 4 个图标，也可以执行 "Arnold" → "Lights" → "SkyDome Light" 命令，在场景中创建出球面的天光。在 "渲染设置" 面板的 "使用以下渲染器渲染" 一栏中选择 "Arnold Renderer"，再进行渲染，效果如图 6-10 所示。

图 6-10　Arnold 天光渲染的效果

步骤 2　只有天光是不够的，现在需要为场景创建一个主光源。在顶部的"Arnold"工具栏，点击第 1 个图标，也可以执行"Arnold"→"Lights"→"Area Light"（区域光）命令，使用缩放工具将新创建的区域光源放大一些，并将它放在场景的左上方，使其对着主角进行照明。也可以选中该区域光，执行视图菜单的"面板"→"沿选定对象观看"命令，进入该光源的视角，将它调节至如图 6-11 所示的位置。

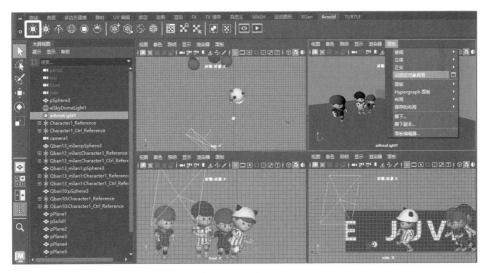

图 6-11　调整区域光的位置

步骤 3　选中刚才创建的区域光，进入它的属性编辑器中，调整"Intensity"（强度）值为 10，"Exposure"（曝光）值为 8，增加灯光的照射强度，勾选"Use Color Temperature"（使用色温），再对场景进行渲染，就会看到画面整体变亮了，角色的脸部和身体也有了明暗的变化，立体感也大大增强了（图 6-12）。

步骤 4　再创建一盏"Area Light"（区域光），将它放大后，放在角色侧后方的位置，作为场景的补光，照亮角色的背光区域（图 6-13）。

图 6-12　调整区域光的参数

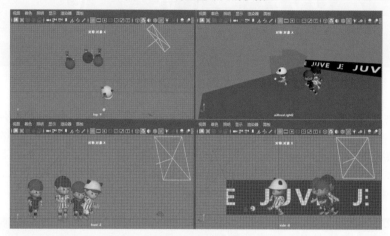

图 6-13　创建补光

　　步骤 5　调整"Color"（颜色）为红色，增加画面中的暖色，与主色调绿色起到互补的作用。设置"Intensity"（强度）值为10，"Exposure"（曝光）值为9，增加灯光的照射强度，勾选"Use Color Temperature"（使用色温），使渲染效果更加真实一些。现在场景中有两个区域光，会对模型产生两个不同方向的阴影，因此可以取消勾选该区域光的"Cast Shadows"（投射阴影）选项，使它不产生阴影。再对场景进行渲染，就会看到角色背光面的部分被提亮了（图 6-14）。

图 6-14　调整补光的参数

Arnold灯光的参数较多，但最重要的就是以下几个：

Color（颜色）： 控制灯光照射的颜色。

Intensity（强度）： 控制灯光的强度，数值越高，灯光越亮，反之则越暗。

Exposure（曝光）： 控制灯光的曝光强度，数值越高，曝光越强，灯光就越亮，反之则越暗。

Cast Shadows（投射阴影）： 控制是否对物体产生阴影。被勾选是产生阴影，取消勾选是不产生阴影。

Shadow Intensity（阴影强度）： 控制阴影的强度，数值越高，阴影越强，反之则越淡。

Shadow Color（阴影颜色）： 控制阴影的颜色。

灯光照明部分，可以根据自己场景的实际情况进行参数的调整，但切记不要过亮或过暗。因为渲染出来以后，还需要在后期软件中进行调整，因此画面的亮度偏灰一点比较合适。

6.3 ▶ 摄影机景深的设置

景深效果，是在摄影技术里常用的一个名词。一般而言，无论是摄影机还是照相机都有一个聚焦的范围，就是将摄影的焦点放在某一个距离段上，将这个距离段的物体清晰化，而脱离了这个距离段的物体都将以模糊处理。这种效果称为照相机或是摄影机景深（Depth of Field）。

视频教程

仔细观察现在渲染出来的效果，背景的看台比较乱，会对前景的角色产生干扰，这时可以添加一些景深效果来烘托气氛。Arnold的景深设置与Maya的设置并不兼容，这就需要在摄影机的 Arnold 相关参数中进行调整。

步骤 1 在摄影机视图菜单中，执行"视图"→"选择摄影机"命令，选中当前视图的摄影机，然后在右侧的属性编辑器中，点开 Arnold 卷轴栏，勾选 Enable PDF（启用景深效果）选项，这时对场景渲染，发现并没有出现景深效果（图 6-15）。

图 6-15 启用摄影机的景深效果

想要准确地调整出景深效果，需要先测量出摄影机到主体物之间的距离参数，然后再有针对性地进行调整。

步骤 2 执行主菜单的"创建"→"测量工具"→"距离工具"命令，在其他的视图中分别用鼠标左键点击摄影机和主角脸部的位置，这时在场景中就会显示出两者之间的距离是22.790289（图 6-16）。

图 6-16 测量距离参数

得到数据以后，测量工具就没有用了，记下数据后可以把测量工具删除。

步骤 3 在摄影机属性编辑器的 Arnold 卷轴栏中，设置 Focus Distance（聚焦距离）为22.80，也就是刚才测量的数据，再把 Aperture Size（光圈大小）设置为 0.24，这里需要注意的是，光圈越小，图像越清晰（景深越浅）。在大小为 0 的时候，不会产生任何景深效果。再进行渲染，就会看到景深效果已经出现了（图 6-17）。

图 6-17 设置景深参数

6.4 ▶ 渲染输出的设置

6.4.1 运动模糊的设置

运动模糊 (motion blur) 是物体快速移动造成的明显模糊拖动痕迹。在运动较快的画面中，添加运动模糊效果，可以使画面看起来动感更强，运动更流畅。

Maya 的默认渲染器中有运动模糊的设置，但是 Arnold 的运动模糊参数与其不兼容，因此需要在 Arnold 的渲染设置面板中单独进行运动模糊的设置。

因为场景中的角色和物体都是静止的，无法进行运动模糊的运算，所以需要先让物体动起来。

无论用哪种软件，在制作动画的时候，最基本的要素一定是"Key"，即"关键帧"。动画中最基本的组成部分就是帧，一帧就是一幅画面，而一秒要播出 25 帧左右才会使眼睛感觉运动是流畅的。那么，什么又是关键帧呢？

"关键帧"是指角色或者物体运动、变化中关键动作所处的那一帧，关键帧与关键帧之间的动画可以用软件来创建，称为过渡帧或者中间帧。

在 Maya 中最常用的创建关键帧的方法有 3 种：第一种是选中物体，在"动画"模块中，执行"关键帧"→"设置关键帧"命令；第二种是选中物体，按键盘上的"S"键；第三种则是在物体属性栏上单击鼠标右键，选择"为选定项设置关键帧"命令。

步骤 1 选中足球模型，将时间滑块放在第 5 帧的位置，执行主菜单的"关键帧"→"设置关键帧"命令，或者直接按下键盘的"S"键，这时会看到时间轴上第 5 帧的位置出现了一条红色的竖线，表明关键帧设置成功（图 6-18）。

步骤 2 将时间滑块放在第 1 帧的位置，使用移动工具，将足球移动到主角的脚边，然后按下键盘的"S"键，在第 1 帧打上关键帧。拖动时间轴，会看到足球在第 1 帧到第 5 帧之间，就会出现位置移动的动画效果了。

按照同样的方法，把角色踢球的脚和腿部也做出动画效果（图 6-19）。

图 6-18　制作足球的动画效果

图 6-19　制作脚和腿的动画效果

步骤 3 在"渲染设置"面板中的"Arnold Renderer"面板中，点开"Motion Blur"（运动模糊）卷轴栏，勾选第一个"Enable"选项，打开运动模糊的渲染，将时间轴上的滑块拖动到第 79 帧，或者其他物体发生运动的时间，然后直接对场景进行渲染，会看到运动模糊效果就出现了（图 6-20）。

Arnold 的运动模糊参数不多，其中最重要的就是"Length"（长度），也就是运动模糊的拖尾长度，参数越高，模糊效果就越强烈。图 6-21 是足球模型在第 4 帧处，分别为无运动模糊、默认运动模糊值 0.5、Length 值为 2 的不同效果。

图 6-20　运动模糊渲染

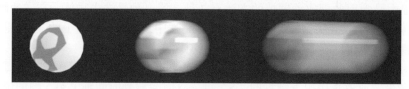

图 6-21　不同参数的运动模糊效果

6.4.2　渲染质量的设置

　　打开渲染设置窗口，在"公共"面板的"图像大小"中，设置"宽度"为 1920，"高度"为 1080，这样渲染出来的图的大小就是 1920×1080 像素。

　　在摄影机视图中，执行视图菜单的"视图"→"摄影机设置"→"分辨率门"命令，这时视图中要渲染的区域会正常显示，不被渲染的区域则变成灰色，这样的显示方式更有利于精确地渲染图像（图 6-22）。

视频教程

图 6-22　执行"分辨率门"

在最终渲染输出之前，要先打开"渲染设置"面板中的"Arnold Renderer"，设置"Sampling"（采样数）卷轴栏下的 Camera（AA）为 5，Diffuse（漫反射）为 4，Specular（镜面反射）为 4，这样渲染出来的画面精度就高（图 6-23）。

图 6-23　调整渲染精度

技术解析

"Sampling"（采样数）：控制画面精度。采样数越多，抗锯齿质量就越高，但渲染时间也越长。

Camera（AA）：摄影机条件，指渲染到纹理时使用的抗锯齿质量，数值越高，抗锯齿质量就越高，但渲染时间也越长。

Diffuse（漫反射）：控制物体表面漫反射的采样数值。

Specular（镜面反射）：控制物体高光和反射的采样数值。

Transmission（透射）：控制物体透明度和半透明的采样数值。

渲染完成以后，可以执行渲染窗口的"File"（文件）→"Save Image"（保存图像）命令，将渲染好的图像保存在电脑中（图 6-24）。

图 6-24　保存渲染好的图像

最终完成的文件是素材中的"6.4_Final.mb"文件，有需要的读者可以打开观看。

6.5 ▶ 在Photoshop中调整图片效果

视频教程

渲染完的图像一般都会在后期软件中进行调整，本案例用 Photoshop 进行后期处理（图 6-25），具体步骤可以扫描二维码观看视频演示。

最终完成的文件是素材中的"6.5_最终效果图 .psd"文件，有需要的读者可以打开观看。

图 6-25　最终效果图

本章小结　　本章的主要学习任务是在 Maya 中为制作好的场景进行照明和渲染，需要了解的内容有 Arnold（阿诺德）渲染器，需要掌握的内容包括设置灯光进行基础照明，摄像机景深设置，渲染输出设置，在 Photoshop 中调整图片效果。

课后拓展
1. 使用 Arnold 渲染器为自己制作的场景进行照明。
2. 渲染输出自己的场景。
3. 使用后期软件对输出的图像进行调整。

第3部分
卡通角色动画设计与制作

第7章
卡通角色的建模

● 学习重点　三维卡通角色的造型方法。
　　　　　　Maya中"多切割"命令的使用方法。
　　　　　　Maya中制作卡通角色头发的流程和方法。

● 学习难点　卡通角色各个部位的结构和造型。
　　　　　　头发的整体分布和造型设计。

　　卡通风格的三维动画角色头身比一般在 1∶2 和 1∶7 之间，这是介于 Q 版和写实版之间的比例，也是国内外众多动画电影最常用的角色风格。

　　通常情况下，卡通角色会突出动得比较多的部位，例如眼睛、嘴巴、四肢、手和手指等，尤其是眼睛，在造型上会更大一些，而不怎么动的鼻子、耳朵、身体等部位就会弱化，例如对鼻子会把影响美观的鼻孔都忽略掉（图 7-1）。

图 7-1　卡通三维动画角色

7.1 ▶ 头部的建模

　　相较于 Q 版角色，卡通角色的头部需要准确刻画出五官的造型和结构，对于制作者来说，头部的结构是必须了解的，这样才能够做出真实可信的角色。

　　虽然都是使用多边形来进行建模，但制作头像的过程也有很多种。本案例的建模方法，是先用一个球体刻画出大体，逐步深入，最后刻画出五官并完成的（图 7-2）。具体步骤可以扫描二维码观看视频演示。

视频教程

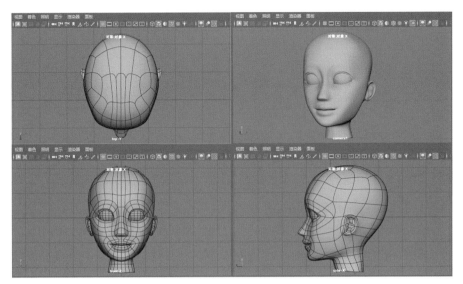

图 7-2 制作完成的头部模型

最终完成的文件是本书案例素材中的 "7.1_Head.mb"，有需要的读者可以打开观看。

7.2 ▶ 身体的建模

视频教程

实际上身体部分建模在技术上并不困难，难的是对身体结构的掌握。

身体的建模也是从一个多边形基本体开始的，本案例的建模方法，是新建一个立方体，作为身体部分，然后使用"挤出"命令，挤压出手臂、手指、腿、脚等部位（图 7-3）。

具体步骤可以扫描二维码观看视频演示。

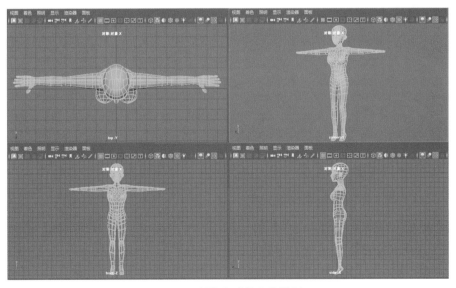

图 7-3 制作完成的身体模型

最终完成的文件是本书案例素材中的 "7.2_Body.mb"，有需要的读者可以打开观看。

7.3 ▶ 头发模型的制作

7.3.1 三维角色头发的制作原理

在三维角色的制作中，头发是非常重要的一环。但由于头发本身有数量多、体积小的特点，导致制作起来非常麻烦，且工作量巨大。因此在制作过程中，针对不同的角色风格，会有不同的头发制作的解决方案。

在 Q 版角色中，因为角色造型相对比较简单，头发也不宜复杂，所以都是直接将头发制作成一整块模型，作为一个整体放在头部模型的上面（图 7-4）。

图 7-4　Q 版角色的头发

在制作卡通角色时，尤其是在大型多集动画中，制作方都会使用直接建模的方法制作头发，即将平面模型调整为一缕头发的样子，然后对这缕头发模型不断复制，不断调整，大量的平面模型最终组成头发效果。模型做完以后，为头发模型贴上真实头发的贴图，再使用透明贴图制作出一丝一丝的效果，甚至眼睫毛、胡须等也可以用这种方法创建（图 7-5）。

图 7-5　卡通角色的头发

现在的技术发展很快，制作真实头发效果变得越来越简单。Maya 中也加入了专门制作头发的"nHair"和"XGen"系统，能够模拟出真实头发的效果（图 7-6），但是这种技术对于制作人员的要求很高，需要掌握的命令很多，且制作出来的头发飘动效果也需要动力学等模块的配合，因此掌握起来需要较长的时间。这些技术最致命的缺点是对于系统资源的占用。如果制作单帧，问题不大，但是如果制作大场景的动画，系统很可能就不堪重负了，除非有高配置计算机或者渲染农场系统，否则对于资金相对并不宽裕的小型工作室和公司而言，是完全无法接受的。因此这种技术主要应用在需要极其精细的画面中，例如电影、次世代游戏等。

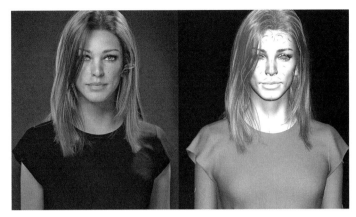

图 7-6　使用 XGen 制作的写实头发效果

本案例中，将采用上述第二种方案来制作角色的头发，即先制作头发模型，再使用贴图进一步制作。

7.3.2　头发曲线的制作

创建卡通角色的头发时，一般会先使用曲线工具，绘制出一缕头发的走向，然后再使用 Maya 自带的"扫描网格"命令创建出头发的平面模型（图 7-7）。

视频教程

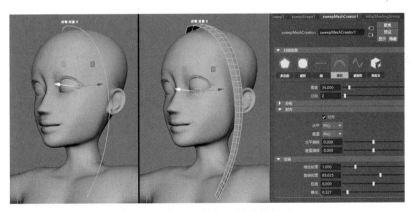

图 7-7　卡通角色头发创建的方法

在 Maya 的三维空间中，如果直接创建曲线，会出现定位混乱的情况，因此最好是把曲线固定在角色模型上，创建完以后再把曲线向外移动一些，这样就能准确地把一缕头发创建在紧挨着角色头部模型的位置。

步骤 1　点击状态行中的"捕捉到点"按钮，使其处于激活状态，这时再绘制曲线，创建的曲线点就会自动捕捉在角色模型上了（图 7-8）。

步骤 2　点击工具架中的"EP 曲线工具"按钮，这时光标会变成一个小十字，从头顶到角色的锁骨为止，分别单击鼠标左键，创建多个点，然后按下回车键，就会确认生成一条紧贴在模型上的曲线了（图 7-9）。

图 7-8 激活"捕捉到点"

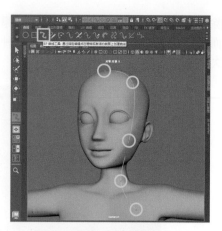

图 7-9 使用"EP 曲线工具"

步骤 3 把光标放在这条曲线上面,按下鼠标右键不要松手,在弹出的浮动菜单中,点击"控制顶点"按钮,将曲线的控制点显示出来,再使用移动工具,逐一选中控制点,将它们向模型外侧移动一些,调整成一缕头发的效果(图 7-10)。

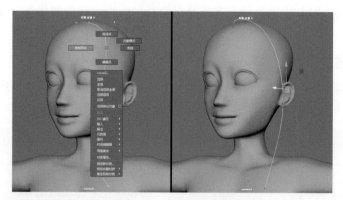

图 7-10 调整曲线效果

步骤 4 选中调整好的曲线,执行菜单的"编辑"→"复制"命令,或者直接使用快捷键 Ctrl+D(Windows)或 Command+D(macOS),将曲线复制一份,使用移动工具将它向后移动一些,并进入"控制顶点"级别调整曲线的形状。使用同样的方法,多创建一些不同形状的曲线,作为角色左侧的头发(图 7-11)。

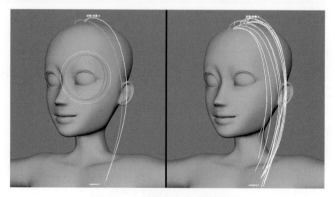

图 7-11 创建角色左侧的头发

步骤5　侧面的头发做好以后，接下来要做前面刘海的头发。制作时可以使用刚才的方法重新创建，也可以选中一条做好的曲线，放在前面刘海的位置，进入该曲线的"控制顶点"级别，选中下面的几个顶点，按下键盘的 Delete 键将它们删除，再使用移动工具，将上面的几个点调整为刘海的形状（图 7-12）。

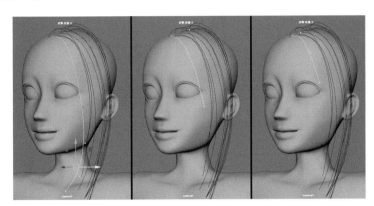

图 7-12　创建角色刘海的头发

步骤6　将绘制好的刘海曲线多次复制，并调整形状和效果，完成整个刘海头发曲线的制作（图 7-13）。

步骤7　使用同样的方法，将头发曲线多次复制，完成整个头发一侧的制作。制作的时候，头发的分布要有高有低、错落有致，彼此之间的距离尽量保持一致（图 7-14）。

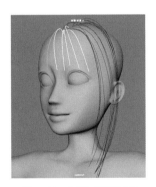
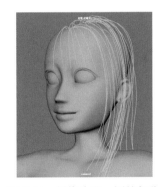

图 7-13　制作刘海部分　　　图 7-14　制作头发一侧的部分

步骤8　接下来制作背面的头发，先创建几条曲线勾勒出大型，使其分布在头部的一侧，从肩膀到背部的曲线可以逐渐加长（图 7-15）。

步骤9　继续复制曲线，丰富头发的分布，尤其需要注意鬓角和耳边的头发曲线，避开耳朵模型，不要让曲线和耳朵模型相互穿插（图 7-16）。

制作完一侧的头发以后，就需要把这一侧的头发整体镜像复制到另一侧，完成整体头发的制作。

步骤10　选中一侧所有头发的曲线，执行菜单的"编辑"→"分组"命令，或者直接使用快捷键 Ctrl+G（Windows）或 Command+G（macOS），将它们打成一个群组，作为一个整体进行镜像复制（图 7-17）。

步骤11　在"大纲视图"中选中该群组，执行菜单的"编辑"→"复制"命令，或者直接使用快捷键 Ctrl+D（Windows）或 Command+D（macOS），将它复制一份，在右侧的"通道盒"中，将"旋转 X"的参数改为 -1，就可以把另一侧的头发镜像复制出来了。然后再使用移动工具，对位置进行微调，使头发完整对称（图 7-18）。

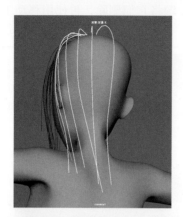

图 7-15　制作背面头发大型

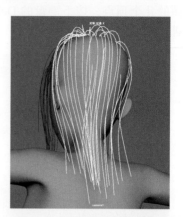

图 7-16　制作完成背面头发

图 7-17　将一侧头发打成群组

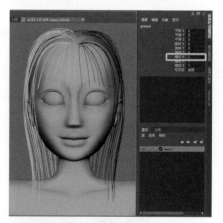

图 7-18　镜像复制出另一侧头发

步骤 12　这时头发看起来还是有些松散，可以把整体头发的两个群组再复制一份，整体放大一些，使头发密度更高，更有蓬松感（图 7-19）。

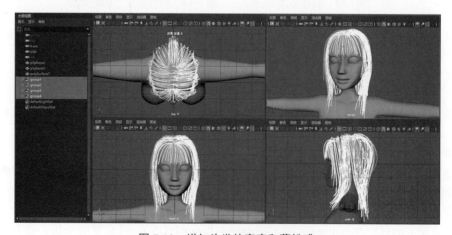

图 7-19　增加头发的密度和蓬松感

制作完成后，可以单独选中一根或多根曲线，对位置和形状进行微调，以达到自然的头发效果。最终完成的文件是本书案例素材中的"7.3_Hair lines.mb"，有需要的读者可以打开观看。

7.3.3　头发模型的制作

将头发曲线转为平面模型时，因为每个部分头发的角度不同，因此不能选中所有的头发同时转模型，而是需要逐一转换不同区域的头发。

步骤 1　选中侧面头发的曲线，执行菜单的"创建"→"扫描网格"命令，然后在"属性编辑器"中，设置"扫描剖面"为"弧形"，"角度"参数为 30，"分段"参数为 2，将平面调整得细一些，再勾选"对齐"，使平面与曲线位置保持一致（图 7-20）。

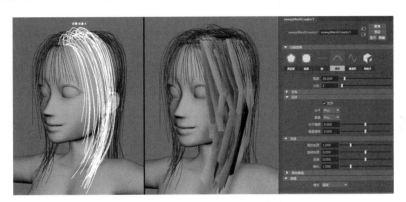

图 7-20　使用"扫描网格"命令

步骤 2　调整"插值"卷轴栏中的"精度"数值为 95，让头发模型更加圆滑，调整"变换"卷轴栏中的"旋转剖面"参数为 22，让头发向前方旋转一些，再把"锥化"参数调整为 0.3，使头发的下部更尖一些（图 7-21）。

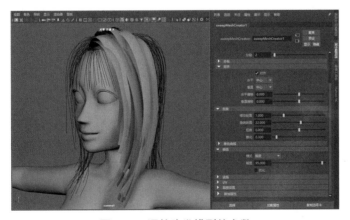

图 7-21　调整头发模型的参数

步骤 3　整体扫描完成以后，可能会有一些模型的效果不太准确，这时就需要逐一找到这些模型对应的曲线，进入曲线的"控制顶点"级别，对曲线的顶点位置进行调整，曲线形状的变化也会使对应的模型发生实时的变化（图 7-22）。

步骤 4　选中任一头发模型，都可以在"属性编辑器"的"扫描网格"命令中，对该侧整体头发效果进行调整。调整完成的头发效果如图 7-23 所示。

图 7-22　进入"控制顶点"调整头发的形状

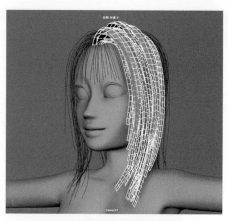

图 7-23　调整完成的侧面头发

步骤 5　用同样的方法，将另一侧的头发曲线转换为模型，在"属性编辑器"中编辑，基本上所有的参数都保持一致，但需要将"旋转剖面"设置为 -22，使该侧头发也向前方旋转一些（图 7-24）。

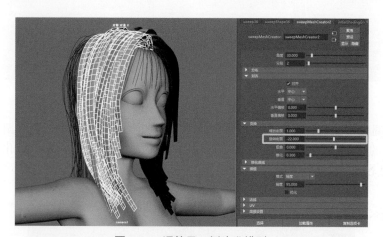

图 7-24　调整另一侧头发模型

步骤 6　选中刘海的头发曲线，将它们也转换为模型，按照之前的参数进行设置，因为刘海是正对画面的，所以"旋转剖面"参数就不用调整了（图 7-25）。

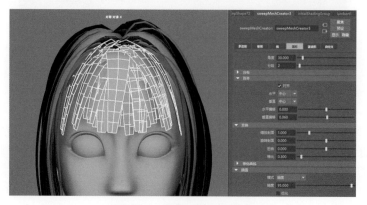

图 7-25　调整刘海头发模型

步骤 7 继续把背面的头发也转换成模型，参数设置和刘海部分的头发保持一致即可（图 7-26）。

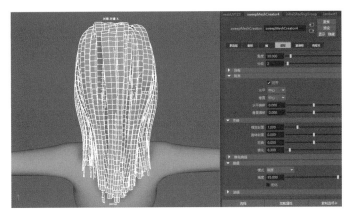

图 7-26 调整背面头发模型

步骤 8 完成所有头发模型的制作以后，可以在"大纲视图"中，将所有的头发曲线和模型分别打成"Hair_lines"和"Hair"两个群组，选中"Hair_lines"，执行菜单的"显示"→"隐藏"→"隐藏当前选择"命令，或者直接使用快捷键 Ctrl+H（Windows）或 Command+H（macOS），将所有的头发曲线都隐藏，以免误操作导致头发模型发生变化（图 7-27）。

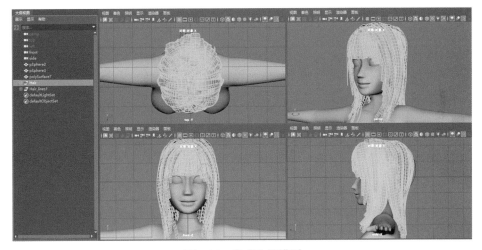

图 7-27 完成头发模型

最终完成的文件是本书案例素材中的"7.3_Hair.mb"，有需要的读者可以打开观看。

本章的主要学习任务是在 Maya 中进行卡通角色的建模，需要掌握的内容包括卡通角色头部的建模、身体的建模，以及卡通角色头发模型的制作。

1. 自己设计一个卡通角色，并在 Maya 中对它进行建模。
2. 参考并设计一款发型，使用卡通角色头发的制作方法，将发型完整地制作出来。

第**8**章
用Marvelous Designer制作衣服

● 学习重点　软件Marvelous Designer的操作方法。

　　　　　　2D服装版片的制作和缝纫。

　　　　　　3D服装与角色的交互模拟运算。

● 学习难点　服装制作要遵循先内后外的顺序。

　　　　　　服装细节的制作和处理。

　　　Maya升级以后的"nCloth"系统也是专门为制作衣服而开发的，但是与头发部分一样，有着数据量大，计算缓慢的缺点，尤其是制作大场景的时候占用系统资源过大。

　　　由CLO Virtual Fashion开发的Marvelous Designer，是目前制作、编辑及重复使用3D服装最常用的三维软件，也是一款面向CG、动画、电影行业的专业三维制作软件（图8-1）。

图 8-1　Marvelous Designer 界面

　　　Marvelous Designer将真正的传统服装制作方法用到3D建模中，可以在服装上添加纽扣、拉链及明线等辅料。对3D服装可以随时修改及重复使用。在角色动画中，可以实时查看模拟形成的自然、真实的衣服褶皱动画效果，还可以录制并保存交互式布料模拟动画，通过使用风控制器和固定针工具来创建各种各样的动画效果（图8-2）。

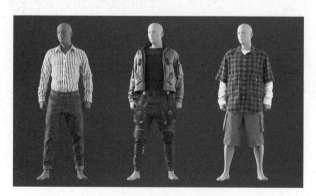

图 8-2　用 Marvelous Designer 制作的 3D 服装

8.1 ▸ Marvelous Designer的基本操作

8.1.1 Marvelous Designer的设置及其界面

使用 Marvelous Designer 软件，可以在浏览器中打开该软件的官方中文网站，注册登录后即可下载并安装。

安装完毕以后，打开该软件，会弹出"Settings"（设置）窗口，设置"Units"（单位）为 cm（厘米），"Language"（语言）为简体中文，"View Controls"（视图控制）为 Maya，使用其他软件的用户也可以根据自己的习惯进行设置，然后按下"OK"按钮（图 8-3）。

接下来会弹出登录窗口，输入在 Marvelous Designer 官方网站注册的 ID，按下"Login"按钮即可登录（图 8-4）。

图 8-3　设置相关参数　　　　　图 8-4　登录 ID

Marvelous Designer 软件的主界面是由菜单栏、素材栏、3D 窗口、2D 制版窗口、布料、属性编辑器和工作区组成的（图 8-5）。

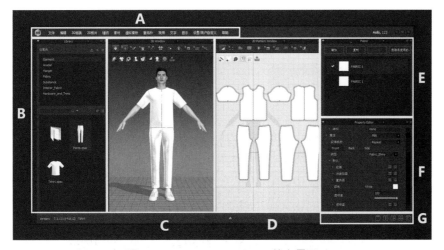

图 8-5　Marvelous Designer 的主界面

A. 菜单栏：菜单栏包含在制作中所使用到的命令和操作，位于主界面的顶部。

B. 素材栏（Library）：有大量的内置素材可以调用，双击素材即可应用在当前场景中。

C.3D 窗口（3D Window）：实时展示服饰穿在模特身上的三维效果，可以将视图进行旋转、平移和推拉操作，多角度观察服饰效果。

D.2D 制版窗口（2D Pattern Window）：用于对 2D 服装样板的创建、编辑、缝合等操作，在该窗口制作完成的服装样板会实时在 3D 窗口中更新。

E. 布料（Fabric）：显示场景中的服饰所用到的布料。

F. 属性编辑器（Property Editor）：主要用于显示被选中的布料和模型的相关属性，并对其参数进行编辑。

G. 工作区：点击可以切换为不同布局的工作区。

另外还有一个隐藏的"动画编辑器"窗口，点击界面正下方的小三角即可弹出该窗口，主要用于设置和调整动画效果。

8.1.2　将Maya模型导入Marvelous Designer

Marvelous Designer 支持导入和导出常用的 OBJ、FBX 等三维模型格式，在与 Maya 配合制作时，需要 Maya 先导出 OBJ 或 FBX 格式的模型，再将其导入 Marvelous Designer 中，创建编辑完服饰后，再把服饰模型导出 OBJ 或 FBX 格式，并将其导入 Maya 中，与原角色模型合并在一起。

视频教程

从 Maya 中导出模型之前，要先对模型进行一些处理。

首先，Marvelous Designer 中对服饰和模特有明确的单位要求，目前的设置是以 cm（厘米）为单位的。但是在 Maya 中建模时，往往没有明确的单位。因此，需要先将角色模型在 Maya 中设置准确。

执行菜单的"创建"→"测量工具"→"距离工具"命令，在前视图或侧视图中，分别点击模型头顶和脚底的位置，视图中会显示模型的高度数值，可以将该距离数值的单位视为 cm（厘米）（图 8-6）。

因为要将身体、眼球和头发整体放大，所以要先在"大纲视图"中，将所有模型选中，按下快捷键 Ctrl+G（Windows）或 Command+G（macOS），将它们打成一个群组，并重命名为"girl"。然后执行菜单的"编辑"→"按类型删除全部"→"历史"命令，删除所有模型的历史记录，这一步主要目的是取消头发曲线和头发模型的关联。

选中该群组，可以根据实际情况，在"通道盒/层编辑器"面板中，整体调整"缩放"的X、Y、Z 的数值。本案例中设置的参数为 5，即整体放大 5 倍（图 8-7）。

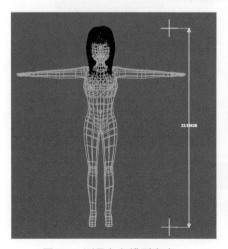

图 8-6　测量角色模型高度

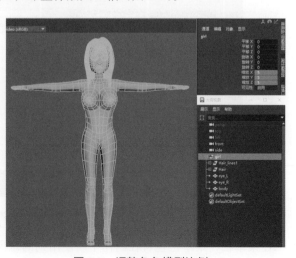

图 8-7　调整角色模型比例

选中整个群组，向上移动一些，使最底部的脚底放在最粗的那条栅格线上，这能保证模型导入 Marvelous Designer 中时，双脚站立在 Marvelous Designer 软件的地面上。然后按着键盘 D 键，使它的操纵器处于可编辑状态，再同时按着键盘的 X 键，激活"捕捉到栅格"按钮，将操纵器移动到栅格中心位置，即模型底部的中心，最后再松开键盘的 D 和 X 键。这样就可以把角色的中心点移动到模型底部，便于后期的操作（图 8-8）。

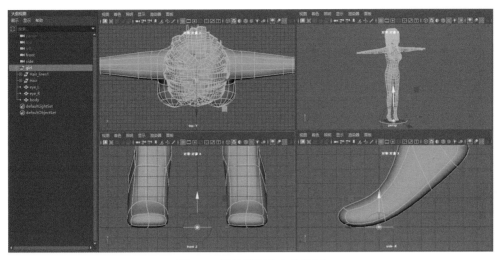

图 8-8　调整模型中心点位置

现在的模型是以平滑几何体显示级别在 Maya 中显示的，虽然在 Maya 的视图中看着是平滑的，但是导出以后依然是粗糙的。这就需要选中模型，按键盘的 Shift 键的同时再按下鼠标右键，在弹出的浮动菜单中点击"平滑"按钮，将"分段"参数设置为 1，使模型的面数增加，达到真正意义上的平滑（图 8-9）。

因为在 Marvelous Designer 中只对身体进行服饰碰撞的运算，所以只需要导出身体模型即可。选中角色的身体模型，执行菜单的"文件"→"导出当前选择"命令，在"文件类型"中选择"OBJexport"格式，在"文件名"中输入要保存的文件名称，点击"导出当前选择"按钮，将模型导出为 OBJ 格式（图 8-10）。

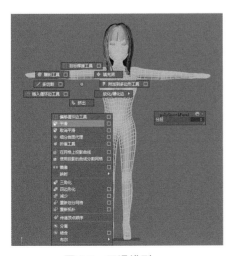

图 8-9　平滑模型

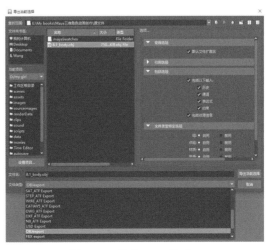

图 8-10　导出 OBJ 格式

如果"文件类型"中没有"OBJexport"格式,可以执行菜单的"窗口"→"设置/首选项"→"插件管理器"命令,找到"objExport.mll",勾选后面的"已加载"和"自动加载"两项,再重新进行导出(图8-11)。

进入 Marvelous Designer 软件中,执行菜单的"文件"→"导入"→"OBJ"命令,在弹出的"导入 OBJ"窗口中,设置"加载类型"为"打开","对象类型"为"Avatar","大小"为"cm(DAZ Studio)",然后点击下面的"OK"按钮,就可以把模型导入 Marvelous Designer 的 3D 窗口中了(图8-12)。

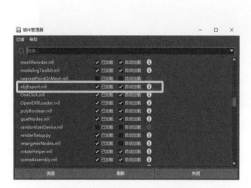

图 8-11　加载 OBJ 导出插件

图 8-12　在 Marvelous Designer 软件中导入 OBJ 格式模型

如果发现导入 Marvelous Designer 的模型在 3D 窗口的网格下方,就需要选中模型,按下鼠标右键,在弹出的浮动菜单中执行"移动虚拟模特"→"地面"命令,使角色站在网格上方,这样方便后期制作服饰时进行碰撞运算(图8-13)。

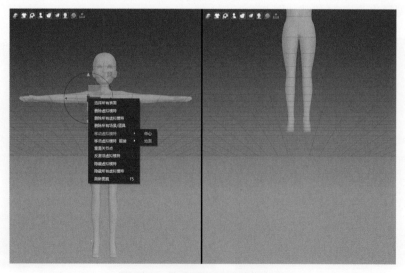

图 8-13　将模型移动到网格上方

8.2 ▶ 打底衫的制作

在 Marvelous Designer 中制作衣服，需要先在 2D 制版窗口（2D Pattern Window）中绘制出衣服真实的版型，才能在 3D 窗口（3D Window）中实时显示该版型的三维模型效果（图 8-14）。

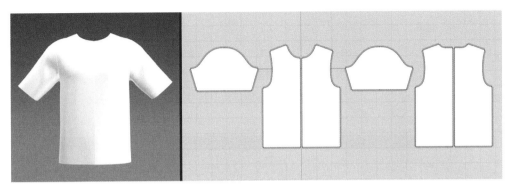

图 8-14　T 恤的版型

8.2.1　打底衫的制版

视频教程

步骤 1　在 2D 制版窗口中，点击上方的"多边形"按钮，沿着 2D 制版窗口中角色模型剪影的身体左侧，使用鼠标左键依次点击，创建出打底衫左侧的版片（图 8-15）。

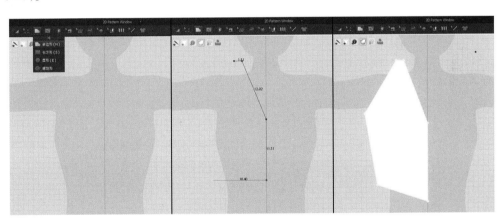

图 8-15　创建打底衫左侧版片

步骤 2　使用鼠标左键长按 2D 制版窗口上方的第 2 个按钮，在弹出的浮动面板中点击"编辑曲线点"按钮，然后再把鼠标放在版片直线的中间位置，按着鼠标左键进行拖动，将直线转化为曲线，并调整版片的形状（图 8-16）。

步骤 3　点击 2D 制版窗口上方的第 1 个按钮，切换到"调整版片"工具，选中调整好的版片，点击鼠标右键，在弹出的浮动菜单中点击"对称版片（版片和缝纫线）"，快捷键是 Ctrl+D（Windows）或 Command+D（macOS），这时在 2D 制版窗口中会出现该版片镜像后的线框效果，用鼠标移动到合适的位置，按下鼠标左键确认，即可生成衣服的另一侧版片（图 8-17）。

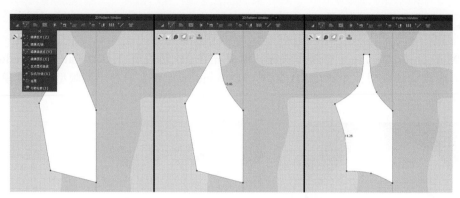

图 8-16　调整版片形状

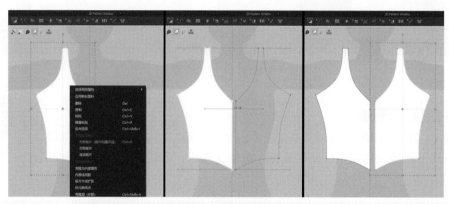

图 8-17　生成对称版片

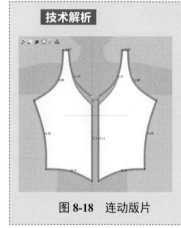

图 8-18　连动版片

技术解析

上一步的操作是对版片进行镜像复制，但其实使用浮动面板中的"镜像粘贴"，快捷键是Ctrl+R（Windows）或Command+R（macOS），也能达到同样的效果。"镜像粘贴"和"对称版片（版片和缝纫线）"两个命令的区别就在于：

镜像粘贴：复制出来的版片和原始版片是两个独立的版片，彼此之间除了形状相同，没有任何关联之处。

对称版片（版片和缝纫线）：复制出来的版片和原始版片是连动版片，调整其中任何一个版片，另一个版片也会发生相应的变化，更有利于整体进行调整（图8-18）。

做好了衣服正面的版片，接下来就要把衣服背面的版片也复制出来。

步骤 4　选中两个版片，先按下快捷键 Ctrl+C（Windows）或 Command+C（macOS），对它们进行复制，再按下快捷键 Ctrl+V（Windows）或 Command+V（macOS），将它们粘贴出来，并移动到旁边。背面的领口不需要太大，再使用"编辑点/线"工具，选中背面领口的点，将它们向上移动一些（图 8-19）。

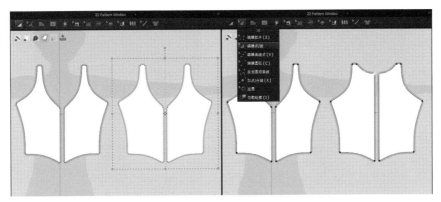

图 8-19　生成衣服背面的版片

8.2.2　版片缝纫和三维模型调整

视频教程

衣服的制版完成以后，就需要在 3D 窗口中调整衣服的位置，让角色模型把衣服穿上了。

步骤 1　在 3D 窗口中，点击视图左上角的第 4 个按钮，在弹出的浮动菜单中，点击"显示安排点"命令，快捷键是 Shift+F。这时角色模型的周围会出现很多蓝色的控制点，选中衣服版片再点击相应的控制点，衣服就会自动定位在该控制点的位置（图 8-20）。

步骤 2　先在 2D 制版窗口中选中衣服正面的两个版片，再在 3D 窗口中点击角色胸口处的控制点，就会看到衣服正面的两个版片已经附着在角色前面了（图 8-21）。

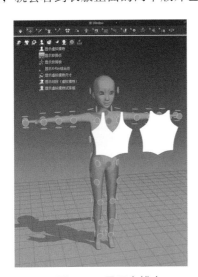

图 8-20　显示安排点

图 8-21　将衣服正面放置在角色模型前方

步骤 3　选中衣服背面的两个版片，点击角色背部的控制点，将它们放在角色背部的位置（图 8-22）。

步骤 4　在 2D 制版窗口中选中所有四个版片，再在 3D 窗口中点击一下衣服模型，这时衣服模型上会出现控制杆，可以将衣服的位置整体向下移动一些，还可以在 3D 窗口中单独选中某一个版片进行位移、旋转的调整，使衣服能够完全包裹住角色模型的身体（图 8-23）。

图 8-22　放置背面的衣服

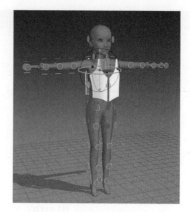

图 8-23　调整衣服的位置

现在这四个版片是相对独立的，接下来要将它们缝纫在一起，组成一件完整的衣服。

步骤 5　使用鼠标左键长按 2D 制版窗口上方的第 6 个按钮，在弹出的浮动菜单中，点击"线缝纫"按钮，这时鼠标放在版片的哪条线上，哪条线就会以蓝色显示。分别点击衣服正面两个版片内侧的两条线，这时两条线之间会产生深色的虚线，表示两条线已经缝纫在一起了（图 8-24）。

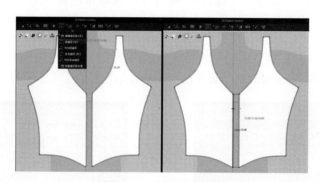

图 8-24　缝纫衣服正面

技术解析

在进行线缝纫时，每一条线都分为前段和后段，将鼠标放在线的上面时，会显示一条很短的垂直线，来提示这是该线的前段还是后段。

将两条线的同一段进行缝纫，缝纫线是平行的，反之，缝纫线是交叉的，在进行线缝纫的操作时，需要根据实际情况来进行操作（图8-25）。

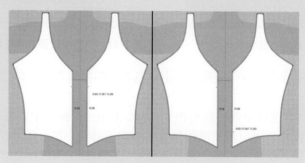

图 8-25　线缝纫的两种情况

步骤 6 用同样的方法，将衣服背面的两个版片也缝纫在一起，3D 窗口中的版片也会实时缝纫在一起（图 8-26）。同样，也可以在 3D 窗口中进行线缝纫。

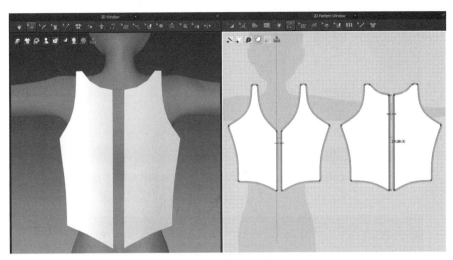

图 8-26 缝纫衣服背面

步骤 7 使用"线缝纫"工具，依次点击衣服侧面的两条线，将衣服侧面缝纫在一起。因为是连动版片，所以另一侧的衣服也会随之缝纫在一起（图 8-27）。

步骤 8 用同样的方法，将肩带也缝纫在一起（图 8-28）。

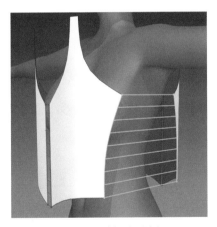

图 8-27 缝纫衣服侧面

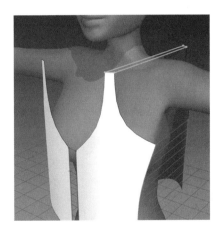

图 8-28 缝纫肩带

步骤 9 在 3D 窗口中点击左上角的"普通速度（默认）"按钮，会看到衣服的三维模型按照缝纫线自动缝合在一起，并落在角色模型上，进行与身体的碰撞计算，使这件衣服真正地穿在角色的身上（图 8-29）。

步骤 10 如果发现衣服与身体模型有拉扯，可以把鼠标放在衣服的拉扯位置，这时模型会变成一个手形，按着鼠标对衣服模型进行拖拽，可以对衣服形态进行调整（图 8-30）。

步骤 11 如果发现衣服哪里太长或太短，就需要返回 2D 制版窗口中，使用"编辑点 / 线"工具，对版片的形状进行调整。调整后，需要再次在 3D 窗口中点击左上角的"普通速度（默认）"按钮，让衣服的三维模型重新进行运算，最终调整好的衣服版片如图 8-31所示。

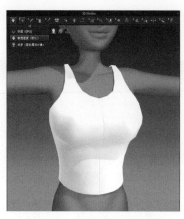

图 8-29　衣服模型自动运算

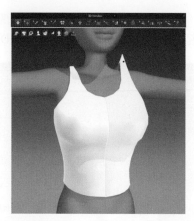

图 8-30　调整衣服形态

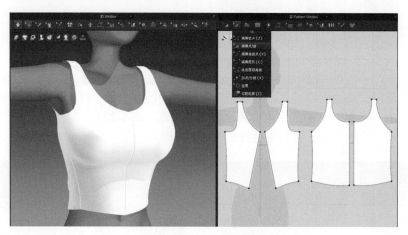

图 8-31　调整版片形状

8.2.3　袖子和其他细节的制作

视频教程

步骤 1　在 2D 制版窗口中，使用"长方形"工具，绘制出一个矩形，用来制作打底衫的袖子。再使用"编辑点 / 线"工具，将矩形的底部调短一些（图 8-32）。

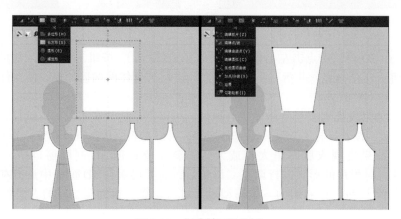

图 8-32　创建袖子的版片

步骤 2　在 3D 窗口中点击"显示安排点"按钮，选中袖子版片，点击角色左臂正上方的点，将袖子版片放在角色左臂的位置（图 8-33）。

图 8-33　调整袖子版片的位置

步骤 3　因为这个袖子要和两个版片进行缝合，所以需要将缝合的那条线拆成两条线。在 2D 制版窗口中，使用"加点/分线"工具，点击矩形版片最上面那条线的中间位置，在该位置生成一个点，将这一根线分为两根（图 8-34）。

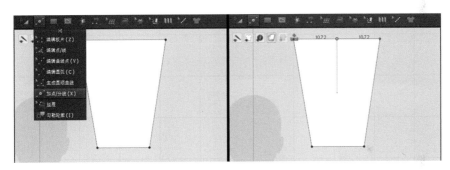

图 8-34　给袖子版片加点

步骤 4　在 3D 窗口中，使用"线缝纫"工具逐一缝合袖子与肩带（图 8-35）。

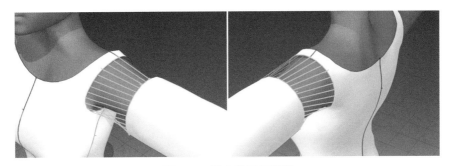

图 8-35　缝合袖子与肩带

步骤 5　还是使用"线缝纫"工具，依次点击袖子下方的两条线，将袖子整体缝合在一起（图 8-36）。

步骤 6　点击"普通速度（默认）"按钮，对袖子与角色模型进行运算，使袖子完整地包裹住角色的手臂（图 8-37）。

步骤 7　在 2D 制版窗口中，将袖子的版片复制一份，并按照相同的方法，制作出角色模型另一侧的袖子（图 8-38）。

图 8-36　缝合袖子的下部

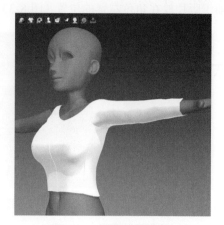

图 8-37　运算袖子模型

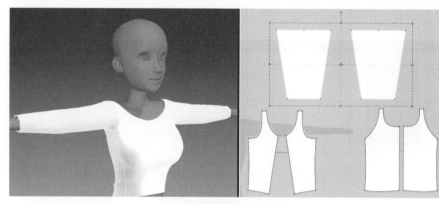

图 8-38　制作另一侧的袖子

　　步骤 8　使用同样的方法，继续制作出袖口和领子的版片，并将它们缝合在衣服的相应位置上（图 8-39）。

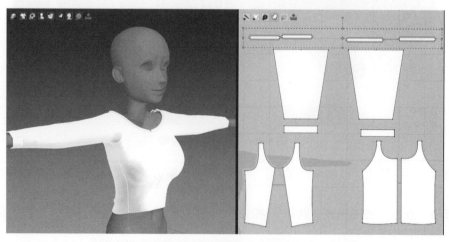

图 8-39　制作袖口和领子

8.3 ▶ 裙子的制作

8.3.1 裙子版型的制作

　　步骤 1　在 2D 制版窗口中绘制出裙子的前后版片，并将它们缝纫在一起，因为后续要给裙子做纽扣和拉链，所以前部上面的线先不要缝纫在一起（图 8-40）。

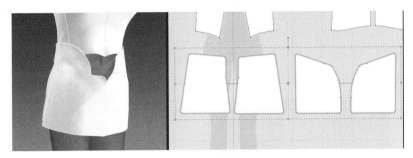

图 8-40　制作裙子

　　现在视图中衣服和裙子都是白色，不利于观察，可以将裙子换一个颜色，与衣服区分开。

　　步骤 2　点击布料（Fabric）窗口左上角的"增加"按钮，会添加一个"FABRIC 2"的布料，选中该布料，在属性编辑器（Property Editor）中点击"颜色"属性后面的色块，会弹出"调色板"窗口，选择一个深蓝色，再按下"确定"按钮（图 8-41）。

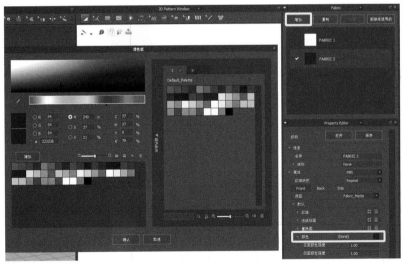

图 8-41　调整布料颜色（1）

　　步骤 3　在 2D 制版窗口中选中裙子的所有版片，再点击布料窗口中"FABRIC 2"后面的小按钮，就会看到裙子变成"FABRIC 2"布料的深蓝色了（图 8-42）。

　　步骤 4　绘制出裙子的背带和前挡结构的版片，并在 3D 窗口中，将它们摆放在合适的位置（图 8-43）。

　　步骤 5　将前挡与裙子前部缝纫在一起，再把背带与前挡、裙子后部缝纫在一起。需要注意的是，因为要制作纽扣等结构，所以前面部分不要缝纫在一起（图 8-44）。

　　步骤 6　继续制作裙子底部的包边结构，缝纫并在 3D 窗口中完成运算（图 8-45）。

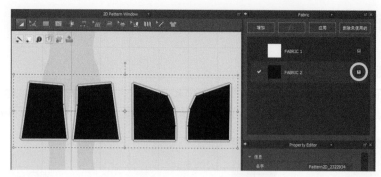

图 8-42　调整布料颜色（2）

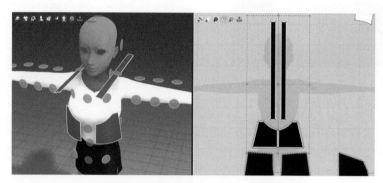

图 8-43　绘制背带和前挡的版片

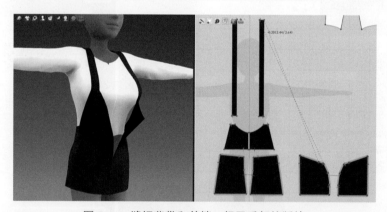

图 8-44　缝纫背带和前挡、裙子后部的版片

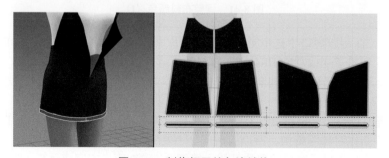

图 8-45　制作裙子的包边结构

8.3.2 纽扣和拉链的制作

步骤1 在2D制版窗口中，使用"编辑版片"工具，将准备制作纽扣的版片向中间延长一些，方便进行系纽扣的操作，这时会看到3D窗口中，布料重叠穿插在一起，不利于接下来的碰撞运算（图8-46）。

步骤2 选中准备放置扣眼的版片，在3D窗口中将它们向前移动一些，避免版片之间互相重叠穿插（图8-47）。

视频教程

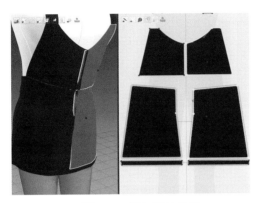
图8-46 增加版片长度

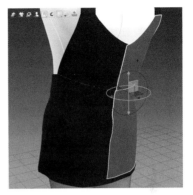
图8-47 调整版片在3D窗口中的位置

步骤3 在3D窗口中点击"纽扣"按钮，在前挡左侧的版片上点击，生成一个纽扣效果（图8-48）。

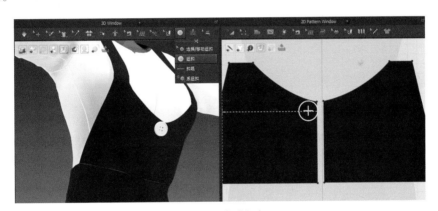
图8-48 生成纽扣

步骤4 点击布料（Fabric）窗口的"Fabric"文字，在弹出的菜单中点击"Button"（纽扣），切换到纽扣窗口，点击"Default Button"（默认纽扣），下面的"属性编辑器"（Property Editor）中会显示纽扣所有的参数。调整"宽度（cm）"为0.7，将纽扣调小一些（图8-49）。

步骤5 在3D窗口中点击"扣眼"按钮，再返回2D制版窗口中，在另一片前挡版片上生成一个扣眼。点击"Button"窗口的文字，在弹出的菜单中点击"Buttonhole"（扣眼），切换到扣眼窗口，点击"Default Buttonhole"（默认纽扣），在"属性编辑器"（Property Editor）中调整"宽度（cm）"为0.8，要比纽扣稍微大一些（图8-50）。

步骤6 在3D窗口中点击"系纽扣"按钮，然后再分别点击创建好的纽扣和扣眼，它们会在3D窗口中生成一个锁的标识，证明已经把纽扣系上了（图8-51）。

步骤7 在3D窗口中点击"选择/移动纽扣"按钮，分别选中纽扣和扣眼，先按下快捷键 Ctrl+C（Windows）或 Command+C（macOS），对它们进行复制，再按下快捷键 Ctrl+V（Windows）或 Command+V（macOS），将它们粘贴出来，并移动到合适的位置。重复多次，将没有缝纫的版片都用系纽扣的方式连接起来（图 8-52）。

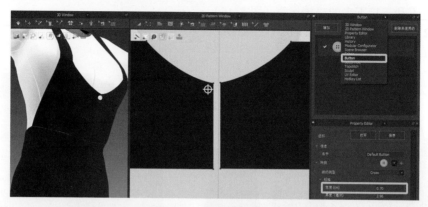

图 8-49　调整纽扣大小

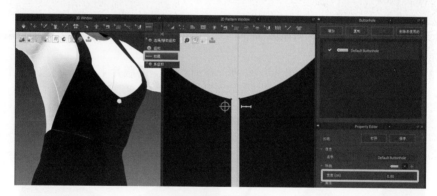

图 8-50　创建扣眼

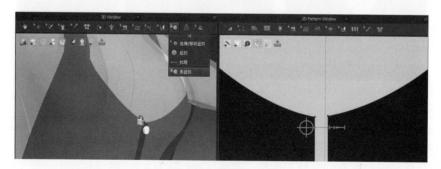

图 8-51　系纽扣（1）

步骤 8　切换到纽扣窗口并点击"Default Button"，在属性编辑器中调整"厚度（毫米）"为 2，把纽扣变薄一点（图 8-53）。

步骤 9　5 个扣子都是同样的效果，会有些单一。点击纽扣窗口左上角的"增加"按钮，新添加一个"Button 1"，将"类型"设置为"Metal"，即金属效果。在 3D 窗口中使用"选择 / 移动纽扣"工具，选中最下面的两个纽扣，再点击纽扣窗口中"Button 1"后面的小按钮，这两个纽扣就变成了金属效果（图 8-54）。

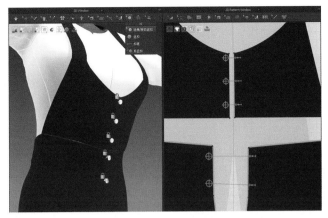

图 8-52　系纽扣（2）

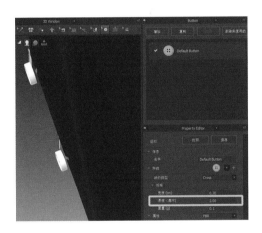

图 8-53　调整纽扣厚度

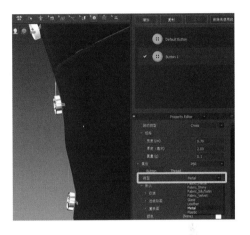

图 8-54　调整纽扣类型为金属

步骤 10　在 3D 窗口中点击"拉链"按钮，再返回 2D 制版窗口中，先点击左侧版片拉链的起始处，再移动到拉链结束处并双击鼠标左键，完成一侧拉链的创建，然后对拉链另一侧的版片执行同样的操作，就可以完成拉链的创建了（图 8-55）。

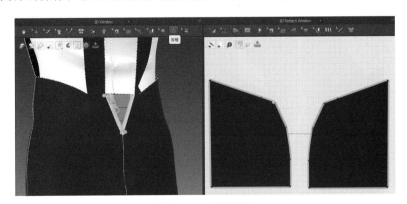

图 8-55　创建拉链

步骤 11　现在拉链显得有些大，需要调小一点。在 3D 窗口中点击"选择 / 移动"按钮，点击选中拉链的线，在"属性编辑器"（Property Editor）中，调整"拉齿宽度（cm）"和"全部宽度（cm）"到合适的数值（图 8-56）。

步骤 12 再选中拉链的锁头，用同样的方法调整"大小"为 50%（图 8-57）。

图 8-56 调整拉链线的宽度

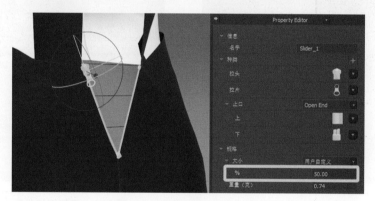

图 8-57 调整拉链锁头的大小

步骤 13 如果想让拉链处于拉开的状态，可以在 3D 窗口中使用"选择 / 移动"工具，选中锁头并将它向下拉动，然后再点击"普通速度（默认）"进行运算，就可以看到拉链拉开的效果了（图 8-58）。

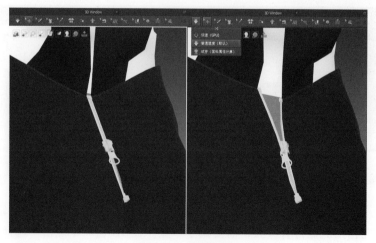

图 8-58 拉开拉链

8.3.3　口袋的制作

接下来制作衣服两侧的口袋。

步骤1　在2D制版窗口中，点击"内部长方形"按钮，在裙子前部的版片内部，绘制一个长方形作为口袋（图8-59）。

步骤2　使用"生成圆顺曲线"工具，分别点击并拖动口袋下面的两个点，让它们变成圆角效果（图8-60）。

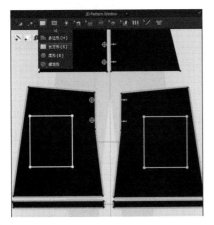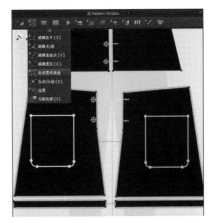

图8-59　绘制内部长方形　　　　　　图8-60　制作圆角效果

步骤3　使用"编辑圆弧"工具，将口袋上面的线调整为曲线，再使用"编辑点／线"工具，将左上的点向下移动一些，做出口袋的造型（图8-61）。

步骤4　现在绘制的口袋效果，只是版片上的内部线，还需要把它变成单独的版片进行缝纫。切换到"调整版片"工具，选中口袋并按下鼠标右键，在弹出的浮动菜单中点击"克隆为版片"，这时会将口袋复制为一个新的版片，然后将其移动到旁边的位置（图8-62）。

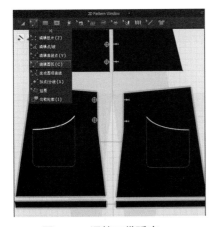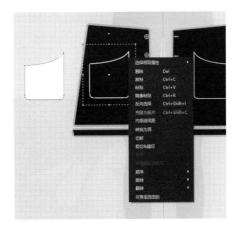

图8-61　调整口袋弧度　　　　　　图8-62　将内部线克隆为版片

步骤5　使用"线缝纫"工具，将口袋版片和内部线缝纫在一起。需要注意的是，最上面的线不要缝，保持口袋打开的状态（图8-63）。

步骤6　口袋内部一般都会有一定的空间，所以选中口袋的版片，使用"调整版片"工具将它放大一些（图8-64）。

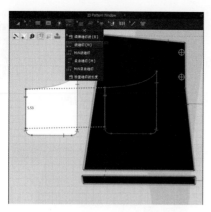

图 8-63　缝纫口袋

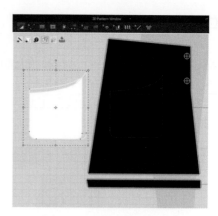

图 8-64　调整口袋版片大小

步骤 7　选中口袋版片，点击鼠标右键，在弹出的浮动菜单中点击"对称版片（版片和缝纫线）"，快捷键是 Ctrl+D（Windows）或 Command+D（macOS），复制出来另一侧口袋版片，并将它移动到另一侧。因为是连动版片，它会自动与另一侧的口袋内部线缝纫在一起，在 3D 窗口中运算后就可以看到口袋的效果（图 8-65）。

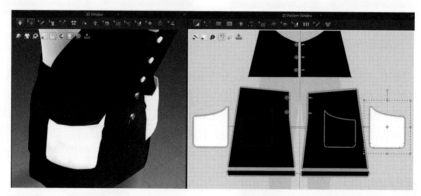

图 8-65　完成口袋的制作

接下来就可以根据自己的需要，添加更多的细节，最终完成的效果如图 8-66 所示。

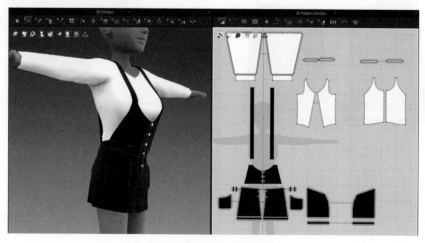

图 8-66　完成衣服的制作

最终完成的文件是本书案例素材中的"8.3_cloth.zprj"文件，有需要的读者可以打开观看。

因为要先制作角色动作，再对衣服和角色动作进行运算，因此目前就不导出衣服模型到 Maya 中了。如果想导出看一下效果，也可以选中所有的版片，执行菜单的"文件"→"导出"→"OBJ（选定的）"命令，将衣服模型导出 OBJ 格式的文件，再在 Maya 中将该文件导入即可。

本章的主要学习任务是学习用软件 Marvelous Designer 制作衣服的方法，需要掌握的内容包括 Marvelous Designer 的基本操作，以及打底衫和裙子的制作。

1. 在网络上收集一些时尚图片，为自己制作的卡通角色设计一套衣服。

2. 使用 Marvelous Designer 软件，将这套衣服的三维效果完整地制作出来。

第 **9** 章
角色模型UV的展开和贴图的绘制

- 学习重点　Maya软件的UV编辑技术和方法。
　　　　　　在绘图软件，如Adobe Photoshop中，绘制贴图的流程。

- 学习难点　多边形模型UV剪切的位置。
　　　　　　UV排布的方法。
　　　　　　头发贴图的制作过程。

　　卡通风格三维角色的 UV 展开和贴图绘制，在制作技术上和 Q 版角色几乎是一样的。唯一的区别就在于，卡通角色 UV 的划分会更加细致，甚至一张贴图不够用，会使用多张贴图来展开角色的 UV。贴图的绘制也会更加细致，除了基础的颜色以外，还会绘制高光、凹凸、透明度、反射折射等效果（图 9-1）。

图 9-1　卡通三维动画角色的贴图效果

9.1 ▶ 角色模型UV的展开

　　卡通角色的 UV 展开，也是使用 Maya "UV 工具包"中的剪切、展开、优化等工具，在"UV 编辑器"中进行调整完成的。

　　需要注意的是，如果角色两条腿和两个手臂绘制的贴图一样，那么可以把两者的 UV 合并在一起，这样绘制贴图的时候可以一起绘制。图 9-2 是完成 UV 展开的角色模型。具体展开步骤可以扫描二维码观看演示视频。

视频教程

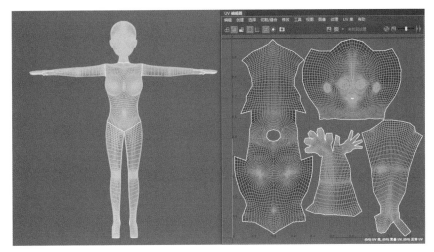

图 9-2　完成 UV 展开的角色模型

最终完成的文件是本书案例素材中的 "9.1_UVs.mb" 文件，有需要的读者可以打开观看。

9.2 ▸ 角色贴图的绘制

本案例的贴图是在 Adobe Photoshop 软件中绘制完成的（图 9-3）。具体步骤可以扫描二维码观看演示视频。

视频教程

图 9-3　制作完成的身体模型

最终完成的贴图文件是本书案例素材中的 "9.2_UVmap.psd" 文件，有需要的读者可以打开观看。

9.3 ▸ 头发贴图的制作

在前面的章节中，已经为该三维角色制作了头发模型，但是如果希望头发模型呈现出一根根的质感，需要先贴上专门的头发贴图，然后再贴上控制透明度的贴图，才能达到理想的效果（图 9-4）。

图 9-4　头发贴图的制作流程

9.3.1　头发UV的调整

在制作头发之前，最好先找到或自己制作一张头发贴图，然后根据贴图的定位，来调整头发的UV。本案例中使用的头发贴图如图9-5所示。

因为要制作透明贴图，后期要用Arnold（阿诺德）渲染器对场景进行渲染，但是Arnold（阿诺德）渲染器不支持Maya自带材质的透明度属性，因此在头发材质创建和编辑的时候，需要用到Arnold（阿诺德）渲染器自带的材质。

视频教程

步骤1　选中所有的头发模型，长按鼠标右键，在弹出的浮动菜单中点击"指定新材质"命令，然后再点击"aiStandardSurface"材质，这是Arnold自带的标准材质（图9-6）。

图 9-5　将要使用的头发贴图

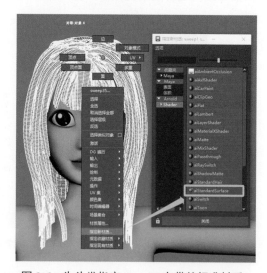

图 9-6　为头发指定 Arnold 自带的标准材质

步骤2　进入"aiStandardSurface"的属性编辑器中，点击"Color"（颜色）属性最右侧的黑白格子按钮，会弹出"创建渲染节点"窗口，点击里面的"文件"按钮，然后将配套的"9.3_Hair color.jpg"贴图贴上去（图9-7）。

步骤3　因为使用的是Arnold材质，所以执行视图菜单的"渲染器"→"Arnold"命令，使用Arnold渲染器进行视图预览，这时整个画面是黑色的，这是由于场景中没有灯光造成的。在场景中创建灯光，对角色模型进行照明，Arnold就会渲染出正常的画面效果了。

渲染后会看到几乎每一片头发模型的边缘都呈现出白边效果，这是头发的 UV 与贴图不匹配造成的（图 9-8）。

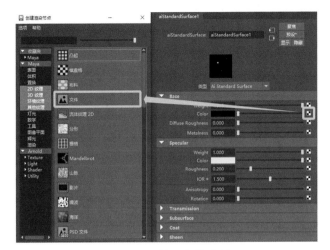

图 9-7　使用文件贴图

图 9-8　使用 Arnold 渲染器进行视图预览

　　步骤 4　选中一片头发模型，打开"UV 编辑器"，会看到该头发模型的 UV 在整张贴图的最左侧，并没有完全覆盖头发贴图的区域，所以才会出现当前的白边效果（图 9-9）。

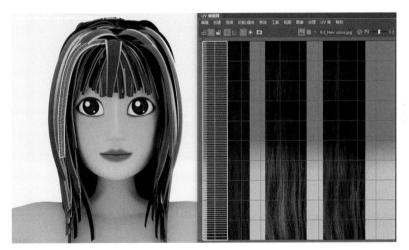

图 9-9　检查头发模型的 UV

　　步骤 5　选中该头发模型，在"属性编辑器"中找到"扫描网格"的属性面板，调整"UV"卷轴栏下"创建 UV"为"均匀"，这时这片头发模型的 UV 会均匀分布在整个 UV 区域中。将其他头发模型的 UV 也进行同样的设置，这里需要注意的是，之前制作头发模型，是分为刘海、两侧、背面等 5 个部分执行"扫描网格"命令的，现在调整"创建 UV"的参数，只需要依次选中这 5 个部分中任一头发模型进行调整即可（图 9-10）。

　　步骤 6　选中所有的头发模型，在"UV 编辑器"中进入"UV 壳"级别，框选所有的 UV 壳，按下 R 键，切换到缩放工具，对所有的 UV 壳进行横向缩放。再使用移动工具，将它们都移动并覆盖住贴图中的一缕头发，统一完成所有头发的 UV 设置。这时视图中显示的头发效果就没有白边了（图 9-11）。

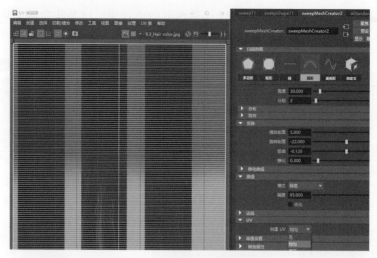

图 9-10　调整头发模型的 UV

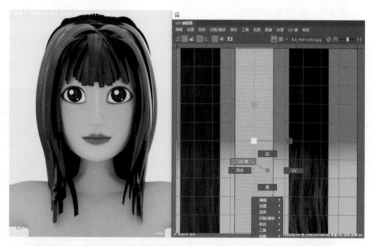

图 9-11　调整头发模型的 UV 壳

9.3.2　贴图的制作

接下来要制作头发的透明效果，需要一张和头发贴图对应的透明贴图，本案例中使用的头发贴图如图 9-12 所示。

透明贴图是根据画面中的颜色控制模型透明度的，黑色代表 100% 不透明，而白色代表全部透明，中间过渡的灰色越深则透明度越低，反之则越高。值得注意的是，它可以调整模型的透明程度，但仅仅只限于模型本身，并不影响物体的高光、阴影以及其他一些参数的透明度。

视频教程

步骤 1　在"aiStandardSurface"的属性编辑器中，点击"Geometry"卷轴栏中"Opacity"（透明度）属性最右侧的黑白格子按钮，再点击"创建渲染节点"窗口的"文件"按钮，然后将配套的"9.3_Hair trans.jpg"贴图贴上去（图 9-13）。

步骤 2　渲染后会看到，头发已经呈现出一丝一丝的效果，但是整个发量减少了很多，这是因为贴上透明贴图后，一片头发的其中一部分已经透明了，显示在画面中的面积减少了很多（图 9-14）。

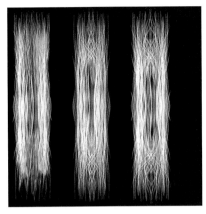

图 9-12 将要使用的透明贴图

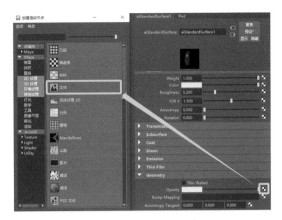

图 9-13 指定透明贴图

步骤 3 将现有的头发模型大量复制，填满头发显得稀少的地方，让发型更加饱满，效果如图 9-15 所示。

图 9-14 头发贴上透明贴图的效果

图 9-15 增加头发的数量

步骤 4 现在头发没有任何的高光效果，可以在"aiStandardSurface"的属性编辑器中，点击"Specular"（镜面反射）卷轴栏中"Color"（颜色）属性最右侧的黑白格子按钮，将配套的透明贴图"9.3_Hair trans.jpg"贴图贴上去，这样就会使头发不透明的区域产生高光效果，同时还可以通过调节"Weight"（权重）来控制高光的强弱，数值越高则越强，反之则越弱（图 9-16）。

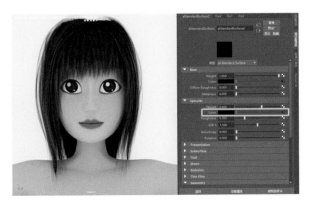

图 9-16 调整头发的高光效果

最终完成的文件是本书案例素材中的"9.1_Hair.mb"，有需要的读者可以打开观看。

**本章
小结**

　　本章的主要学习任务是在 Maya 中为制作好的卡通角色模型进行 UV 的编辑和贴图的绘制，需要掌握的内容包括角色模型 UV 的展开、角色贴图的绘制和头发贴图的制作，了解并掌握基础的卡通角色 UV 和贴图的制作流程。

**课后
拓展**

　　1. 为自己制作的卡通角色模型进行 UV 的编辑。
　　2. 将角色的 UV 导入其他绘图软件中进行贴图绘制。
　　3. 在 Maya 中，将绘制好的贴图指定给角色模型。

第10章
卡通角色的静帧展示制作

- 学习重点　AdvancedSkeleton绑定角色模型的方法。
　　　　　Marvelous Designer处理衣服模型的方法。

- 学习难点　AdvancedSkeleton中各种控制器的使用方法。
　　　　　在Marvelous Designer中导入不同姿势模型，并计算衣服效果的方法。
　　　　　Marvelous Designer与Maya互导模型数据的方法。
　　　　　尝试用设计的思维进行静帧作品的制作，例如设计场景和道具等。

　　静帧就是一幅静态的画面，严格意义上来说，是从动态的视频或动画中截取的一帧画面，但是由于三维动画制作周期太长，因此在三维动画制作之前，制作者往往会根据动画要求，制作出一帧完整的画面进行测试，包括灯光、渲染、物理解算等，还会给角色绑好骨骼，摆出相应的姿势，再搭配上场景和道具，使画面就像是动画中的一帧。久而久之，这也成了独立 CG 艺术家展示自己作品的最常见的方式。在国际著名的 CG 网站 ArtStation 中，静帧成为最常见的展示方式（图 10-1）。

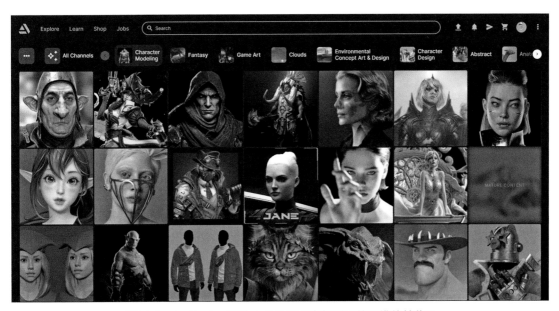

图 10-1　ArtStation 网站上 CG 艺术家们展示的三维静帧作品

　　本章中，要将已经完成的卡通角色绑定骨骼，摆好姿势，并根据该姿势在 Marvelous Designer 中进行布料的解算，使衣服自然地穿在角色身上，再配上相应的场景、道具，最后再使用 Arnold 渲染器进行灯光的布置和渲染，完成一张静帧作品的展示。

10.1 ▷ 使用AdvancedSkeleton绑定模型

AdvancedSkeleton 是一款 Maya 的免费骨骼插件，它的应用范围很广泛。其中不但有常用的双足角色的骨架，还有鸟、虫、猫、龙、鱼等多种生物的骨架，而且操作简便，功能强大，本节就来学习一下该插件的使用方法。

可以在 AdvancedSkeleton 官网免费下载该插件。也可以在本书的配套素材中找到该插件，并进行安装使用。下载并解压插件后，将 "install.mel" 文件直接拖拽到 Maya 的视图中，对应的工具栏右侧就会出现 AdvancedSkeleton 的 4 个图标。点击最左侧的图标，Maya 界面左侧就会出现 AdvancedSkeleton 的工具面板（图 10-2）。

图 10-2　安装 AdvancedSkeleton 插件

步骤 1　在 AdvancedSkeleton 的工具面板中，点开 "Body"（身体）→ "Fit"（适合）卷轴栏，在 "FitSkeletons" 的下拉菜单中选择 "biped.ma"（两足生物），如果绑定的模型是其他生物，也可以在下拉菜单中选择 "cat.ma"（猫）、"horse.ma"（马）、"fish.ma"（鱼）等，点击 "Import"（导入）按钮，就会在场景中间生成只有一侧的骨架（图 10-3）。

该骨架只是帮助制作者进行定位，而且没有脚趾部分，如果需要加入脚趾的骨骼，可以在 "extra limbs" 的下拉菜单中选择 "foot.ma"（脚部），并点击右侧 "Import"（导入）按钮，这时在原骨骼的脚部位置会添加脚趾的骨骼。甚至还可以选择 "tail.ma"（尾巴）来添加尾巴的骨骼（图 10-4）。

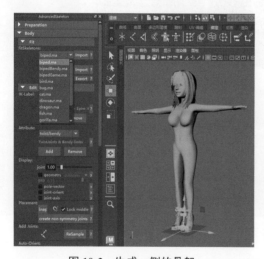

图 10-3　生成一侧的骨架

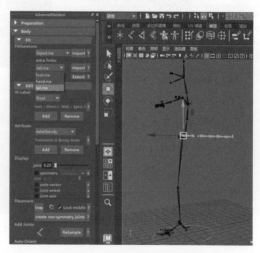

图 10-4　添加了尾巴的骨骼

步骤 2　选中该骨架下面的圆环，这是整个骨架的总控制，使用缩放工具，将整个骨架缩小到和模型一致（图 10-5）。

步骤3 使用移动工具，逐一调整骨架中骨骼的位置，将其放在角色模型的各个关节处（图10-6）。

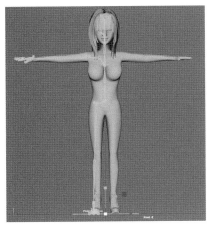

图 10-5　调整骨架大小

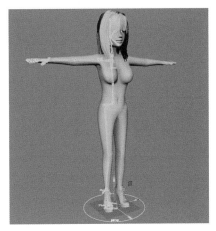

图 10-6　调整各个骨骼的位置

步骤4 在 AdvancedSkeleton 的工具面板中，点开"Body"（身体）→"Build"（创建）卷轴栏，点击"Build AdvancedSkeleton"（创建高级骨架）按钮（图10-7）。这时AdvancedSkeleton 开始根据刚才参考骨架的位置，自动创建角色高级骨架和控制器，创建完成后的效果如图10-8所示。

图 10-7　创建高级骨架

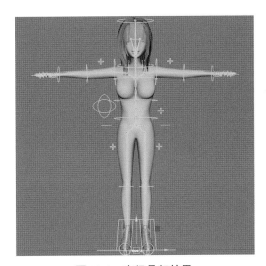

图 10-8　高级骨架效果

步骤5 选中角色的所有模型，在 AdvancedSkeleton 的工具面板中，点开"Body"（身体）→"Deform"（变形）卷轴栏，先点击"+Select DeformJoints"（添加变形骨骼）按钮，将骨骼选中，这时模型和骨骼都处于被选择状态，再点击"set Smooth Bind Option"（设置平滑绑定参数）按钮，就会弹出 Maya 的"绑定蒙皮"命令的设置窗口，其中的所有参数都是AdvancedSkeleton 设置过的，可以直接按下"应用"按钮进行蒙皮绑定（图10-9）。

步骤6 在"大纲视图"中选中头发的群组，再按着 Shift 键选中头部的骨骼，执行菜单的"编辑"→"建立父子关系"命令，或者直接使用快捷键 P 键，将头发设置为头部骨骼的子物体，这样头发就可以随着头部的运动而运动了（图10-10）。

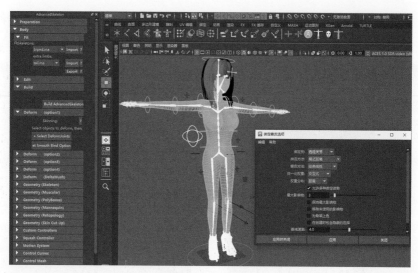

图 10-9　绑定蒙皮

步骤 7　绑定蒙皮以后，就可以使用骨架的控制器来控制角色模型了，如果发现有骨骼的控制出现问题，也可以使用之前学习过的调节权重的方法，将骨骼与模型的权重调整好，并调整一下骨架以测试权重效果（图 10-11）。

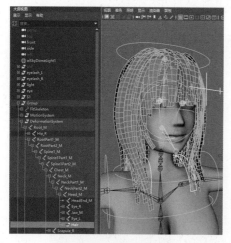

图 10-10　设置头发模型

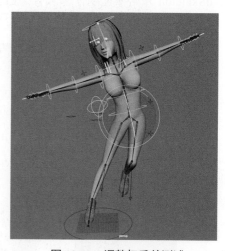

图 10-11　调整权重并测试

步骤 8　AdvancedSkeleton 也提供了绑定效果的测试，在工具面板中，点开"Tools"（工具）卷轴栏，点击"WalkDesigner"按钮，会弹出相应的面板，点击"Start"按钮，会自动给角色模型添加走路的循环动画，供制作人员检查绑定蒙皮的问题，测试完毕以后，按下浮动面板下面的"Cancel and Close"，就可以取消测试并关闭面板（图 10-12）。

步骤 9　AdvancedSkeleton 的骨架中，有很多设置能帮助制作人员方便地制作动画，例如选中骨架中手部的控制器，在"通道盒"面板中，会有每根手指的参数，选中调整，就可以控制手指的弯曲、张开、握拳等动作（图 10-13）。

测试完成后，如果角色的姿势发生了变化，也可以按下 AdvancedSkeleton 工具面板最下面的"Go to Build Pose"（返回原始姿势）按钮，让角色回到最初绑定的姿势。

最终完成的文件是本书案例素材中的"10.1_Build.mb"，有需要的读者可以打开观看。

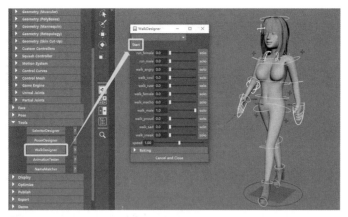

图 10-12　设置走路动画测试绑定蒙皮效果

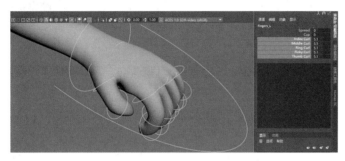

图 10-13　手部的控制

10.2 ▶ 角色姿势的摆放

视频教程

　　选中 AdvancedSkeleton 创建的各种控制器，并使用移动工具和旋转工具对它们进行调整，完成角色姿势的摆放（图 10-14）。具体步骤可以扫描二维码观看演示视频。

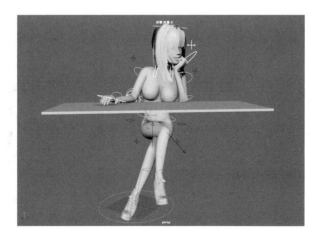

图 10-14　制作完成的身体模型

　　最终完成的文件是本书案例素材中的"10.2_Pose.mb"文件，有需要的读者可以打开观看。

10.3 ▸ 使用Marvelous Designer处理衣服

很多角色动画为了节省工作流程，会直接把衣服模型和角色模型绑定在一起，但是如果想要做出真实衣服的效果，还是需要把角色的姿势导入 Marvelous Designer 中，进行真实的碰撞运算。

由于现在的模型和之前在 Marvelous Designer 中制作衣服的模型相比，有了一些调整和改动，因此要将现在的角色原始姿势和调整姿势分别导出 OBJ 格式，用于导入 Marvelous Designer 中进行运算。导出的文件是本书案例素材中的"10.3_pose1.obj"和"10.3_pose2.obj"文件，有需要的读者可以打开观看（图 10-15）。

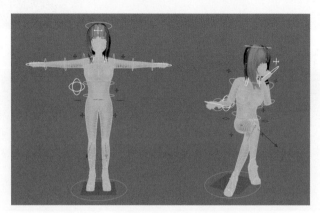

图 10-15　分别导出两个姿势的模型文件

10.3.1　根据角色姿势进行布料解算

步骤 1　在 Marvelous Designer 中，打开之前的"8.3_cloth.zprj"文件，然后执行菜单的"文件"→"导入"→"OBJ"命令，把修改后的原始姿势模型文件"10.3_pose1.obj"文件导入，这时界面中会自动把之前的角色模型替换为修改后的原始姿势模型（图 10-16）。

步骤 2　这时衣服和角色模型的位置会稍有差别，可以选中所有衣服版片，在 3D 视图中调整衣服的位置，使之与角色模型匹配（图 10-17）。

视频教程

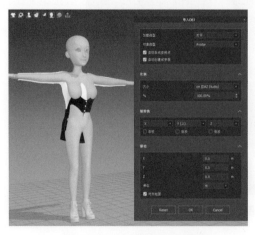

图 10-16　导入新的角色模型

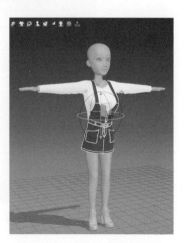

图 10-17　调整衣服模型位置

接下来要把调整好姿势的模型导入进来，与衣服进行碰撞运算。

步骤 3 执行菜单的"文件"→"导入（增加）"→"OBJ"命令，导入"10.3_pose2.obj"模型文件，在弹出的"导入 OBJ"设置窗口中，设置"加载类型"为"添加"，"对象类型"为"Morph Target"，"变形体帧数"为 99，点下"OK"按钮（图 10-18）。

步骤 4 这时模型会发生形变动画，衣服也会随之进行碰撞变形的计算，在 99 帧后运算完成（图 10-19）。

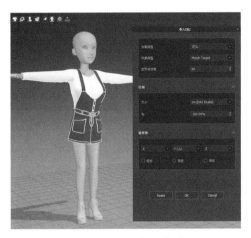 

图 10-18　导入姿势模型　　　　图 10-19　对衣服进行运算

技术解析

在"导入OBJ"设置窗口中，"变形体帧数"需要根据两个模型的差异程度进行设置，如果两个模型姿势区别不大，该参数可以设置得低一些，反之则需要设置得高一些，这样可以使两个模型转换动画更加缓慢，便于对衣服布料进行更准确的计算。

在Marvelous Designer 12的版本中，有时会遇到模型导入后变小的情况，这时就需要在Maya中将模型调大，重新导出一份OBJ模型文件了。

步骤 5 在 3D 窗口中按下键盘的空格键，在对衣服进行碰撞运算的状态下，使用鼠标调整衣服的形态，同时可以删除一些多余的版片，比如口袋。因为口袋在该姿势下没有任何效果，而且影响运算，因此可以把口袋版片删除，最终效果如图 10-20 所示。

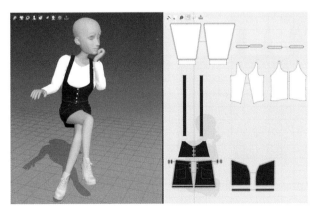

图 10-20　完成衣服效果的调整

10.3.2　衣服UV的编辑

步骤 1　点击 2D 制版窗口的 "2D Pattern Window" 文字，在弹出的菜单中点击 "UV Editor"，切换到 UV 编辑器窗口，会看到现在衣服的 UV 比较乱，很多版片的 UV 都是重叠在一起的（图 10-21）。

步骤 2　在 UV 编辑器面板的空白处点击鼠标右键，在弹出的浮动菜单中，点击 "将 UV 放置到 2D 版片位置" 命令，这时杂乱的 UV 就会重新排布成 2D 版片的位置（图 10-22）。

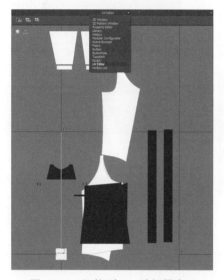

图 10-21　切换到 UV 编辑器窗口

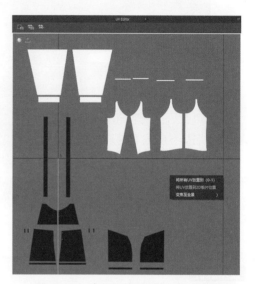

图 10-22　将 UV 放置到 2D 版片位置

步骤 3　选中所有的 UV，点击鼠标右键，在弹出的浮动面板中点击 "将 UV 放置到（0-1）" 命令（图 10-23）。

步骤 4　这时会弹出 "将 UV 放置到（0-1）" 设置窗口，选择 "长度（绝对）" 后按下 "确定" 按钮，这样所有的 UV 都会排布在 0 ～ 1 的 UV 区间内（图 10-24）。

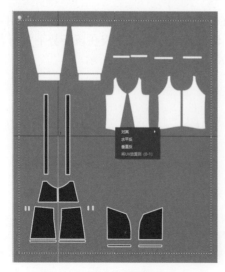

图 10-23　将 UV 放置到（0-1）

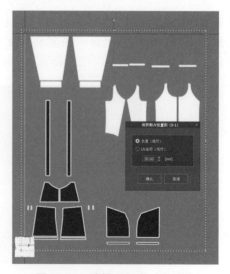

图 10-24　选择 "长度（绝对）"

步骤 5 逐一选中版片的 UV，在 0 ～ 1 的 UV 区间内调整它们的位置，使彼此之间有一定的距离，便于后期贴图的绘制，完成后的 UV 如图 10-25 所示。

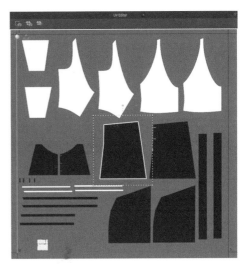

10.3.3 衣服模型导入Maya

在导入 Maya 之前，还要先在 Marvelous Designer 中设置衣服模型的精度等参数。

步骤 1 选中所有的版片，在 "Property Editor"（属性编辑器）中，调整 "粒子间距（毫米）" 参数为 10，这是调整版片模型面数的参数，数值越低，模型面数就越高，模型就越精细（图 10-26）。

步骤 2 调整 "网格类型" 为 "四边形"，使模型的面都是四边面（图 10-27）。

步骤 3 选中所有的版片，执行菜单的 "文件" → "导出" → "OBJ（选定的）" 命令，在弹出的 "保存" 窗口中，将导出的衣服模型文件名设置为 "10.3_cloth.obj"，按下 "保存" 按钮，然后会弹出 "Export OBJ" 窗口，设置参数为 "合并"，即将所有的版片合并为一个模型导出。勾选 "统一的 UV 坐标"，并设置 "比例" 为 cm，点击 "确认" 按钮将衣服模型导出（图 10-28）。

图 10-25 完成 UV 的编辑

视频教程

步骤 4 回到 Maya 中并打开 "10.2_Pose.mb" 文件，执行菜单的 "文件" → "导入" 命令，将衣服模型文件 "10.3_cloth.obj" 导入场景中，这时会看到衣服模型已经被放在角色模型的身上了（图 10-29）。

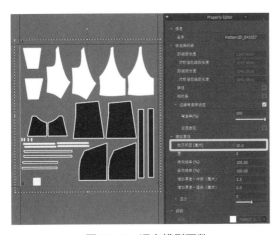

图 10-26 调高模型面数

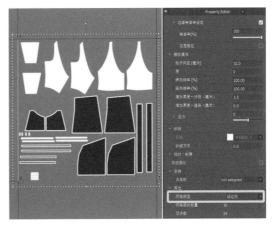

图 10-27 调整模型为四边形

步骤 5 现在衣服模型还是显得有些粗糙，可以在 "建模" 模块下，执行菜单的 "网格" → "平滑" 命令，并设置 "分段" 值为 1，使衣服模型更加平滑（图 10-30）。

10.3.4 在Photoshop中绘制衣服贴图

步骤 1 选中衣服模型，在 Maya 中执行菜单的 "窗口" → "建模编辑器" → "UV 编辑器" 命令，打开 UV 编辑器窗口，再执行 UV 编辑器菜单的 "图

视频教程

像"→"UV 快照"命令，将衣服模型的 UV 导出为 2048×2048 的 JPG 图片，命名为"10.3_
UVmapCloth.jpg"（图 10-31）。

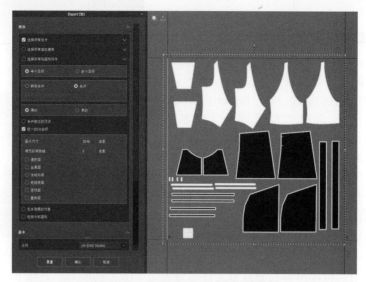

图 10-28　设置导出的衣服模型参数

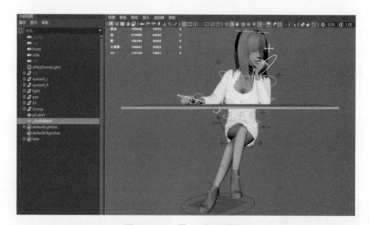

图 10-29　导入衣服模型

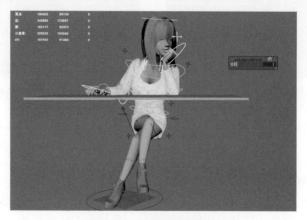

图 10-30　平滑衣服模型

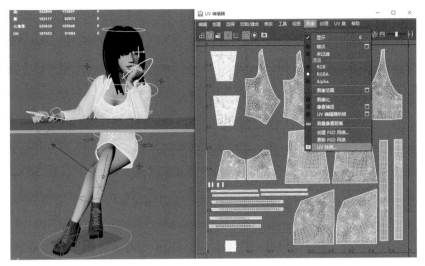

图 10-31　导出衣服模型的 UV

步骤 2　在 Photoshop 中打开"10.3_UVmapCloth.jpg"文件，先给衣服绘制底色，这一步可以参考网上的服装搭配图片。本案例中将裙子设计为蓝色牛仔裙，上衣是浅灰色的长袖卫衣（图 10-32）。

步骤 3　在网上找一些牛仔布料的图片，在绘制贴图的时候可以直接放上去，模拟牛仔布的质感，完成的贴图绘制如图 10-33 所示。

图 10-32　在 Photoshop 中绘制贴图

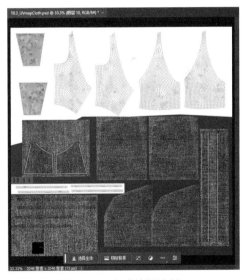

图 10-33　完成贴图绘制

最终完成的贴图文件是本书案例素材中的"10.3_UVmapCloth.psd"文件，有需要的读者可以打开观看。

步骤 4　回到 Maya 中，新建一个 lambert 材质，将刚刚绘制好的"10.3_UVmapCloth.psd"贴图文件贴在"颜色"属性上，再把该材质指定给衣服模型（图 10-34）。

最终完成的文件是本书案例素材中的"10.3_cloth.mb"文件，有需要的读者可以打开观看。

图 10-34　给衣服模型贴上材质

10.4 ▶ 场景和道具的制作

在制作场景和道具之前，要先对整个画面进行构思，有完整的想法和设计思路以后再进行制作。本案例中，该角色是一名正在上课的女大学生，因此整个场景就是大学教室的室内，要有教室的墙体、窗户、桌椅等，桌子上要有一些书、纸、笔、水杯等道具。

在场景的制作中，要依据先整体后局部的制作思路，先做大的模型，再做小的。

步骤 1　创建一个多边形平面和立方体，调整大小和角度，分别作为教室场景的地面和墙壁（图 10-35）。

步骤 2　使用"布尔"命令，在墙壁的模型上剪出窗户效果（图 10-36）。

图 10-35　创建墙壁和地面模型

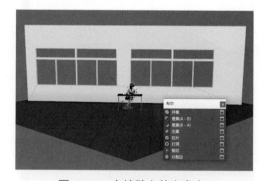

图 10-36　在墙壁上剪出窗户

步骤 3　创建多个多边形立方体，拉长并旋转至和墙壁同样的角度，移动到窗框和踢脚线位置（图 10-37）。

步骤 4　完善桌子模型，多复制几个桌子放在不同的位置，营造出教室的感觉（图 10-38）。

步骤 5　用同样的方法，制作多把椅子，放在每一张桌子后面（图 10-39）。

在三维动画制作中，有一条制作原则，即"只制作画面中出现的内容"，那些在摄影机画面以外的内容观众看不到，因此没有必要进行制作。所以在大场景模型制作完以后，就需要架设摄影机，确认哪些内容是在画面内的。

图 10-37　制作窗框和踢脚线

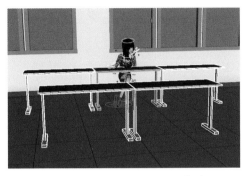

图 10-38　制作并复制桌子模型

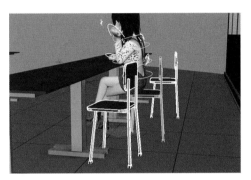

图 10-39　制作椅子模型

步骤 6　执行菜单的"创建"→"摄影机"→"摄影机"命令，再在视图菜单中执行"面板"→"透视"→"camera1"命令，切换到摄影机视图，并把视图视角调整到合适的位置。

打开"渲染设置"窗口，设置"公用"菜单中"图像大小"的宽度和高度参数。本案例中设置的是 1280 和 1920，是适合手机竖屏的画面尺寸。再在视图菜单中执行"视图"→"摄影机设置"→"分辨率门"命令，打开视图的"分辨率门"，框内就是画面中的内容，而框外的内容完全不需要制作（图 10-40）。

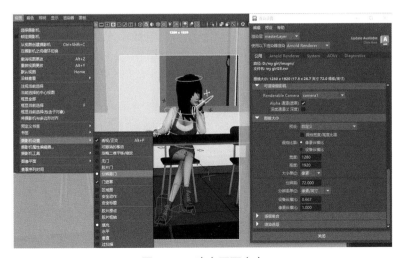

图 10-40　确定画面内容

步骤7 制作各种道具，例如桌子上合上的书、翻开的书，以及水杯和女孩子背的包等，并将它们放在合适的位置上（图10-41）。

步骤8 现在整个画面缺少近景，将女孩的模型复制过来，旋转到背面，并放在距离镜头很近的位置，这样方便在后期制作时添加景深效果（图10-42）。

图 10-41　制作各种道具模型　　　　　图 10-42　制作画面近景

10.5 ▶ 使用Arnold进行照明和渲染

对场景进行打光照明之前，也需要先对整体的画面效果有一个明确的设计方案。本案例中，女孩坐在教室的窗边，窗外的阳光照在她身上，营造出了"阳光女孩"的感觉。

步骤1 先执行菜单的"Arnold"→"Lights"→"SkyDome Light"命令，在场景中创建一个 Arnold 的球光，用于全局照亮，在属性编辑器中将它的"Intensity"（强度）值降为 0.5，对场景进行整体照亮（图10-43）。

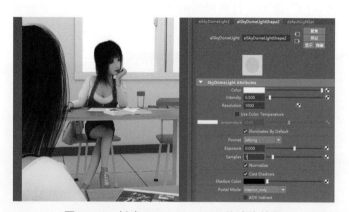

图 10-43　创建 SkyDome Light 的渲染效果

步骤2 执行菜单的"Arnold"→"Lights"→"Area Light"命令，将灯光移动到窗外侧上方，模拟太阳的照明效果，在属性编辑器中将它的"Color"（颜色）改为浅黄色，模拟上午阳光的颜色，调整"Intensity"（强度）值为 5，"Exposure"（曝光）值为 23.5，增加灯光的照明强度（图10-44）。

图 10-44　模拟太阳照明的渲染效果

步骤 **3**　再创建一盏"Area Light"，放在角色侧上方作为主灯光进行照明，也将它的"Color"（颜色）改为浅黄色，"Intensity"（强度）值改为 5，"Exposure"（曝光）值改为 16，主要用于照亮角色的脸部（图 10-45）。

图 10-45　添加了主灯光的渲染效果

步骤 **4**　再创建一盏"Area Light"，放在角色另一侧的上方作为辅助光。将它的"Color"（颜色）改为浅紫色，也就是主光源浅黄色的补色，将"Intensity"（强度）值改为 5，"Exposure"（曝光）值改为 14，对角色的背光区域进行照明（图 10-46）。

图 10-46　添加了辅助光的渲染效果

现在前景太清晰了，需要加入景深效果，模糊并弱化前景，使主要角色在画面中更加突出。

步骤 5   执行主菜单的"创建"→"测量工具"→"距离工具"命令，分别用鼠标左键点击摄影机和主角脸部的位置，测量出两者之间的距离是 197.85（图 10-47）。

步骤 6   选中摄影机，在它的属性编辑器的 Arnold 卷轴栏中，勾选"Enable PDF"（启用景深效果）选项，设置"Focus Distance"（聚焦距离）为 197.85，"Aperture Size"（光圈大小）为 0.6，渲染后就可以看到景深效果了（图 10-48）。

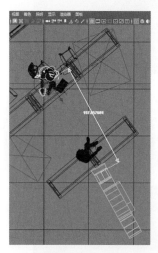

图 10-47   测量摄影机与角色之间的距离

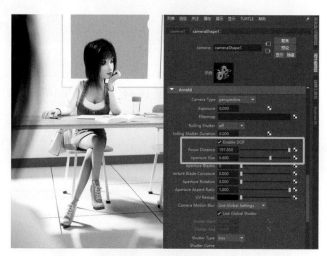

图 10-48   设置景深效果

步骤 7   如果把现在渲染的图片保存，会发现窗户外面虽然什么都没有，但是并不是透明背景。选中最早创建的"SkyDome Light"球光，在属性编辑器中将"Camera"参数设置为 0，这样渲染出来的图片就是透明背景。最终输出前要打开"渲染设置"面板，调整"Arnold Renderer"面板中的"Camera（AA）"为 5，"Diffuse"（漫反射）为 4，"Specular"（镜面反射）为 4，渲染高质量的画面效果（图 10-49）。

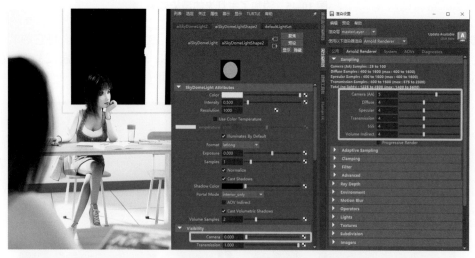

图 10-49   渲染设置

步骤 8   把渲染好的图片保存为带透明背景的 PNG 格式，导入 Photoshop 中进行处理，完成效果如图 10-50 所示。

图 10-50　在 Photoshop 中处理图片

最终完成的 Maya 源文件是本书案例素材中的 "10.5_Final.mb" 文件，Photoshop 源文件是本书案例素材中的 "10.5_ 最终效果图 .psd" 文件，有需要的读者可以打开观看。

本章 小结

本章主要学习三维静帧展示作品的制作，需要掌握的内容有：使用 AdvancedSkeleton 绑定模型，角色姿势的摆放，使用 Marvelous Designer 处理衣服，场景和道具的制作，以及使用 Arnold 进行照明和渲染。

课后 拓展

1. 根据自己的卡通角色，设计一幅静帧展示作品。

2. 安装并使用 AdvancedSkeleton 插件，对制作好的卡通模型进行绑定，并调整姿势。

3. 使用 Marvelous Designer，根据角色姿势，进行衣服模型与角色模型的真实物理碰撞运算。

4. 完成场景和道具的制作。

5. 使用 Arnold 渲染器渲染高质量的静帧作品。

第11章
卡通角色动画的制作

- 学习重点　三维角色动画的基本原理和制作方法。
　　　　　　使用Marvelous Designer制作衣服动画。

- 学习难点　关键帧动画的制作方法。
　　　　　　Maya与Marvelous Designer动画缓存的互导。
　　　　　　Maya渲染动画时，对"渲染设置"面板的调整。

迪士尼动画大师格里穆·乃特维克曾说过："动画的一切皆在于时间点（Timing）和空间幅度（Spacing）。"这句话实际上点出了动画的本质，动画中最重要的两个因素就是空间和时间。

11.1 ▶ 动画的基本原理

1824年，彼得·马克·罗热（Peter Mark Roget）在英国皇家学会发表了他的论文——《关于运动物体的视觉延迟》❶，文中最先提出"视觉暂留"原理（Persistence of Vision），这是电影和动画最原始的理论依据。

眼睛在看过一个图像的时候，该图像不会马上在大脑中消失，而是会短暂地停留一下，这种残留的视觉被称之为"后像"。视觉的这一现象则被称之为"视觉暂留"。

图像在大脑中"暂留"的时间大概为二十四分之一秒，也就是说，所有影视作品都是由一张张图像组成的，它们在银幕上以每秒24张的速度放映，就会使观众产生"运动"的感觉。这一张张图像就被称之为"帧"（图11-1）。

图11-1　逐帧拍摄的马的运动

帧（frame），就是影像动画中最小单位的单幅影像画面，相当于电影胶片上的每一格镜头。一帧就是一幅静止的画面，连续的帧就形成动画，如电视图像等。我们通常说帧数，简单地说，就是在一秒钟时间里传输的图片的帧数，也可以理解为图形处理器每秒钟能够刷新几次，通常用fps（Frames Per Second）表示，在Maya中译为"帧速率"（图11-2）。

每一帧都是静止的图像，快速连续地显示帧就能够形成运动的假象。高的帧速率可以得到更流畅、更逼真的动画。每秒钟帧数（fps）愈多，所显示的动作就会愈流畅。

动画中最基本的组成部分就是帧，一帧就是一幅画面，而一秒要播出25帧左右才会让肉眼感觉运动流畅。

---

❶　克里斯托弗·芬奇.迪士尼的艺术：从米老鼠到魔幻王国.彭静宜，译.北京：北京联合出版公司，2015：20.

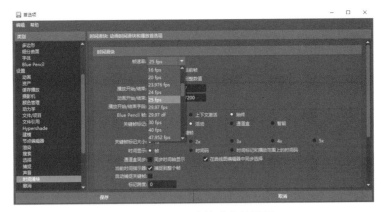

图 11-2　Maya 中帧速率的设置

　　无论用哪种软件，在制作动画的时候，最基本的要素一定是"Key"，即"关键帧"。那么，什么又是关键帧呢？"关键帧"指角色或者物体运动或变化中关键动作所处的那一帧。关键帧与关键帧之间的动画可以由软件来创建，称为过渡帧或者中间帧。

　　制作动画的基本流程是，先由制作人员按顺序手动设置好关键帧，再由电脑自动生成中间帧，从而生成动画效果（图 11-3）。

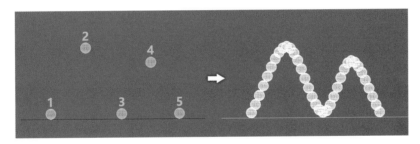

图 11-3　由关键帧自动生成中间帧

在 Maya 中最常用的创建关键帧的方法有 3 种：
① 选中物体，在"动画"模块中，执行"关键帧"→"设置关键帧"命令（图 11-4）。
② 选中物体，直接按下键盘上的"S"键。
③ 在物体属性栏上单击鼠标右键，选择"为选定项设置关键帧"命令（图 11-5）。

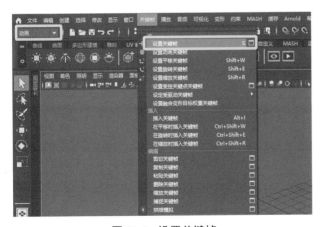

图 11-4　设置关键帧

图 11-5　为选定项设置关键帧

11.2 ▶ 卡通角色肢体动画的制作

在动画制作中，定点画法（Pose to Pose）是最常用的制作方法。简单来说，就是把一个动作分解成几个姿势，再分别把这几个姿势摆出来，然后让计算机生成两个姿势的中间帧，动画界将这种方式简称为"P to P"。下面这个案例就是使用这种方式来调整动作的。

打开之前绑定好的"10.1_Build.mb"文件，先在不同的时间点上摆出不同姿势，并打上关键帧，再拖动时间轴查看 Maya 生成的中间帧动画效果，发现哪里有问题，可以在该时间点处再打关键帧并调整姿势（图 11-6）。

具体步骤可以扫描二维码观看视频演示。

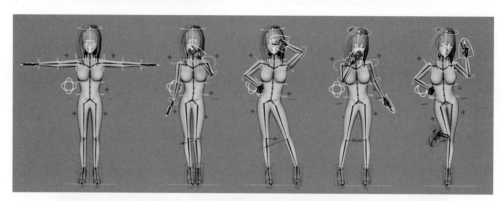

图 11-6　制作完成的角色肢体动画

最终完成的文件是本书案例素材中的"11.2_animation.mb"文件，有需要的读者可以打开观看。

11.3 ▶ 使用Marvelous Designer制作卡通角色的衣服动画

在上一章使用 Marvelous Designer 处理衣服变形的案例，是将两个模型导入 Marvelous Designer，用融合变形的方法制作的。那种方法只适用于静帧的制作，本案例中将会把整套动作都导入 Marvelous Designer 中进行衣服的碰撞运算。

三维动画软件之间动画互导就需要使用到"动画缓存"。一般来说，会先把模型本身导出 OBJ 格式文件，然后再导出 mcc 或 mcx 格式的动画缓存文件。在导入其他软件时，需要先导入模型的 OBJ 文件，然后再导入动画缓存文件。这样就能把整个模型和动画完整地导入其他三维软件中进行制作了。

11.3.1　角色模型动画缓存导入和解算

步骤 1　选中会和衣服模型发生碰撞的模型，本案例中选中的是角色身体的模型。然后在"动画"模块下，点击菜单"缓存"→"几何缓存"→"导出缓存"命令后面的小方块，打开它的设置面板（图 11-7）。

步骤 2　在"导出几何缓存选项"设置面板的"缓存目录"中设置保存的路径，并输入"缓存名称"，将"缓存格式"设置为 mcc，勾选"一个文件"选项，将"缓存时间范围"设置为"开始/结束"，并设置开始帧为 1，结束帧为 200，将 1 ~ 200 帧的动画导出为缓存，按下"应用"按钮（图 11-8）。

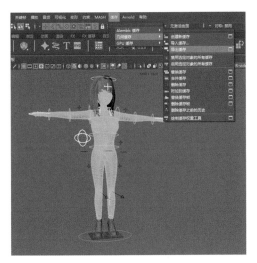

图 11-7　点击"导出缓存"命令

图 11-8　设置缓存

随后 Maya 会自动播放动画以记录动画缓存，播放完成后缓存文件就导出完成了。

导出的动画缓存文件是本书案例素材中的"11.3_animation cache.mc"文件，有需要的读者可以直接使用。

步骤 3　回到 Marvelous Designer 中，打开"11.3_animation.zprj"，这是已经设定好 UV 的原始姿势源文件，点击 Marvelous Designer 界面最下方中间的小三角，打开"动画编辑器"面板（图 11-9）。

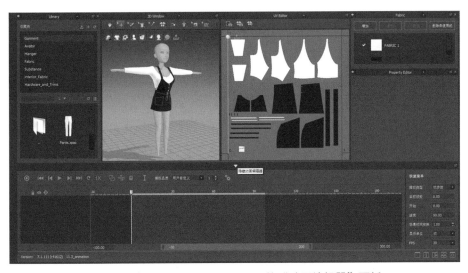

图 11-9　打开 Marvelous Designer 的"动画编辑器"面板

步骤 4　执行 Marvelous Designer 菜单的"文件"→"导入"→"Maya Cache（MC）"命令，将刚才从 Maya 中导出的"11.3_animation cache.mc"文件导入（图 11-10）。

步骤 5　在弹出的"导出 Maya 缓存"设置面板中，将"大小"设置为 cm，按下 OK 按钮（图 11-11）。

步骤 6　导入动画缓存以后，会看到"动画编辑器"面板上多了一个"11.3_animation cache.mc"的动画层，这就是导入成功了。点击"动画编辑器"面板右上角的"录制"按钮进行服装的布料解算（图 11-12）。

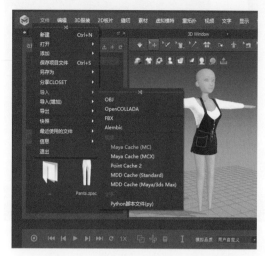

图 11-10　导入 Maya 的动画缓存文件

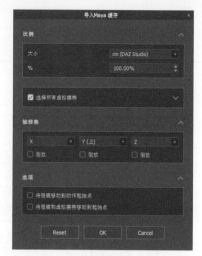

图 11-11　设置导入参数

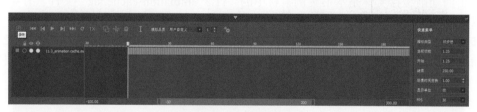

图 11-12　进行布料解算

步骤 7　运算后，"动画编辑器"面板上多出一个"服装"的动画层，这就是解算后的布料动画效果，点下播放键就可以继续看布料的动画效果。如果对动画效果不满意，可以重新回到 Maya 中调整角色动画，再重复上面的操作，或者选中布料，在 Marvelous Designer 的属性编辑器中调整布料的相关属性，再重新进行布料解算（图 11-13）。

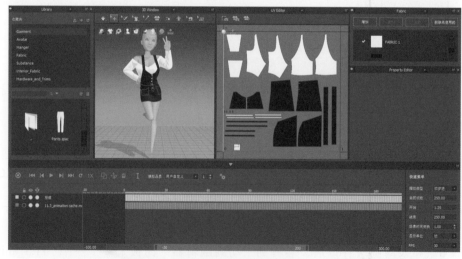

图 11-13　布料解算完成

11.3.2 将衣服动画缓存导入Maya

步骤 1 选中所有的衣服版片，在"动画编辑器"中，将时间滑块拖动到第 1 帧的位置，执行菜单的"文件"→"导出"→"OBJ（选定的）"命令，将第 1 帧状态的衣服模型导出为"11.3_animation cloth.obj"文件（图 11-14）。

步骤 2 在弹出的"Export OBJ"设置面板中，勾选"合并"，设置"比例"为 cm，按下"确认"按钮（图 11-15）。

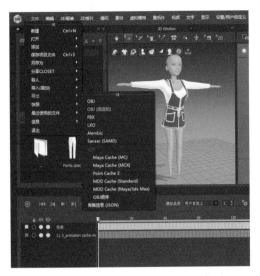

图 11-14 导出第 1 帧的衣服模型

图 11-15 设置导出参数（1）

步骤 3 再执行菜单的"文件"→"导出"→"Maya Cache（MC）"命令，将整段衣服动画的缓存导出为"11.3_animation cloth cache.mc"文件（图 11-16）。

步骤 4 在弹出的"Export Maya Cache（.mc）"设置面板中，勾选"合并"，设置"比例"为 cm，动画为"全部"，按下"确认"按钮（图 11-17）。

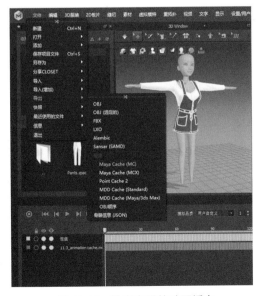

图 11-16 导出衣服的动画缓存

图 11-17 设置导出参数（2）

步骤 5　回到 Maya 中，将刚才导出的衣服第 1 帧模型 "11.3_animation cloth.obj" 文件导入场景中，并指定绘制好的衣服贴图（图 11-18）。

步骤 6　在 "动画" 模块下，执行菜单的 "缓存" → "几何缓存" → "导入缓存" 命令，将衣服动画缓存文件 "11.3_animation cloth cache.mc" 导入场景中，拖动时间轴，就会看到衣服随着角色动起来了（图 11-19）。

图 11-18　导入衣服模型　　　　　　　图 11-19　导入衣服动画缓存

最终完成的文件是本书案例素材中的 "11.3_animation cloth Final.mb" 文件，有需要的读者可以打开观看。

11.4 ▶ Maya中动画的渲染设置

完成角色和衣服的动画以后，可以制作一些场景模型，并打上灯光，调整好 Arnold 的渲染参数，使画面更加完整（图 11-20）。

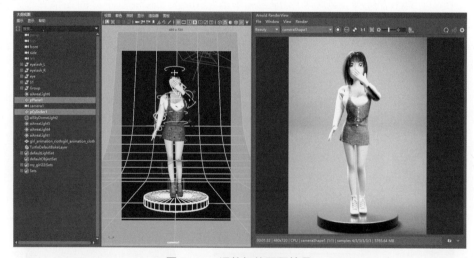

图 11-20　调整好的画面效果

接下来就该渲染动画了。之前学习的都是渲染单帧画面，多帧的动画渲染需要在 Maya "渲染设置" 的 "公用" 面板中进行设置（图 11-21）。

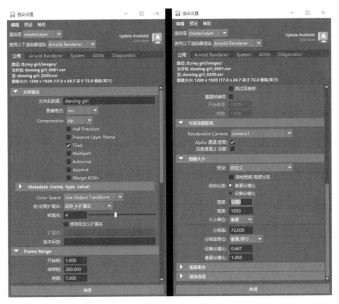

图 11-21 "渲染设置"的"公用"面板

步骤 1 进入"渲染设置"的"公用"面板中，先检查下左上角的"路径"，这是渲染文件保存的位置，如果需要更改，执行菜单的"文件"→"设置项目"命令，重新设置下项目的所在位置。

步骤 2 设置"文件名前缀"，这是保存文件的文件名，可以在框中输入想要命名的文件名，然后按键盘的回车键确认。

步骤 3 设置"图像格式"，也就是保存文件的格式，下拉菜单中有 jpeg、png、deepexr、tif、exr、maya 这 6 种不同的格式，其中 jpeg 是没有透明通道的，如果想要渲染出来的图片有透明背景，一般要选择 png、tif 或 exr 格式。

步骤 4 设置"帧 / 动画扩展名"，这是设置命名格式的一个属性设置。其下拉菜单中有 6 种不同的形式供操作者选择。前两项，即后面带有"Single Frame"字样的是设置单帧渲染的形式，而其他的形式则是设置图片序列的。

很多情况下，做影视作品的时候，不是直接渲染出视频格式，而是考虑压缩和后期合成的问题，所以一般都先渲染成序列图片，即一张一张的图片，然后再在后期软件里进行合成和调整，并最后输出。

以文件名为"Maya0025.jpg"的文件为例，设置其格式为"名称 .#. 扩展名"，就会将该图片命名为"Maya.0025.jpg"，这种设置没有问题。而如果选择"名称 . 扩展名 .#"格式，就会将该图片命名为"Maya.jpg.0025"，因为后缀名不在最后，会导致电脑无法识别这是什么格式的文件。因此在选择该项的时候，一定要选择将"扩展名"放在最后。

步骤 5 设置"帧填充"，用于序列图片数字位数的调节。一般情况下，序列图片的名字是"名称 .012"这种格式，如果渲染的影视文件有上千帧数，那么此时再用 3 位数的设置就不行了，这时可以在 Frame Padding 属性后的小方框中输入数字 4，以 4 位数的方式来进行命名。本案例中渲染的帧数是 200 帧，因此设置 3 以上就可以了。

步骤 6 设置"开始帧"和"结束帧"，让 Maya 从第几帧开始渲染，再渲染到第几帧结束。本案例中渲染第 1 ~ 200 帧，需要设置"开始帧"为 1，结束帧为 200。它们下面的"帧数"是个比较特殊的属性，是进行隔帧渲染的一个参数，输入的数字是多少，渲染时就会隔这么多帧渲染一帧，主要用来渲染类似于定格动画的抽帧效果。

步骤7 设置"可渲染摄影机",本案例中要渲染摄影机视图,就可以把该项设置为camera1。

图 11-22 设置渲染质量

步骤8 设置"Alpha 通道(遮罩)",如果要渲染带透明背景的画面,就需要勾选该选项。

步骤9 设置"图像大小",设置"大小单位"为像素,再设置渲染画面的"宽度"和"高度"尺寸数值,或者在"预设"下拉菜单中直接选择一些常用设置。

步骤10 接下来就可以进入"Arnold Renderer"面板中调整渲染质量。之前渲染静帧设置的是5、4、4、4,渲染动画可以降低一些质量,比如4、3、3、3(图 11-22)。

步骤11 都设置好以后,进入 Maya 的"渲染"模块,点击菜单的"渲染"→"渲染序列"命令后面的小方块,打开它的设置面板,确认下渲染的帧数是"Frame: 1-200","当前摄影机"是 camera1,如果需要把渲染出来的文件再备份一份,也可以在"备用输出文件位置"进行设置,然后按下"渲染序列"按钮,Maya 就开始逐帧进行自动渲染了(图 11-23)。

图 11-23 渲染序列

渲染结束以后,就可以在之前设置的路径中找到渲染好的文件了。

最终完成的文件是本书案例素材中的"11.4_animation render.mb"文件,有需要的读者可以打开观看。

本章小结

本章主要学习卡通角色动画的制作,需要掌握的内容有:动画的基本原理、卡通角色肢体动画的制作、使用 Marvelous Designer 制作卡通角色的衣服动画,以及 Maya 中动画的渲染设置,学会这些后大家便能够制作出一部三维角色的动画小短片。

课后拓展

1. 为自己制作的卡通角色设计一套动作,并在 Maya 中制作出来。
2. 将角色动作导入 Marvelous Designer 中,制作角色衣服的动画效果。
3. 将衣服动画导回 Maya 中,并制作简单场景。
4. 渲染制作好的角色动画。

第4部分
写实角色动画设计与制作

第12章
用Daz Studio制作写实角色模型

- 学习重点　三维角色模型软件Daz Studio的使用方法。
  三维写实角色模型的制作流程。

- 学习难点　三维角色模型软件Daz Studio中模型库的使用。
  Daz Studio与Maya三维模型数据的互导。
  Maya中使用雕刻工具对模型进行修改和调整。

　　在三维动画制作软件刚刚诞生的时候，制作角色是一件非常庞大的工程，要从零开始，一点一点地把角色制作出来。这对制作者的要求极高，不但要有很强的技术水平，还要有很强的造型能力、美术设计能力、逻辑思维能力，甚至还要有旺盛的精力，才能承担这样一件耗时又耗力的工作。

　　随着技术的进步，以及对三维动画制作效率的追求，角色制作的流程越来越简单化。尤其是一些三维模型软件的出现，直接颠覆了三维角色的制作方法。

　　由 Daz Productions 公司出品的 Daz Studio 就是这样一款软件，它有大量的模型素材库，支持一键创建不同类型的三维动画角色，而且还支持对角色造型进行各种微调。制作者只需要选择一款符合自己设计需要的角色模型，再对其进行一些调整，就可以完成一个三维动画角色的创建。这个制作流程甚至仅仅需要几分钟的时间。

12.1 ▶ Daz Studio的基本操作

　　Daz Studio 是一款免费软件，使用者可以登录其官网，注册一个免费账号后，点击界面右上角的 "DOWNLOAD STUDIO" 按钮，就可以进入下载页面，选择 Windows 或 MacOS 版本后方可进行下载和安装（图 12-1）。安装完以后，就可以直接打开软件使用（图 12-2）。

图 12-1　Daz Studio 官网

图 12-2　Daz Studio 的启动界面

　　Daz Studio 软件的主界面是由菜单栏、工具栏、内容库、视窗、场景窗口、参数窗口和时间轴组成的（图 12-3）。

A. 菜单栏：菜单包含在制作中所使用到的命令和操作，位于主界面的顶部。

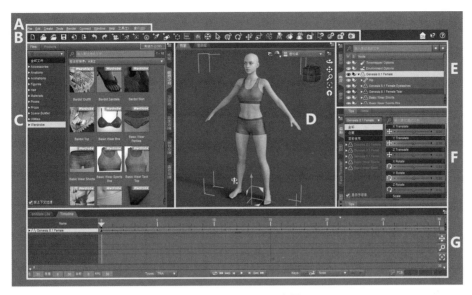

图 12-3　Daz Studio 的主界面

B. 工具栏：有大量的常用工具，直接点击就可以使用。

C. 内容库：有大量的内置素材可以调用，双击素材即可应用到当前场景中。

D. 视窗：实时展示场景中的模型效果，可以对视图进行旋转、平移和推拉的操作，多角度观察模型效果，还可以切换不同的视图和显示方式。

E. 场景窗口：以列表的形式，展示场景中的所有物体，类似于 Maya 中的大纲视图。

F. 参数窗口：显示场景中所有可调节的参数，主要用于调整模型各部位的造型效果。

G. 时间轴：主要用于设置和调整动画效果，但一般很少在 Daz Studio 中制作动画，所以该窗口默认是隐藏状态。

Daz Studio 最强大的还是它的素材库，安装后会有一些基础的角色模型，但如果需要更多的角色模型，就要去它的线上商店，里面有世界各地艺术家们制作的成千上万种角色模型，付费购买后即可使用（图 12-4）。

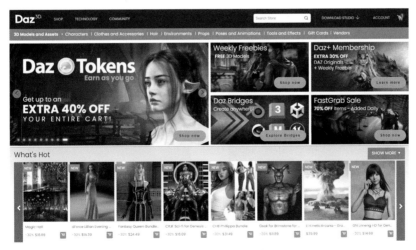

图 12-4　Daz Studio 的商店界面

12.2 ▶ Daz Studio的角色模型制作

12.2.1 基础人体模型的创建

步骤1　在内容库窗口中，找到"Figures"（人物），选中就会看到右侧窗口中，有 Daz Studio 内置的多个不同角色，选中一个并双击鼠标左键，该角色模型就会显示在"视窗"场景中了，本案例使用的是"Genesis 8.1 Basic Female"（图 12-5）。

步骤2　找到"Wardrobe"（衣柜）中的"Basic Wear Shorts"和"Basic Wear Sports Bra"，分别双击它们，给场景中的角色穿上内裤和内衣（图 12-6）。

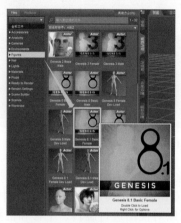

图 12-5　创建角色模型

图 12-6　创建内裤和内衣模型

左侧还有很多其他的素材，例如"Accessories"（配件）、"Props"（道具）等，可以根据需要给角色添加上。但是"Wardrobe"（衣柜）和"Hair"（头发）就不建议再添加了，因为后续要在 Maya 中制作头发，在 Marvelous Designer 中制作衣服。

步骤3　在视窗中，会看到已经创建好的角色效果，点击右上角的显示选项按钮，在弹出来的菜单中选择"NVIDIA Iray"，这样视窗中的角色就会以渲染效果呈现（图 12-7），但是这种显示方式对电脑配置要求较高，如果出现电脑卡顿，建议还是切换回"平滑阴影"的显示模式。

步骤4　可以通过右上角的各种工具，对视图进行旋转、位移、放缩的操作，从不同角度观察模型（图 12-8）。

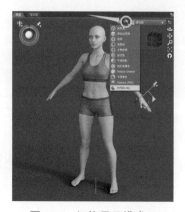

图 12-7　切换显示模式

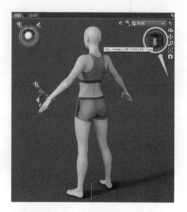

图 12-8　对视图进行操作

步骤5 在视窗中，选中角色的不同部位后会出现操纵杆，可以调整该部位的位置和形态，给角色摆不同的姿势（图12-9）。

步骤6 调整完后，如果想回到原始站立姿势，可以点击操纵杆左上方的站立角色按钮，在弹出的浮动菜单中点击"恢复图姿势"（图12-10）。

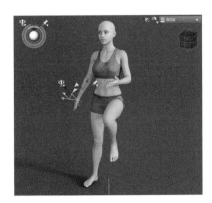
图 12-9　调整角色姿势

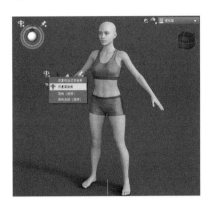
图 12-10　返回原始站立姿势

12.2.2　人体模型的局部调整

视频教程

步骤1 在场景窗口中选中"Genesis 8.1 Female"，也就是场景中的这个角色模型，这时参数窗口会显示该角色模型的所有调整选项。在调整时要以"先整体后局部"的思路进行，先调整身体，再调整各部位。在参数窗口中找到"Actor"选项，调整"Emaciated"（瘦弱）参数为50%，让角色整体瘦一些，更骨感。再调整"Bodybuilder"（健身）参数为20%，为身体增加一些肌肉效果（图12-11）。

图 12-11　调整角色的身体参数

步骤2 接下来可以点进不同的选项中，对参数进行调整，以改变角色的形态。还有的参数是可以调整出比较夸张的效果，比如"Ears"（耳朵）中的"Ears Elf Long"（长耳朵）参数，可以把角色的耳朵变长（图12-12）。

步骤3 一个选项中可能有多个参数，比如"Hands"（手）的选项中，就有5种不同的参数，其中"RS Pei Nails"（指甲）参数就需要调高，让手指显得修长，更符合女性的特征。除此之外，很多细节也是需要去调整的（图12-13）。

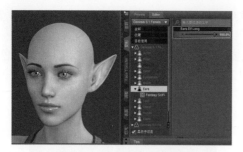

图 12-12 调整耳朵的参数

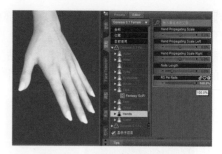

图 12-13 调整指甲的参数

步骤 4 调整的过程中，也可以打开内容库窗口中的"Poses"（姿势）列表，双击就可以改变角色的站立姿势，方便制作者测试角色的效果（图 12-14）。

步骤 5 因为本案例中，要制作的是一个穿着汉服的女孩子，所以在调整角色的时候，尽量让她更像一个东方女孩的样子。调整好的模型效果如图 12-15 所示。

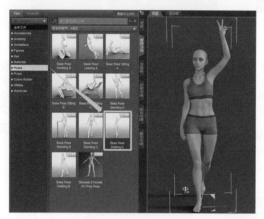

图 12-14 测试角色效果

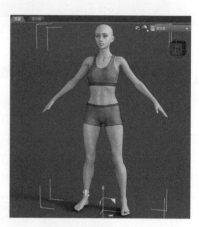

图 12-15 调整好的角色模型

最终完成的文件是本书案例素材中的"12.2_poser.duf"文件，有需要的读者可以使用 Daz Studio 软件打开观看。

12.3 ▶ Daz to Maya Bridge的使用

12.3.1 安装Daz to Maya Bridge

三维制作软件互导模型，一般都会导出 OBJ、FBX 这种通用格式，但是由于各个软件的设置参数不同，会导致数据丢失很多。针对此问题，Daz Studio 开发出了针对三维制作软件的导入工具 Daz to Maya Bridge，目前支持的软件有 Maya、Blender、Cinema 4D、3ds Max、UE、Unity 等。这些工具可以在 DAZ 的线上商店中免费获取，打开在线商店，搜索并打开 Daz to Maya Bridge 插件的页面，进行正常的购买，但最后是无须付款的（图 12-16）。

购买完成后，会在 DAZ Install Manager 中显示该插件的下载，点击 Download 按钮进行下载和安装（图 12-17）。

安装完成 Daz to Maya Bridge 插件后，需要重新启动下 Daz Studio 软件，并打开刚才制作好的角色模型，执行菜单的"File"（文件）→"Send To"（发送到）→"Daz To Maya"命令（图 12-18）。

图 12-16　Daz to Maya Bridge 插件的购买页面

图 12-17　下载并安装 Daz to Maya Bridge

这时会弹出 Daz To Maya Bridge 的设置面板，根据自己的需求进行命名和导出设置，然后按下"接受"按钮，就开始导出了（图 12-19）。

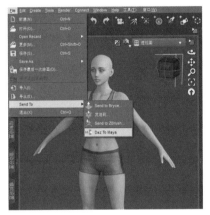

图 12-18　执行"Daz to Maya"的命令

图 12-19　Daz to Maya Bridge 的设置面板

回到 Maya 中，点击工具架左侧的设置按钮，在弹出的浮动菜单中点击"加载工具架"命令，然后在 Maya 的文档目录中找到"Daz To Maya"的工具架文件，双击打开，工具架上就会多出一个"Daz to Maya"（图 12-20）。

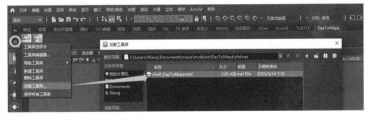

图 12-20　在 Maya 中加载 Daz To Maya 工具架

如果点击"DazToMaya"工具架上的图标，弹出"unable to load pymel"字样的警告窗口，说明该 Maya 版本中的开源 Python 库 PyMEL 存在问题，导致该插件脚本无法运行。这就需要打开系统的命令提示符，运行"mayapy-m pip list（Windows）"或 ./mayapy-m pip list（macOS），查看已安装的相关软件包。如果没有 pymel 或其版本过低，需要再运行 mayapy-m pip install pymel（Windows）或 sudo ./mayapy-m pip install pymel（macOS）进行安装，或者直接打开 PyMEL 的主页，查看最新的版本号进行更新。若最新的版本是 1.4.0，可以直接运行

mayapy-m pip install pymel ～ =1.4.0（Windows）（图 12-21）。

如果该插件在运行时，Maya 命令行提示 "'gbk' codec can't decode"，说明该插件是以 GBK 编码进行解码的，但是读取的文件不是 GBK 的编码方式，这就需要在 Windows 或 macOS 系统的 "区域设置" 中，勾选 "使用 Unicode UTF-8" 的选项（图 12-22）。

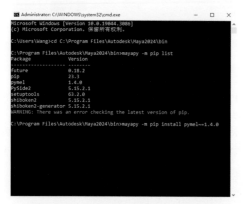
图 12-21　在命令提示符中安装 pymel

图 12-22　修改系统的编码方式

12.3.2　Daz to Maya Bridge在Maya中的操作

点击 "DazToMaya" 工具架上的 "IMPORT" 图标，弹出 "DazToMaya" 的设置窗口，点击 "Auto-Import" 按钮，会弹出警告窗口，这是因为导入时需要在 Maya 中新建一个场景，如果现有场景没有保存的需要，直接点击 "不保存" 即可（图 12-23）。

DazToMaya 运行以后，就会在场景中看到角色模型和相关的控制器。操作控制器调整角色的姿势，检查下绑定情况，没有问题的话就按下快捷键 Ctrl+Z（Windows）或 Command+Z（macOS），返回初始站立姿势（图 12-24）。

图 12-23　打开 "DazToMaya" 的设置窗口

图 12-24　检查角色绑定情况

现在场景文件还未保存，而且所使用的贴图也都在 Daz Studio 本身的目录下。点击 "Save Scene with Textures" 按钮，将模型和贴图都另存在指定位置（图 12-25）。

现在模型上的材质都是 Maya 自带的 lambert 或 phone 材质，如果用 Arnold 渲染的话，贴图就不会显示出来。可以点击 "Convert Materials" 按钮，将模型所有的材质都转换为 Arnold 的标准材质 "Ai Standard Surface"，这样更方便后续用 Arnold 渲染。如果使用的是 Vray 渲染器，也可以在后面下拉菜单中选择 "Vray"，然后再按下 "Convert Materials" 按钮（图 12-26）。

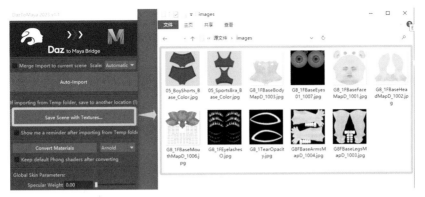

图 12-25　保存模型和贴图

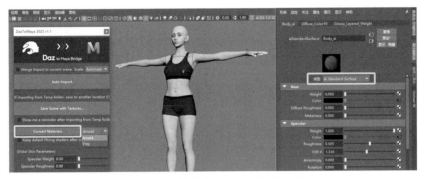

图 12-26　转换为 Arnold 标准材质

点击"DazToMaya"工具架上的"RIG"图标，在弹出的设置窗口中点击"Rig or Re-target Skeleton"按钮，重新装配角色的全部骨架和控制器，这时角色会改为 A 型站姿，并增加了大量控制器（图 12-27）。

选中手腕处的 FK 和 IK 的转换器，在"通道盒 / 层编辑器"面板中，可以通过调整 FK、IK 的属性值来切换，数值为 1 时是 IK 控制，可以通过手腕、脚踝等关节的运动带动其他骨骼的运动，数值为 0 时则是 FK 控制，各个关节单独运动（图 12-28）。

最终完成的文件是本书案例素材中的"12.3_poserIK.mb"文件，有需要的读者可以打开观看。

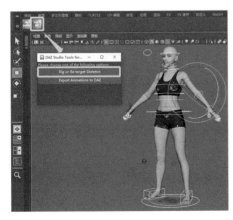

图 12-27　重新装配骨架和控制器

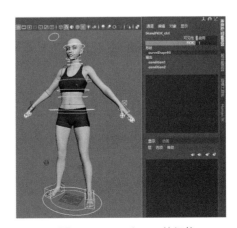

图 12-28　IK 和 FK 的切换

12.4 ▶ 在Maya中修改角色模型

虽然在 Daz Studio 中可以对模型的很多部位进行调整,但依然不够全面,例如想要将大腿调细一些,嘴角稍微上翘一些,脖子细一些等,都需要在 Maya 中手动调整。

12.4.1 形变编辑器的使用

步骤 1 由于现在画面中有很多控制器,很影响对模型的操作,所以取消勾选视图菜单的"显示"→"视口"→"NURBS 曲线"命令,将视图中所有的控制器都隐藏起来(图 12-29)。

视频教程

步骤 2 由于模型已经处于被绑定状态,所以直接点击是无法选中的,这就需要在"大纲视图"中,找到并点击才能选中模型(图 12-30)。

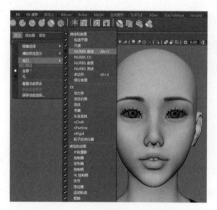

图 12-29 隐藏所有的控制器

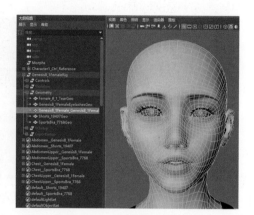

图 12-30 选中角色模型

现在进入角色模型的点或面级别,依然无法选中和调整,这就需要使用其他的方法。

步骤 3 执行菜单的"窗口"→"动画编辑器"→"形变编辑器"命令,或直接在"雕刻"工具架上点击它的图标,打开"形变编辑器"窗口,在选中角色模型的情况下,依次点击"创建融合变形"和"添加目标"按钮(图 12-31)。

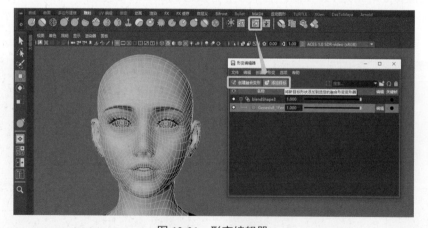

图 12-31 形变编辑器

但这时依然无法通过调整点、线、面的形式调整模型,这就需要用到另外的工具。

步骤 4 选中角色模型,然后在"建模"模块下,执行菜单的"网格工具"→"雕刻工具"→"抓取工具"命令，或直接点击"雕刻"工具架上该工具的图标，接下来将使用它对角色模型进行调整（图12-32）。

步骤5　这时模型处于浅灰色线框的显示效果，将"对称"改为"对象X"，然后使用"抓取工具"在模型上拖拽，会看到模型的左右两边对称着发生改变了（图12-33）。

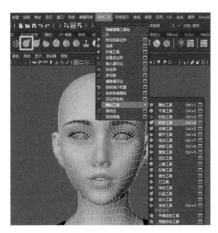

图 12-32　使用"抓取工具"

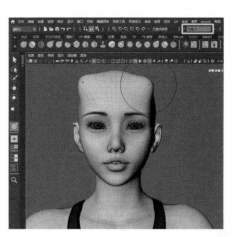

图 12-33　将"对称"改为"对象X"

12.4.2　使用雕刻工具调整模型

视频教程

步骤1　打开"抓取工具"的设置面板，里面有两个参数需要注意，一个是"大小"，数值越高，笔刷越大，另一个是"强度"，数值越高，绘制在模型上的变化效果就会越强。调整好参数以后，就可以直接在模型上进行绘制了（图12-34）。

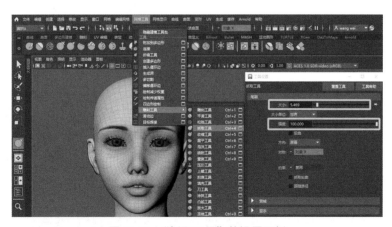

图 12-34　"抓取工具"的设置面板

步骤2　使用"抓取工具"，把笔刷放在下嘴唇的下方，轻轻向上推，将下嘴唇变薄一些（图12-35）。

调整笔刷大小的时候，也可以按着键盘的B键，然后拖动鼠标左键，能够直接改变笔刷大小，调整完后松开B键即可进行绘制。

步骤3　继续在眼窝处进行绘制，将眼窝往内推一些，使眼窝变浅，更像东方人的造型（图12-36）。

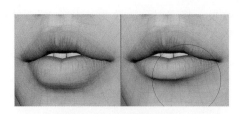

图 12-35　调整嘴唇效果

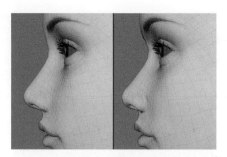

图 12-36　调整眼窝效果

步骤 4　继续将角色的脖子调得细一点，做出天鹅颈的效果（图 12-37）。

步骤 5　用同样的方法，将角色的大腿也调细一些（图 12-38）。

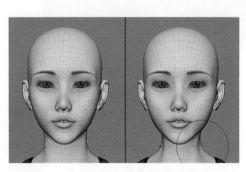

图 12-37　调整脖子效果

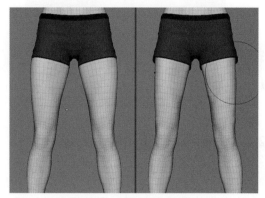

图 12-38　调整大腿效果

步骤 6　也可以使用"雕刻工具"进行绘制，调整的参数和"抓取工具"是一样的，所不同的是，使用"雕刻工具"笔刷绘制到的地方，都会凸出来。按着快捷键 Ctrl（Windows）或 Command（macOS）绘制，模型则会凹进去。按着快捷键 Shift 绘制，模型表面会变得更加光滑。在调整锁骨的时候，就可以让锁骨更加突出（图 12-39）。

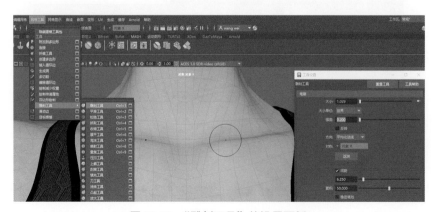

图 12-39　"雕刻工具"的设置面板

步骤 7　继续根据自己的喜好进行绘制。本案例是想做一个清瘦的东方女孩，所以整体偏瘦，调整好以后可以在"形变编辑器"窗口中，将最下面的"目标形状"参数调至 0，看下调整前的效果，再将参数设置为 1，对比下调整后的效果（图 12-40）。

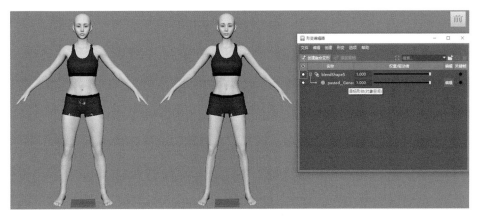

图 12-40　调整完成的角色模型

最终完成的文件是本书案例素材中的 "12.4_poserF.mb"，有需要的读者可以打开观看。

本章
小结

　　本章的主要学习任务是熟练掌握三维角色模型软件 Daz Studio 的基本操作，需要掌握的内容包括 Daz Studio 的基本操作、Daz Studio 的角色模型制作、Daz to Maya Bridge 的使用，以及在 Maya 中修改角色模型，目的是让大家了解写实角色模型的制作流程。

课后
拓展

　　1. 在自己的计算机上安装 Daz Studio 软件，并使用本章所介绍的 Daz Studio 操作方法，制作出一个基础的写实角色。
　　2. 使用 Daz to Maya Bridge，将角色模型导入 Maya 中。
　　3. 在 Maya 中调整和修改角色模型。

第13章

写实角色中式古装的设计和制作

- **学习重点**　AI绘图软件Stable Diffusion的设计流程。
  Marvelous Designer制作写实服装的流程和方法。

- **学习难点**　Stable Diffusion中"文生图"和"图生图"的使用。
  Marvelous Designer中复杂衣服结构的制作。

随着科技的不断进步，各行各业都发生了重大的变化。设计这个行业也不例外，从最开始的纯手绘，到电脑时代的全数字化，再到三维和动态化。到了2023年，随着人工智能（Artificial Intelligence，简写为 AI）的全面崛起，尤其是 Midjourney 和 Stable Diffusion 等 AI 绘图软件的出现，使得很多设计行业的工作流程被颠覆，很多设计从业者一度视 AI 为洪水猛兽。

但是，归根到底，AI 只是一个绘图工具，而工具是为人服务的。本章就来学习怎样利用 AI 绘图软件 Stable Diffusion 来配合 Marvelous Designer 进行服装的辅助设计。

13.1 ▶ AI绘图软件Stable Diffusion

AI 的崛起对于社会、经济和科技领域都带来了深远的影响。但对于普通大众来说，最直观的就是生成式人工智能，即 AIGC（Artificial Intelligence Generated Content）。这是利用人工智能算法生成具有一定创意和质量的内容。通过训练模型和大量数据的学习，AIGC 可以根据输入的条件或指导，生成与之相关的内容。例如，通过输入关键词、描述或样本，AIGC 可以生成与之相匹配的文章、图像、音频等。

最流行的 AI 生成图片软件是 Midjourney 和 Stable Diffusion。

Midjourney 的优点是操作简单，所有的操作都在线上，不会占用电脑过多的资源。缺点是需要付费，每月 10 ～ 120 美元不等。

Stable Diffusion 的操作相对复杂，也正因为如此，它可以对图片进行更多细节方面的调整，也可以生成高清图。Stable Diffusion 是一款开源软件，所有的操作都是免费的。缺点则是需要安装在自己的电脑上，而且体积巨大，加上必需的模型有几百 G 之多。生成图的过程也需要占用电脑资源，因此需要有一台配置不错的电脑。

这里主要针对 Stable Diffusion 进行讲解。

Stable Diffusion（简称 SD）是 2022 年发布的一个深度学习文本到图像生成模型，由慕尼黑大学的 CompVis 研究团体首先提出，并与初创公司 Stability AI、Runway 合作开发，同时得到了 EleutherAI 和 LAION 的支持。

它可以实现的功能有很多，可以根据文本的描述生成指定内容的图片（文生图），也可以用于已有图片内容的转绘（图生图），还可以用作图像的局部重绘、外部扩充、高清修复，甚至是视频的"动画化"生成。

Stable Diffusion 软件 WebUI 的主界面是由模型选择栏、文本输入栏、参数设置栏、预览窗口组成的（图 13-1）。

图 13-1　Stable Diffusion WebUI 的主界面

A. 模型选择栏：Stable Diffusion 的模型通常指生成 Checkpoint 文件，包含了模型参数和优化器状态等信息，是训练过程中定期保存的状态快照。不同的模型生成图片的风格也不同，因此在操作之前，先要选择一个符合风格的模型。

B. 文本输入栏：无论是文生图还是图生图，都需要输入相应的提示词，以便让 Stable Diffusion 更加精确地生成图像。

C. 参数设置栏：Stable Diffusion 还有很多参数可以设置，包括生成图的数量、大小、尺寸等，都可以在参数设置栏进行调整。

D. 预览窗口：用于展示和管理生成的图片。

Stable Diffusion 的基本使用方法，是先挑选符合图片风格的模型，再在文本输入栏中输入提示词，在参数设置栏中设置相关参数，然后点击右上角的"生成"按钮，稍等一会儿就可以在预览窗口中看到生成的图片了。

13.2 ▸ 使用Stable Diffusion设计中式古装

在操作之前，先要明确整体的设计目的。本案例的设计目的是为该写实角色设计一款中式古装，因为中国历朝历代服饰的差异较大，这里以汉服为例进行设计，为后面的三维模型制作提供参考。

因此，生成图的风格就应该是写实的，最好是根据已经制作完成的模型去生成相关的设计图，而且数量要多。

13.2.1　文生图和图生图的操作

步骤 1　打开 Stable Diffusion，先在模型选择栏中选择一款写实风格的模型，这里选择的是"realisticVisionV20_v20"（图 13-2）。

步骤 2　在文本输入框中选择"文生图"，就是通过文字来生成图片的形式，在"提示词"框中输入相关的文字，因为 Stable Diffusion 的提示词只支持英文，所以一般会通过翻译软件，将中文的解释翻译成英文，再复制过来。该处输入的关键词是"a Chinese girl，full body，Chinese Costume，hanfu，white long upper shan，white long chest pleated skirt，yellow waistband，white pibo，white pleated long skirt，overlapping collar，white long shan，ankle-length，hanfu，"（图 13-3）。

图 13-2　选择模型　　　　　　　　　　　　图 13-3　输入提示词

步骤 3　在参数设置栏中，设置"宽度"和"高度"都是 500 像素，需要注意的是，尺寸设置得越高，出图时间就越久，因此在前期最好设置低一些的尺寸。设置"总批次数"为 1，"单批数量"为 6，这样可以一次性生成 6 张图片（图 13-4）。

步骤 4　点击右上角的"生成"按钮，稍等一会儿就可以在预览窗口看到生成的 6 张图片和一张拼在一起的全图了（图 13-5）。

图 13-4　调整大小和生成图片数量　　　　　　图 13-5　生成图片

现在生成的图片，和已经制作完成的三维动画角色没有任何关系，严格意义上来说也没有多少参考的价值。因此需要把已经制作好的角色渲染一张图片，导入 Stable Diffusion 中，使用"图生图"的方式将生成的汉服穿在该角色身上。

步骤 5　回到 Maya 中，为制作好的三维角色渲染一张正面的图片，尺寸设置为 800×800 像素，背景色设置为白色（图 13-6）。

该图片是本书案例素材文件中的"13.2_girl.jpg"，有需要的读者可以打开使用。

步骤 6　再返回 Stable Diffusion，在文本输入框中选择"图生图"，并把刚才的提示词重新输进文本输入框中（图 13-7）。

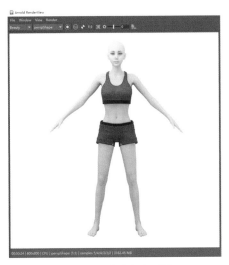

图 13-6　渲染角色图片

图 13-7　设置为"图生图"模式

　　步骤 7　在参数设置栏中，点击"生成"和"图生图"，然后把渲染好的图片拖拽至下方，将图片导入（图 13-8）。

　　步骤 8　调整"宽度"和"高度"都是 500 像素，"总批次数"为 1，"单批数量"为 6，再调整"重绘幅度"为 0.85，该参数数值越高，重新绘制的内容就越多，与原图差别就越大。这里是希望 Stable Diffusion 能够对角色整个身体进行重新绘制，所以调整参数比较高（图 13-9）。

图 13-8　导入渲染好的图片

图 13-9　设置相关的参数

　　步骤 9　点下"生成"按钮，就会生成 6 张图片。仔细观察，会看到图片虽然背景变简单了，但是生成的角色和原图依然相差较大（图 13-10）。

　　步骤 10　如果想跟之前的图片做比较，也可以点击预览窗口下方的"打开图像输出目录"按钮，会跳转到电脑中存储这些图片的文件夹，方便对比观看（图 13-11）。

图 13-10　生成的图片

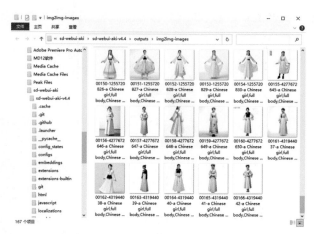

图 13-11　图片存储的文件夹

13.2.2　局部重绘和ControlNet

因为现在生成的图片和角色差别太大，所以还需要使用"局部重绘"的方法，对角色身体部分进行局部绘制。

步骤 1　在参数设置栏中，点击"生成"和"局部重绘"，把角色图片拖拽至下方，将图片进来导入，然后再点击右上角的"Use Brush"按钮，将笔刷调至合适大小，在图片上进行绘制，把除了头部和脚部之处的区域都绘制上，即在该区域进行重新绘制（图 13-12）。

步骤 2　在文本输入栏中输入之前的提示词，点击"生成"，仔细观察生成的 6 张图片，虽然头部还是角色的头部，但并不是之前的站立姿势（图 13-13）。

图 13-12　绘制重绘区域

图 13-13　局部重绘生成的图片

步骤 3　在参数设置栏中，点开 ControlNet，并勾选"启用"，在控制类型中选择"OpenPose（姿态）"，这是检测参考图中角色姿势，并根据姿势生成图片的参数。点击预处理器和模型属性中间的爆炸图标，就会在"预处理结果预览"中自动生成检测到的角色姿势，如果姿势不对可以点击旁边的"编辑"按钮，手动进行调整（图 13-14）。

步骤 4 再点击"生成",这样生成的 6 张图片就都是角色原始的姿势了(图 13-15)。

图 13-14 检测角色姿势

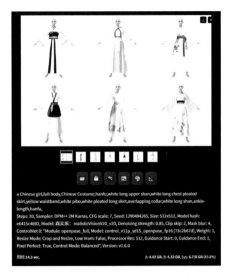

图 13-15 根据检测姿势生成的图片

步骤 5 现在生成的衣服看着太素雅了,还可以继续调整提示词,例如再添加 "embroidery"(刺绣)等。另外,生成的图中部分裙子是透明的,如果不想要某些元素,可以在"反向词"中添加"see-through,socks"(透明,袜子),就可以在生成的图片中将这些元素屏蔽掉(图 13-16)。

步骤 6 最后生成的 6 张图片如图 13-17 所示。

图 13-16 调整提示词

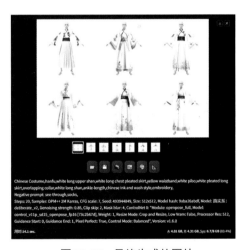

图 13-17 最终生成的图片

技术解析

在这个案例中,演示了使用 Stable Diffusion 快速生成设计效果的流程,但其实 Stable Diffusion 能做的还有很多。它在一些设计领域中,基本上颠覆了整个的设计流程,就像当年 Photoshop 的横空出世改变了整个设计行业一样。但设计工具始终是为设计师服务的,面对 AI,我们应该持开放、接受的态度去拥抱它,去使用它。

那么AI最大的特点是什么呢？

笔者认为，它最大的特点是绕过了草图、初稿、上色等传统流程，将脑海中的想法直接生成最终的效果图，使用户不用经过漫长的设计过程，就能直接看到成品。

这个特点能让设计流程改变两点：

① 借助AI快速出图的特点，一开始就大量出图，产生海量的设计方案，再将这些设计方案优中选优，进行深入细化。

② 将设计流程倒过来。之前所有的设计过程，都是为了最终的呈现。而现在AI可以直接生成最终的效果，那就可以根据效果图，倒着去制作设计稿、三视图、打印稿等。

可能AI能改变的还有很多，需要我们一起去探索。

13.3 ▶ 使用Marvelous Designer制作中式古装

有了制作的参考以后，就可以打开 Marvelous Designer 进行三维衣服模型的制作了。

13.3.1 内衣的制作

步骤 1 从 Maya 中将已经调整好的角色模型导出为 OBJ 格式文件，再把该文件导入 Marvelous Designer 中（图 13-18）。

输出的角色模型文件是本书案例素材中的"13.3_2MD.obj"文件，有需要的读者可以打开使用。

步骤 2 在 2D 制版窗口中，使用"长方形"工具，沿着角色模型左侧绘制一个长方形版片，选中它，按下快捷键 Ctrl+D 键（Windows）或 Command+D 键（macOS），复制并生成它的连动对称版片，移动到另一侧（图 13-19）。

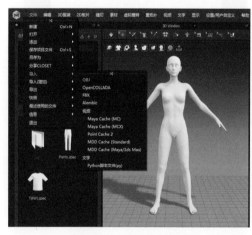

图 13-18 导入角色模型

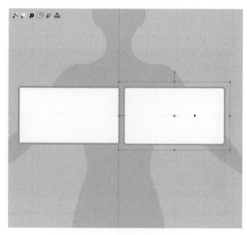

图 13-19 绘制长方形版片

步骤 3 在 3D 窗口中，点击"显示安排点"命令，并把两个版片安排在角色两侧，再使用"线缝纫"命令，将两个版片的两侧缝纫在一起（图 13-20）。

步骤 4 按下"快速（GPU）"按钮，进行布料运算，如果布料的位置偏移了，可以手动将布料拽到合适的位置（图 13-21）。

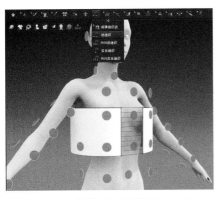

图 13-20　将版片两侧缝纫在一起

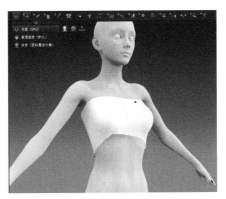

图 13-21　进行布料运算

步骤 5　在两个版片的上下方各绘制一个长方形，作为内饰的宽收边，长度都稍短一些，在 3D 窗口中调整好位置以后，再使用"线缝纫"命令，将它们缝纫在一起（图 13-22）。

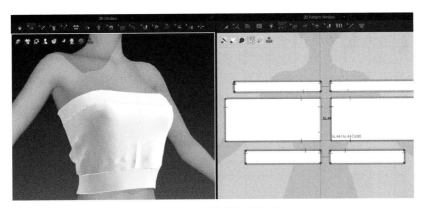

图 13-22　制作收边的版片

步骤 6　继续使用"长方形"工具，绘制内饰的肩带（图 13-23）。

步骤 7　使用"加点 / 分线"工具，在内饰版片上创建 4 个点，间隔距离和肩带版片的宽度保持一致，为肩带的缝纫做准备（图 13-24）。

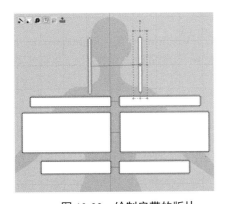

图 13-23　绘制肩带的版片

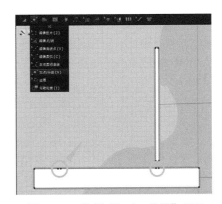

图 13-24　使用"加点 / 分线"工具

步骤 8　在 3D 窗口中，将肩带放在角色模型肩膀的上面，然后使用"线缝纫"命令，将肩带和内饰缝纫在一起，再进行布料运算，完成内饰的制作（图 13-25）。

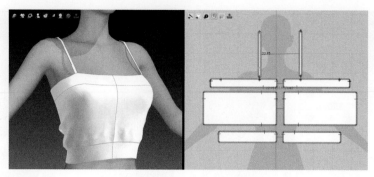

图 13-25　完成内饰的制作

13.3.2　百褶裙的制作

视频教程

步骤 1　选中内饰最下面的版片，按下快捷键 Ctrl+C（Windows）或 Command+C（macOS）复制，再按下快捷键 Ctrl+V（Windows）或 Command+V（macOS）粘贴出来一份新的版片，再使用"编辑点 / 线"工具，将它最下面的线向下移动，一直到角色脚踝的长度（图 13-26）。

步骤 2　在 3D 窗口中，选中新版片，按下鼠标右键，在弹出来的菜单中点击"重设 2D 安排位置（选择的）"命令，将它恢复原状（图 13-27）。

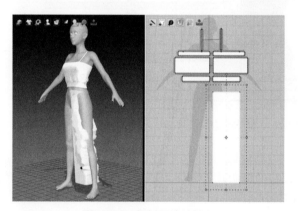

图 13-26　复制版片并拉长

图 13-27　重设 2D 安排位置

步骤 3　选中该版片，重复两次快捷键 Ctrl+C（Windows）或 Command+C（macOS）和 Ctrl+V（Windows）或 Command+V（macOS），粘贴出来两份新的版片，并将它们并排放在一起（图 13-28）。

步骤 4　使用"编辑点 / 线"工具，将这三个版片相邻的两条边两两选中，按下鼠标右键，在弹出来的浮动菜单中点击"合并"，将这三个版片合并为一个版片（图 13-29）。

步骤 5　使用"编辑点 / 线"工具，选中直线中间多出来的点，按下键盘上的"删除"键将它们删掉，这样就得到了一个长度正好是内饰下沿三倍的长方形版片（图 13-30）。

技术解析

对于上面这几个步骤，可能会有读者疑惑：为什么不直接绘制出这样一个长方形版片呢？

这是因为，百褶裙有很深的褶皱，因此所需要用到的布料长度，至少要是正常长度的三倍。用上述的方法，可以使百褶裙的版片长度正好是内饰下沿的三倍，更能做出合适的百褶裙效果。

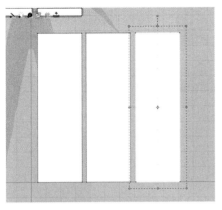

图 13-28　复制多个版片

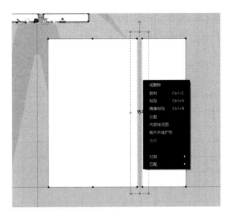

图 13-29　将版片相邻的边两两合并

步骤 6　使用"编辑点 / 线"工具，选中版片左侧和右侧的线，按下鼠标右键，在弹出来的浮动菜单中点击"按照曲线生成内部线"命令（图 13-31）。

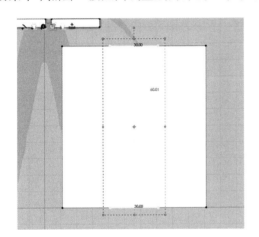

图 13-30　删掉多余的点

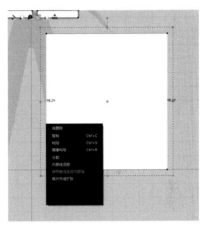

图 13-31　点击"按照曲线生成内部线"命令

步骤 7　在弹出的"按照曲线生成内部线"命令设置面板中，设置"扩张数量"为 23（图 13-32）。

技术解析

用"按照曲线生成内部线"命令设置面板的"扩张数量"参数，其实是要给版片设置多少个褶。一般情况下，三个褶会形成一个凹或凸的结构。但是因为相邻的结构会有一条公用褶，所以计划一个版片形成多少个结构，就需要把该数量乘3，再减去1。因此上一步中，设置的"扩张数量"为23，实际上就是设置该版片为8个结构。

步骤 8　选中新生成的线，点击鼠标右键，在弹出来的浮动菜单中执行"对齐 & 增加点"→"到版片外线"命令，使新生成的线与版片完全连接在一起（图 13-33）。

步骤 9　在 2D 制版窗口中，使用"翻折褶裥"工具，在版片最左侧第 1 和第 2 条线中间点击一下，再在最右侧第 1 和第 2 条线中间双击，这是因为两侧的线要进行缝纫，不参与褶皱的计算，所以只选择中间的线参与设置。双击后会弹出"翻折褶裥"的设置面板，选择"顺褶"，再按下"确认"键（图 13-34）。

步骤10 在3D窗口中，如果还是使用之前的根据安排点放置版片的方法，会发现该版片因为太大，无论设置在哪里都会把角色包裹住，所以只能通过手动旋转、位移，把版片移动到角色下半身的一侧（图13-35）。

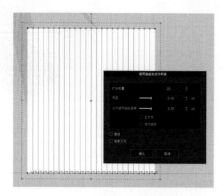

图 13-32 设置"扩张数量"

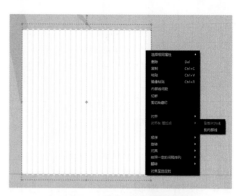

图 13-33 设置线与版片连接

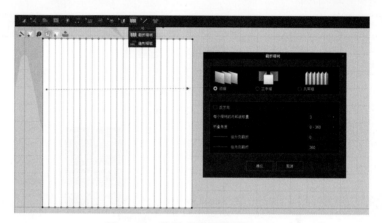

图 13-34 使用"翻折褶裥"工具

步骤11 选中版片，按下快捷键 Ctrl+C（Windows）或 Command+C（macOS），以及 Ctrl+V（Windows）或 Command+V（macOS），复制出来另一个版片，并移动到角色下半身的另一侧（图13-36）。

图 13-35 移动版片位置

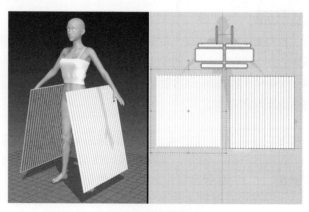

图 13-36 复制新的版片

步骤 12 在 2D 制版窗口中，使用"缝制褶皱"工具，先在内饰版片上的最左侧和最右侧各点一下，再在对应的裙子版片最左侧和最右侧各点一下，就将两者缝纫在一起了。用同样的方法再把另一侧的内饰版片和裙子版片缝纫在一起（图 13-37）。

步骤 13 再把裙子版片的两侧分别缝纫在一起（图 13-38）。

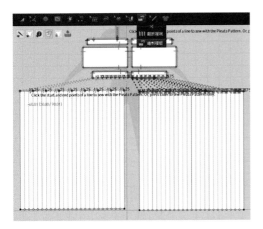

图 13-37 使用"缝制褶皱"工具

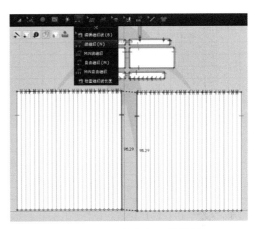

图 13-38 缝纫裙子的两侧

步骤 14 在 3D 窗口中，按下空格键进行布料运算，会看到两块版片形成了百褶裙的效果（图 13-39）。

步骤 15 现在的百褶裙的坠感很强，裙子显得很沉，在左侧的素材栏（Library）中，双击"Fabric"（布料），然后在素材栏下方就会出现各种不同布料的预设，找到 silk（丝绸）开头的布料预设，使用鼠标左键将它拖拽给 3D 窗口中的裙子模型，会看到裙子模型有些轻飘飘的感觉了（图 13-40）。

图 13-39 在 3D 窗口中的裙子效果

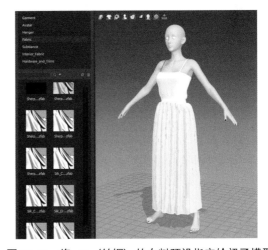

图 13-40 将 silk（丝绸）的布料预设指定给裙子模型

13.3.3 腰封和腰带的制作

步骤 1 腰封的制作比较简单，绘制两个长方形版片，再将它们相互缝纫在一起就可以了（图 13-41）。

步骤 2 绘制一块长方形版片，放在角色模型腰前，准备制作束腰的带

视频教程

子，因为后面要做扭曲的复杂效果，所以要在"Property Editor"（属性编辑器）中，把它的"粒子间距（毫米）"参数由 20 调整为 5，使它的面数为原来的 4 倍，再把"网格类型"设置为"四边形"，使版片的面都是四边面，方便后续的制作（图 13-42）。

步骤 3　将该版片复制粘贴出一个新的版片，并拉长，在 3D 窗口中放在角色模型腰部的后面（图 13-43）。

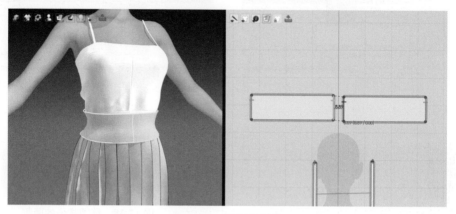

图 13-41　腰封的制作

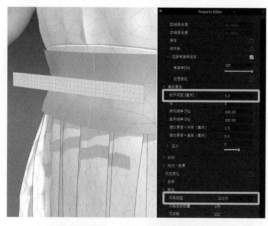

图 13-42　增加版片的面数

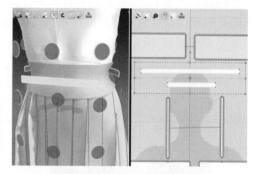

图 13-43　复制新版片

接下来要对腰带进行扭曲，这需要在布料运算的情况下进行。为了不让两块没有固定的版片落在地面上，需要把它们进行冻结和固定。

步骤 4　选中角色腰后面的版片，点击鼠标右键，在弹出来的浮动菜单中点击"冷冻"，或直接按下快捷键 Ctrl+K（Windows）或 Command+K（macOS），这样该版片就会在布料运算中保持不动（图 13-44）。

步骤 5　选中角色腰前面的版片，使用 3D 窗口中的"固定针（套绳）"工具，分别框选版片两侧的区域，使该版片在布料运算中两侧保持固定不动的状态（图 13-45）。

步骤 6　在 3D 窗口中按下空格键进行布料运算，使用"选择 / 移动"工具，选中腰部前面版片一侧的固定区域，把鼠标放在红色的旋转轴上，纵向拖拽鼠标，使版片扭曲变形（图 13-46）。

步骤 7　扭曲好以后，再用"线缝纫"工具，将前后的版片缝纫在一起（图 13-47）。

图 13-44　冷冻版片

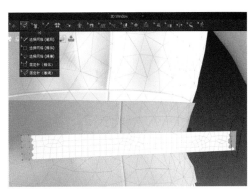

图 13-45　固定版片两侧

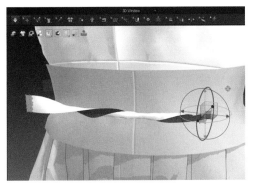

图 13-46　扭曲版片

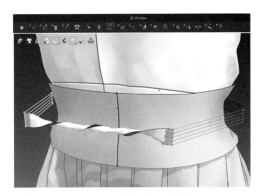

图 13-47　缝纫前后的版片

步骤 8　选中后面的版片按下鼠标右键，点击"解冻"，或直接按下快捷键 Ctrl+K（Windows）或 Command+K（macOS），使版片解除冷冻的状态（图 13-48）。

步骤 9　选中前面版片的固定区域，按下鼠标右键，点击"删除所有固定针"，或者直接按下快捷键 Ctrl+W（Windows）或 Command+W（macOS），删除所有的固定区域（图 13-49）。

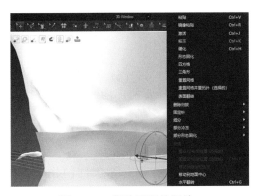

图 13-48　解冻后面的版片

图 13-49　删除前面版片的固定区域

步骤 10　按下空格键进行布料运算，会看到腰带已经束在腰封上了（图 13-50）。

步骤 11　在 2D 制版窗口中绘制两个长方形，准备制作腰带上的飘带（图 13-51）。

图 13-50　腰带的效果

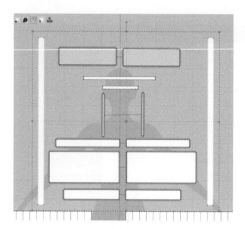

图 13-51　绘制飘带版片

　　步骤 12　在 2D 制版窗口中使用"加点 / 分线"工具，在前面的腰带上，按照两根飘带的宽度添加点，增加线以便于对飘带进行线缝纫。使用"线缝纫"工具，将两根飘带与腰带缝纫在一起（图 13-52）。

　　步骤 13　在 3D 窗口中进行布料运算，完成整条腰带的制作（图 13-53）。

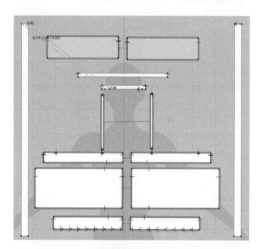

图 13-52　将飘带与腰带缝纫在一起

图 13-53　完成腰带的制作

13.3.4　外套的制作

视频教程

　　步骤 1　在 2D 制版窗口中使用"多边形"工具，绘制出外套前部的一侧，再按下快捷键 Ctrl+D（Windows）或 Command+D（macOS），复制并生成它的联动对称版片。再将这两个版片复制并粘贴，生成外套背部的版片。右键点击这两个版片，在浮动菜单中点击"水平翻转"，快捷键是 Ctrl+G（Windows）或 Command+G（macOS），使用"选择 / 移动"工具，把它们移动到角色模型的背面（图 13-54）。

　　步骤 2　先来编辑外套前部的两个版片。使用"编辑点 / 线"工具，选中相邻一侧的线，按下鼠标右键，在弹出来的浮动菜单中点击"内部线间距"命令（图 13-55）。

　　步骤 3　在弹出来的"内部线间距"设置面板中，设置"间距"为 6cm，按下"确认"按钮，就会在该线段向内 6cm 的位置，再生成同样的一条线（图 13-56）。

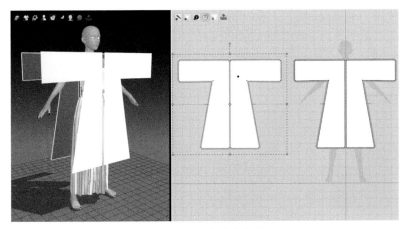

图 13-54　绘制外套版片

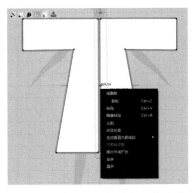

图 13-55　点击"内部线间距"命令

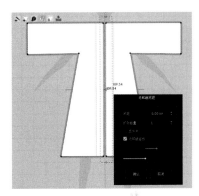

图 13-56　调整"内部线间距"参数

　　步骤 4　选中生成的这条线，按下鼠标右键，在弹出的浮动菜单中点击"剪切 & 缝纫"按钮（图 13-57）。这样就会以该线为剪切线，将版片一分为二，但两者又是缝纫在一起的版片。到这里，外套前部版片的编辑就完成了（图 13-58）。

图 13-57　点击"剪切 & 缝纫"按钮

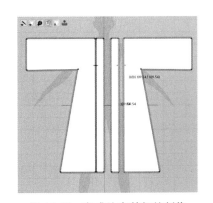

图 13-58　完成外套前部的制作

　　步骤 5　接着来编辑外套后面的两个版片。使用"加点 / 分线"工具，在领口位置的线上点击鼠标右键，会弹出"分割线"的设置面板，调整"线段 1"的长度为 12cm，按下"确认"键，就会在该线 12cm 的位置生成一个点，将线分为两部分（图 13-59）。

步骤 6 使用"编辑点 / 线"工具，选中 12cm 的短线，按下鼠标右键，在弹出的浮动菜单中点击"版片外线扩张"命令（图 13-60）。

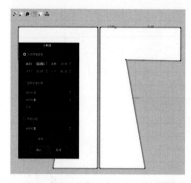 

图 13-59　调整"分割线"参数　　　　图 13-60　点击"版片外线扩张"命令

步骤 7 在弹出来的"版片外线扩张"设置窗口中，设置"间距"为 6cm，"侧边角度"为默认角，使该线向外延伸 6cm，与外套前部版片对应（图 13-61）。

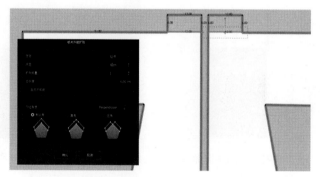

图 13-61　设置"版片外线扩张"参数

步骤 8 选中扩张出来的线，还是执行"内部线间距"命令，并设置"间距"为 6cm，按下"确认"按钮（图 13-62）。

步骤 9 选中新生成的内部线，执行"剪切 & 缝纫"命令，将扩张出来的部分剪开，并依旧与原版片缝纫在一起，做出领子的结构（图 13-63）。

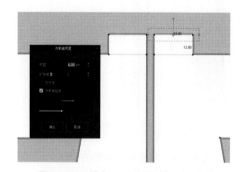 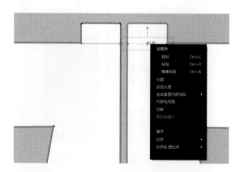

图 13-62　执行"内部线间距"命令　　　图 13-63　执行"剪切 & 缝纫"命令

步骤 10 在 3D 窗口中，使用"线缝纫"工具，将外套后面的两个版片缝合，再把领子和前部版片两两缝纫在一起（图 13-64）。

步骤11 转到模型正面，还是使用"线缝纫"工具，将外套的前后版片缝纫在一起。需要注意的是，因为计划将外套做成敞口的，所以正面不用缝纫。袖子部分先只缝纫上面部分，这样等进行布料运算以后，袖子会落在手臂上，然后再缝纫下半部分（图13-65）。

图 13-64　缝纫后面的版片　　　　图 13-65　缝纫前后的版片

步骤12 在3D窗口中按下空格键进行布料运算，这时袖子布料落在手臂上，使用"线缝纫"工具将袖子下部缝纫在一起（图13-66）。

步骤13 再绘制一个长方形，将它缝纫在袖子末端，作为袖口的结构（图13-67）。

 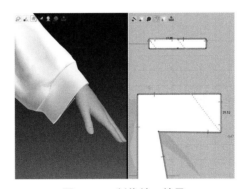

图 13-66　缝纫袖子下面　　　　图 13-67　制作袖口效果

最终完成的外套效果如图13-68所示。

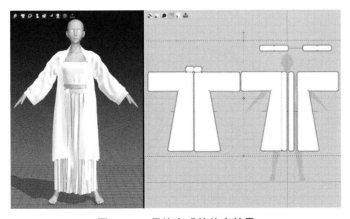

图 13-68　最终完成的外套效果

最终完成的文件是本书案例素材中的"13.3_cloths.zprj"文件，有需要的读者可以打开查看。

本章小结　　本章的主要学习任务是掌握写实角色中式古装设计和制作的方法，需要掌握的内容包括了解 AI 绘图软件 Stable Diffusion，使用 Stable Diffusion 设计中式古装，使用 Marvelous Designer 制作三维中式古装，了解并掌握时下流行的 AI 设计，使之与传统的三维制作相结合，完成项目流程。

课后拓展　　1. 使用 Stable Diffusion 为已经制作好的三维角色模型设计出 20 套以上的中式古装。

2. 挑选一套中式古装作为设计参考，使用 Marvelous Designer 将这套中式古装的三维模型制作出来。

第14章
用XGen制作角色真实的毛发

- **学习重点** Maya中XGen模块的制作流程。
  使用XGen制作真实人物毛发的流程和方法。
  人物发型的设计和制作。

- **学习难点** XGen中各种贴图的使用。
  XGen中引导线的绘制和调整。

制作写实角色真实的毛发效果是所有环节中难度最高的，三维技术不断发展的这些年间，很多软件和插件都试图解决这个难题，甚至 Maya 推出了专门制作头发的模块 nHair。随着技术的发展，Maya 中一个并不起眼的模块 XGen，意外成了制作三维毛发的技术标准，越来越多的制作者使用 XGen 来制作真实的毛发效果（图 14-1）。

图 14-1　用 XGen 制作的真实头发效果

14.1 ▶ Maya的XGen系统简介

在 Maya 中，XGen 的相关命令都在"建模"模块下的"生成"菜单中，或者在 XGen 工具架中直接点击使用（图 14-2）。

图 14-2　XGen 工具架中的命令

XGen 还内置了很多预设效果，可以一键直接生成。需要执行菜单的"生成"→"XGen库"命令，打开"XGen库窗口"使用（图 14-3）。

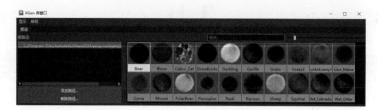

图 14-3　XGen 库窗口

如果是自己创建 XGen，就需要执行菜单的"生成"→"XGen 编辑器"命令，或者点击 XGen 工具架上的"打开 XGen 窗口"图标，打开 XGen 的设置面板进行创建（图 14-4）。

XGen 的工作原理也很简单，首先需要创建多根"导向线"，然后 XGen 会根据导向线的走向生成大量的毛发（图 14-5）。

图 14-4　XGen 设置面板

图 14-5　生成的 XGen 导向线

毛发生成以后，XGen 还可以使用各种修改器或表达式控制毛发的形状，从而制作直发、卷发，以及眉毛、眼睫毛、脸上的绒毛等各种各样的毛发效果（图 14-6）。

图 14-6　用 XGen 生成的卷发效果

除了毛发效果外，XGen 还能制作毛绒玩具、野兽皮毛、羽毛、草地、灌木丛、藤蔓等效果（图 14-7）。

图 14-7 用 XGen 生成的毛绒玩具效果

在 Maya 中制作 XGen，会产生很多的数据文件，因此一定要把项目工程设置好。

执行 Maya 菜单的"文件"→"设置项目"命令，选中一个文件夹设置为项目的根目录。再执行菜单的"文件"→"项目窗口"命令，检查"当前项目"和"位置"，确认项目根目录已经设置好以后，点击"接受"按钮（图 14-8）。

打开项目根目录的文件夹，该项目的所有数据文件都会被自动存储在对应的文件夹中，例如 Maya 源文件会存储在"scenes"文件夹中，贴图文件会存储在"sourceimages"文件夹中，渲染出来的图片会自动存储在"images"文件夹中等（图 14-9）。

图 14-8 Maya 的"项目窗口"设置面板

图 14-9 项目的根目录文件夹

14.2 ▶ 使用XGen制作眉毛

视频教程

步骤 1 打开之前做好的"12.4_poserF.mb"文件，选中角色模型，进入面级别，在打开"对象 X"轴对称的情况下，选中两侧将要生长眉毛的面（图 14-10）。

步骤 2 执行 Maya 菜单的"生成"→"XGen 编辑器"命令，打开 XGen 的设置面板，点击"创建新描述"按钮，在弹出的"创建 XGen 描述"窗口中，先设置"创建新集合并命名为"属性为"Xgen_newgirl_all"，再设置"新的描述名称"为"Xgen_newgirl_eyebrow"。修改"基本体的控制方式"为"放置和成形导向"，按下"创建"按钮（图 14-11）。

步骤 3 在大纲窗口中选中创建的"Xgen_newgirl_eyebrow"，再使用 XGen 工具架中的

"添加或移动引导"工具，在眉毛的位置点击，会生成一根根的 XGen 引导线（图 14-12）。

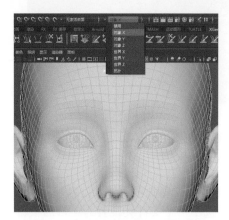

图 14-10　选中两侧将要生长眉毛的面

图 14-11　创建 XGen 的新描述

步骤 4　再使用 XGen 工具架中的"雕刻导向"工具，这时光标会变成笔刷，按着 B 键调整笔刷大小，逐一根据眉毛的走向雕刻引导线的形状（图 14-13）。

图 14-12　创建 XGen 引导线

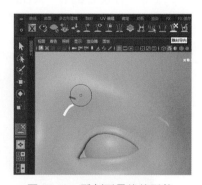

图 14-13　雕刻引导线的形状

步骤 5　用同样的方法，继续添加 XGen 引导线，并使用"雕刻导向"工具调整每一根引导线的形状（图 14-14）。

步骤 6　不断添加 XGen 引导线并调整它们的形状，完成角色眉毛部分（图 14-15）。

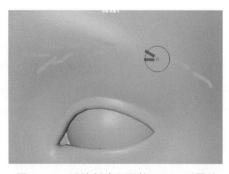

图 14-14　继续创建和调整 XGen 引导线

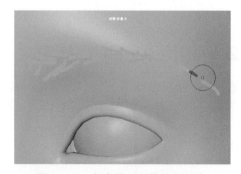

图 14-15　完成眉毛引导线的制作

步骤 7　在 XGen 的设置面板中，点击"更新 XGen 预览"按钮，就会看到有毛发根据引导线的形状生长出来了（图 14-16）。

图 14-16　更新 XGen 预览

步骤 8　现在生长出来的毛发很少，调整 XGen 设置面板中的"密度"参数为 300，使毛发的数量增加 300 倍（图 14-17）。

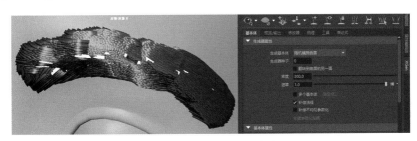

图 14-17　增加毛发的密度

技术解析

用XGen制作毛发的过程，其实就是先创建引导线，再根据引导线生成毛发。

在这个过程中，经常会出现根据引导线生成的毛发效果不理想的情况，这就需要返回重新调整引导线，再生成毛发。

返回调整引导线时，可以点击"清除XGen预览"按钮，先清除掉当前的毛发效果，调整完引导线以后，再点击"更新XGen预览"按钮，重新生成毛发效果。

同理，如果需要隐藏引导线，可以点击"隐藏/显示当前XGen描述的导向"按钮，来控制当前引导线的显示状态（图14-18）。

图 14-18　"清除 XGen 预览"和"隐藏 / 显示当前 XGen 描述的导向"按钮

步骤 9　现在的毛发特别粗，可以先调整"宽度"参数为 0.006，让所有的毛发都变细一些，再调整"修改器 CV 计数"为 15，提升每一根毛发的精度，使转折更加自然（图 14-19）。

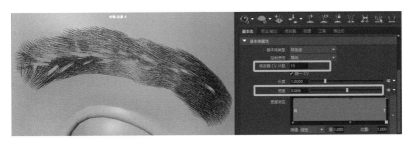

图 14-19　调整毛发的粗细度和精度

步骤 10　正常的毛发粗细应该是不一致的，可以点击"宽度"属性右侧的"为此属性打开表达式编辑器"按钮，在弹出来的"XGen 表达式编辑器：width"中的文本框中，输入"rand(0.005,0.008)"，这段表达式的意思是让毛发的宽度在 0.005 到 0.008 的区间内随机生成，使毛发的粗细有不同的变化，然后再按下"应用"按钮（图 14-19）。

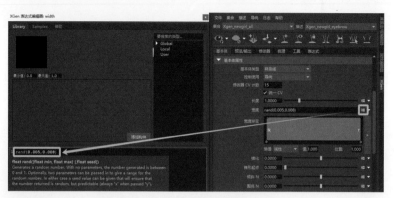

图 14-20　调整毛发粗细度的表达式

步骤 11　在"宽度渐变"属性中，调整渐变效果如图 14-21 所示，使毛发的末端变尖。

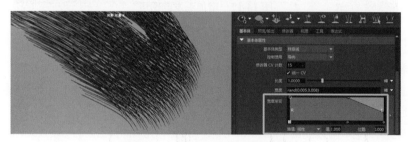

图 14-21　调整毛发宽度渐变效果

步骤 12　在 Photoshop 中，打开头部的贴图，绘制出眉毛区域为白色，其他区域为黑色的贴图，并另存为"Xgen_eyebrow_mask.psd"文件（图 14-22）。

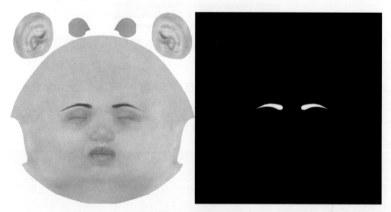

图 14-22　在 Photoshop 中绘制眉毛的遮罩贴图

步骤 13　回到 Maya 的 XGen 设置面板中，点击"遮罩"属性右侧的小三角，在弹出来的下拉菜单中点击"创建贴图"。设置"贴图名称"为"Xgen_eyebrow_mask"，"分辨率"为10，然后再按下"创建"按钮（图 14-23）。

步骤 14 执行菜单的"窗口"→"渲染编辑器"→"Hypershade"命令，在"纹理"面板中找到 file1 节点，选中后在右侧的编辑器中，点击"图像名称"右侧的文件夹按钮，将在 Photoshop 中绘制的"Xgen_eyebrow_mask.psd"文件加载进来（图 14-24）。

图 14-23　创建遮罩贴图

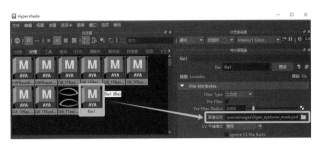

图 14-24　加载文件

步骤 15 回到 XGen 设置面板中，先点击"遮罩"属性右侧的保存按钮，再点击"更新 XGen 预览"，刷新眉毛的效果，就会看到毛发只生长在遮罩的白色区域中了（图 14-25）。

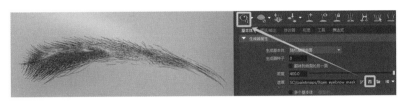

图 14-25　刷新眉毛效果

如果觉得眉毛生长的区域有问题，还可以返回 Photoshop 中修改遮罩贴图，保存后回到 Maya 中重新导入，并刷新 XGen 来观察效果。

现在的眉毛有些过于整齐，需要继续添加修改器，为眉毛增加一点自然杂乱的效果。

步骤 16 进入"修改器"面板，点击"添加新的修改器"按钮，在弹出的"添加修改器窗口"中点击"成束"，并按下"确定"按钮（图 14-26）。

步骤 17 点击"设置贴图"按钮，在弹出的"生成成束贴图"窗口中，将"密度"设置为 20，并依次点击"生成"和"保存"按钮（图 14-27）。

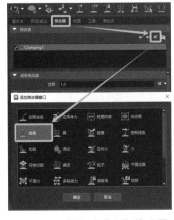

图 14-26　添加"成束"修改器

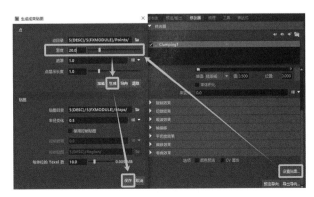

图 14-27　生成成束贴图

步骤 18　分别点击"遮罩"和"束"属性右侧的小三角，在下拉菜单中点击"重置为滑块"，再分别调整两个属性的数值为 0.305 和 0.715，并调整"束比例"的样条线如图 14-28 所示。

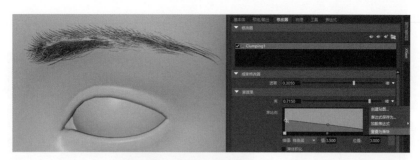

图 14-28　调整"成束修改器"参数

步骤 19　继续添加"噪波修改器"，将"遮罩""频率"和"幅值"三个属性"重置为滑块"，再分别调整三个属性的值为 0.425、0.425 和 0.41，增加一些杂乱效果（图 14-29）。

图 14-29　调整"噪波修改器"参数

步骤 20　继续添加"圈修改器"，将"遮罩"属性的值调整为 0.02，让毛发有一些卷曲的效果（图 14-30）。

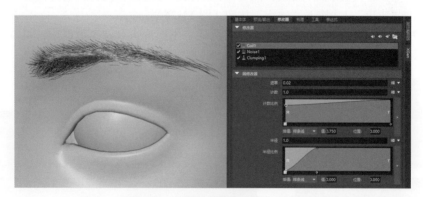

图 14-30　调整"圈修改器"参数

　　具体的参数细节，也可以根据实际情况进行调整。完成一侧的眉毛以后，还需要把另一侧的眉毛也镜像复制出来。

步骤 21　点击"绕 X 轴镜像选定导向"按钮，将另一侧眉毛的引导线镜像复制出来，再点击"更新 XGen 预览"按钮，显示出毛发效果（图 14-31）。

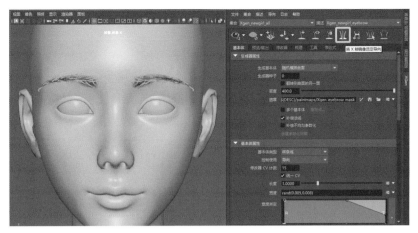

图 14-31　完成眉毛的制作

14.3 ▶ 使用XGen制作眼睫毛

视频教程

　　使用同样的方法制作角色的眼睫毛。需要注意的是，要分为上睫毛和下睫毛两个部分分别单独制作（图 14-32）。具体步骤可以扫描二维码观看视频演示。

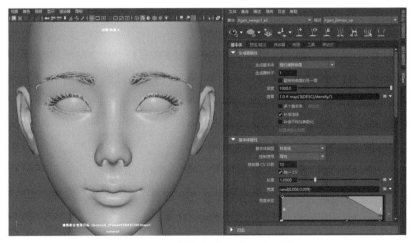

图 14-32　制作完成的眼睫毛效果

14.4 ▶ 使用XGen制作头发

　　因为要制作古风较为复杂的发型，所以需要把头发分为多个部分，逐一进行制作。

　　选中模型，进入面级别，选中头皮部分的面，按着 Shift 键再按下鼠标右键，在弹出的浮动菜单中点击"复制面"，将这些面复制为单独的模型，用于头皮部分的制作（图 14-33）。

　　选中头皮模型，并打开"UV 编辑器"，重新编辑一下头皮模型的 UV，将它缝合为一个整体（图 14-34）。

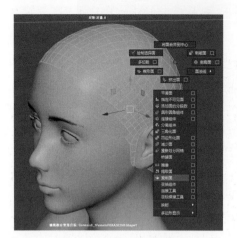

图 14-33　制作头皮模型

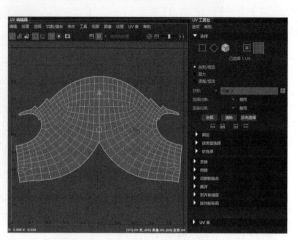

图 14-34　编辑头皮模型的 UV

14.4.1　基础头发的制作

视频教程

步骤 1　选中头皮模型，点击"创建 XGen 描述"按钮，在弹出的窗口中，设置"新的描述名称"为"Xgen_newgirl_Hair"，设置"基本体的控制方式"为"放置和成形导向"，按下"创建"按钮（图 14-35）。

步骤 2　选中头皮模型，点击"激活选定对象"按钮，使头皮模型成为被捕捉的对象（图 14-36）。

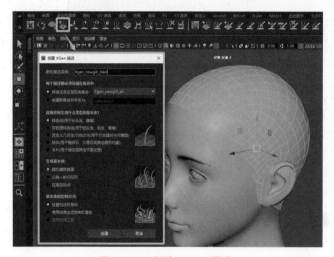

图 14-35　创建 XGen 描述

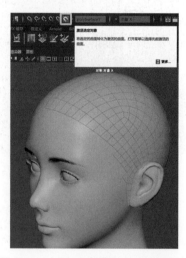

图 14-36　设定头皮模型为被捕捉对象

步骤 3　执行 Maya 菜单的"创建"→"曲线工具"→"EP 曲线工具"命令，在头皮模型的中间，从前向后绘制曲线，创建的曲线点都会被锁定在头皮模型上（图 14-37）。

步骤 4　在头皮模型的一侧继续绘制曲线，绘制的时候要顺着头发的走向进行，曲线之间的距离要保持一致，让所有曲线在头顶偏后一点的位置汇聚在一起。当曲线增多以后，画面会变得比较乱，可以按下键盘的 4 键，进入线框模式，对曲线进行调整（图 14-38）。

步骤 5　取消"激活选定对象"按钮的激活状态，现在已经不需要捕捉到头皮模型了。选中所有的曲线，进入点级别，框选汇聚位置的所有点，按下键盘的 B 键，进入"软选择"模式，再按住键盘的 B 键不要松手，使用鼠标左键在画面中拖拽，调整软选择的区域在汇聚点附近（图 14-39）。

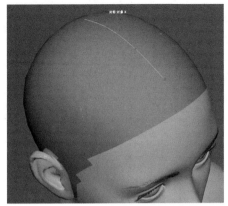

图 14-37　在头皮模型上绘制曲线

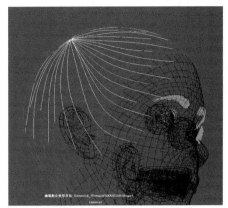

图 14-38　绘制多条曲线

步骤 6　使用移动工具，将这些点向后上方移动一些，形成头发的发髻效果（图 14-40）。

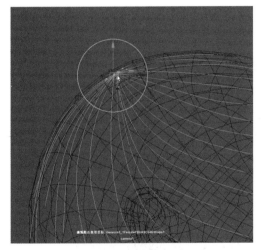

图 14-39　选择所有曲线的末端

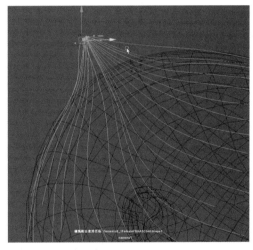

图 14-40　调整发髻效果

步骤 7　选中所有的曲线，执行菜单的"选择"→"第一个 CV"命令，这时所有曲线的起始点会被选中，确认所有曲线的起始点都在头皮位置，如图 14-41 所示。然后再执行菜单的"选择"→"最后一个 CV"命令，确认所有曲线的结束点都在发髻位置，如图 14-42 所示。这样可以保证生长出来的头发发根在头皮上，发梢在发髻处。如果发现有曲线的起始点和结束点位置相反，可以执行菜单的"曲线"→"反转方向"命令，将曲线反转过来。

步骤 8　因为现在的曲线上只有几个点，精度不够，所以要选中所有曲线，执行菜单的"曲线"→"重建"命令，在弹出的"重建曲线选项"窗口中，将"跨度数"改为 10，按下"应用"按钮，就可以将每条曲线上的点增加到 10 个，使曲线更加平滑（图 14-43）。

步骤 9　进入"工具"面板，点击"曲线到导向"按钮，确认所有的曲线都已经被选中，先勾选"删除曲线"选项，再点击下面的"添加导向"按钮，将所有的曲线转为 XGen 的引导线，并将之前的所有曲线删除（图 14-44）。

第 14 章　用XGen制作角色真实的毛发　　**235**

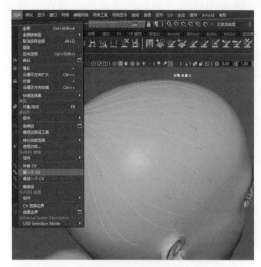

图 14-41　选择所有曲线的起始点

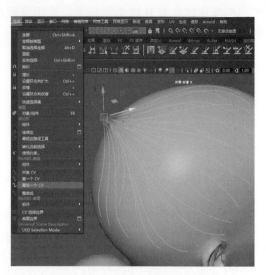

图 14-42　选择所有曲线的结束点

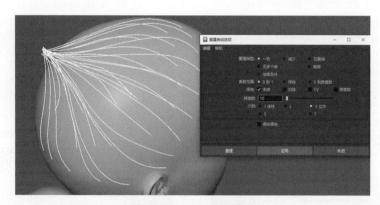

图 14-43　增加曲线精度

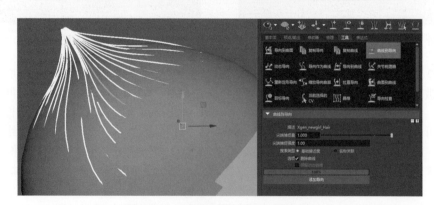

图 14-44　将曲线转为 XGen 导向线

　　步骤 10　使用"雕刻导向"工具，将贴在头皮模型上的引导线向外移动一些，使整个头发的造型更加立体一些（图 14-45）。

步骤 11 选中所有的引导线，点击"绕 X 轴镜像选定导向"命令，将头部另一侧的引导线镜像复制出来，完成整个头发引导线的制作（图 14-46）。

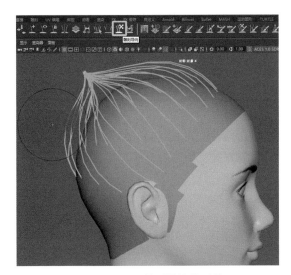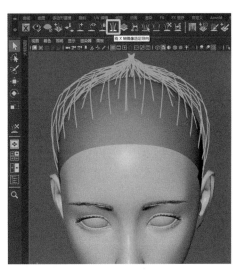

图 14-45 调整引导线的形状 　　　　　　　　图 14-46 镜像复制另一侧的引导线

步骤 12 将"密度"设置为 200，再点击"更新 XGen 预览"按钮，显示出毛发的效果。仔细观察会发现，发际线处的毛发生长过于生硬，没有柔和的过渡（图 14-47）。

步骤 13 点击"遮罩"属性右侧的小三角，在弹出来的下拉菜单中点击"创建贴图"。设置"贴图名称"为"Xgen_Hair_main_mask"，"分辨率"为 10，然后再按下"创建"按钮（图 14-48）。

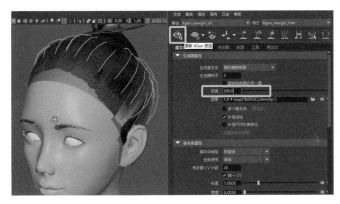

图 14-47 生成毛发的预览效果 　　　　　　　　图 14-48 为头发创建遮罩贴图

步骤 14 直接按下快捷键 Ctrl+1（Windows）或 Command+1（macOS），使头皮模型单独在画面中显示出来，便于接下来的操作。再按下"可绘制纹理贴图"按钮，这时头皮模型会显示为白色，这意味着整个头皮模型都是毛发的生长区域（图 14-49）。

步骤 15 双击工具箱最下面"最后使用的工具"的"3D 绘制工具"，打开该工具的设置面板，将"泛洪"的"颜色"设置为纯黑色，再点击"泛洪绘制"，将头皮模型整个设置为黑色，即没有任何毛发生长的区域（图 14-50）。

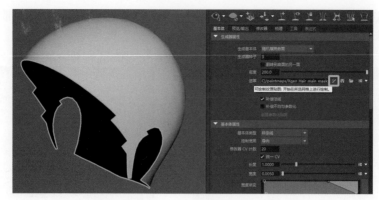

图 14-49 按下"可绘制纹理贴图"按钮

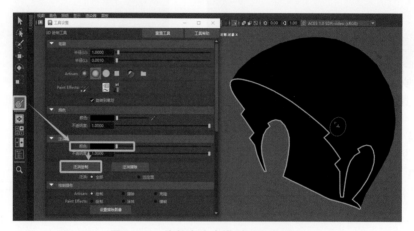

图 14-50 将整个头皮模型设置为黑色

步骤 16 将笔刷颜色设置为白色,直接在头皮模型上绘制头发生长的区域,最后再把 "绘制操作"设置为"模糊",继续绘制区域的边缘,使过渡更加柔和(图 14-51)。

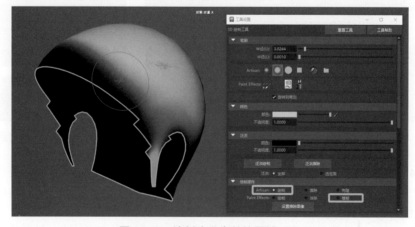

图 14-51 绘制头发生长的区域(1)

步骤 17 按下快捷键 Ctrl+1(Windows)或 Command+1(macOS)取消单独显示,选中 所有的引导线,点击"重建",将"CV 计数"改为 12 或更高,将所有的引导线变得更加平滑,再点击"更新 XGen 预览"按钮，观察头发的效果（图 14-52）。

图 14-52　绘制头发生长的区域（2）

技术解析

如果头发的效果不太好，可以继续使用"雕刻导向"工具，对引导线进行逐一调整。或者使用"添加或移动导向"命令，继续在头皮模型上增加引导线。

毛发的制作需要反复进行调整和修改，是一个很需要耐心的过程。

另外，由于 XGen 所处理的数据较大，建议不要使用快捷键 Ctrl+Z（Windows）或 Command+Z（macOS）去撤销操作，容易造成 Maya 崩溃退出。如果添加引导线错误，可以选中该引导线删除；绘制贴图错误，可以切换为其他颜色笔刷，再把颜色刷回来。总之要用其他的操作去代替"撤销"命令，将 Maya 崩溃退出的可能性降到最低。

14.4.2　刘海的制作

步骤 1　分别点击"清除 XGen 预览"和"隐藏当前 XGen 描述的导向"按钮，将丸子头的头发和引导线都隐藏，方便接下来的制作。再点击"创建 XGen 描述"按钮，将"新的描述名称"设置为"Xgen_Liuhai_Hair"，设置"基本体的控制方式"为"放置和成形导向"，按下"创建"按钮（图 14-53）。

视频教程

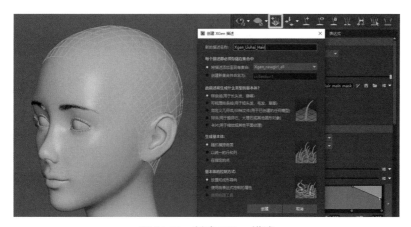

图 14-53　创建 XGen 描述

步骤 2　还是使用上一节的制作方法，先绘制锁定在头皮模型上的曲线，再将曲线转为 XGen 引导线，绘制出一侧的刘海引导线（图 14-54）。

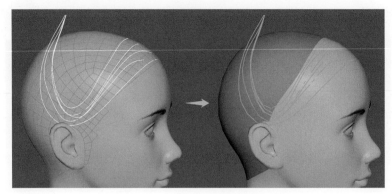

图 14-54　绘制一侧的刘海引导线

步骤 3　使用"添加或移动导向"，在头皮模型上点击，创建新的引导线，再使用"雕刻导向"工具调整引导线的形状，使整个刘海造型丰富一些（图 14-55）。

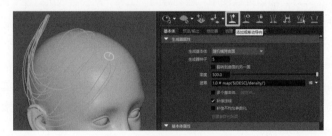

图 14-55　添加新的引导线

步骤 4　选中所有刘海的引导线，点击"绕 X 轴镜像选定导向"命令，将另一侧的引导线也镜像复制出来，设置"密度"为 300，点击"更新 XGen 预览"按钮，显示出毛发的效果（图 14-56）。

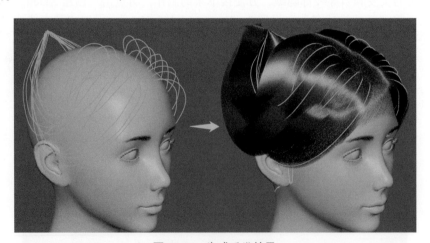

图 14-56　生成毛发效果

步骤 5　现在的头发生长效果过于茂密，点击"遮罩"属性右侧的小三角，在弹出来的下拉菜单中点击"创建贴图"。设置"贴图名称"为"Xgen_Liuhai_mask"，"分辨率"为 10。接着绘制贴图，将头皮中部涂成白色，并将边缘模糊，这样头发边缘的生长效果会更加柔和一些（图 14-57）。

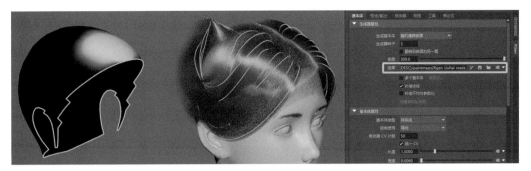

图 14-57　创建并绘制遮罩贴图

步骤 6　现在头发生长得还是比较杂乱，可以用同样的方法，创建"区域贴图"，命名为"Xgen_Liuhai_Region"，以头皮中线为分界线，将头皮模型的两侧分别绘制为蓝色和红色，保存贴图后就会看到头发沿着头皮模型的中线，整齐地向两边生长了（图 14-58）。

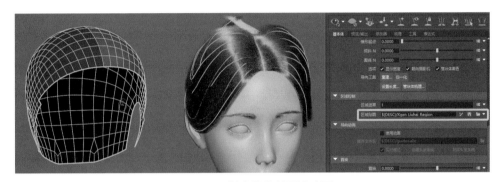

图 14-58　创建并绘制区域贴图

步骤 7　继续添加或雕刻引导线，不断调整头发的效果，这时就可以把基础头发也显示出来，使所有头发的末端都集中在一起，方便后续的制作，最终完成的刘海如图 14-59 所示。

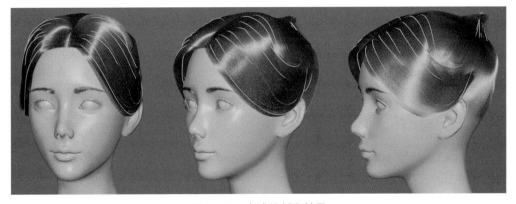

图 14-59　完成的刘海效果

14.4.3　发髻的制作

步骤 1　创建一个多边形圆环，放置在发髻的位置（图 14-60）。

步骤 2　定位好发髻的位置以后，就可以把所有的头发都隐藏起来，方便接下来的操作。

选中圆环模型，进入模型的面级别，选中圆环的一列面，按下键盘上的 Delete 键将它们删除（图 14-61）。

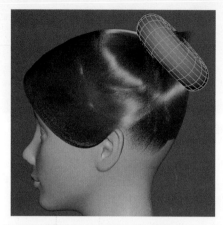

图 14-60　创建多边形圆环

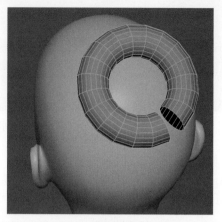

图 14-61　删除圆环的一列面

步骤 3　进入圆环模型的边级别，选中截面处的环线。双击移动工具，打开"工具设置"面板，勾选"软选择"，并将"衰减模式"改为"表面"，使软选择只对连接的边起作用，将选中的环线移动到头发汇集的地方（图 14-62）。

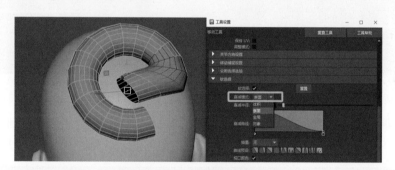

图 14-62　设置软选择的衰减模式

步骤 4　使用旋转工具，将圆环模型的环线覆盖住头发汇集的地方（图 14-63）。

步骤 5　使用"插入循环边工具"，增加圆环的精度，如果转折过于尖锐，可以选中循环边，执行菜单的"编辑网格"→"编辑边流"命令，让转折更加柔和（图 14-64）。

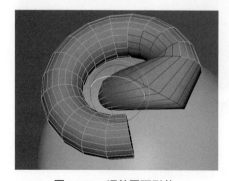

图 14-63　调整圆环形状

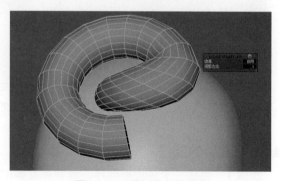

图 14-64　增加圆环的精度

步骤6 选中头皮模型，点击"激活选定对象"按钮，使头皮模型成为被捕捉的对象，再进入圆环模型的边级别，将最下面的环线锁定在头皮模型上（图 14-65）。

步骤7 选中圆环模型截面另一侧的环线，使用同样的方法，制作成如图 14-66 所示的形状。

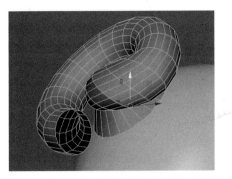

图 14-65 将圆环模型的一端锁定在头皮模型上

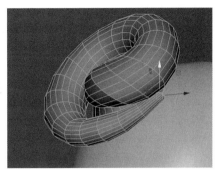

图 14-66 调整圆环模型的形状

步骤8 再创建一个多边形圆环模型，使用同样的方法，继续制作并丰富发髻的结构（图 14-67）。

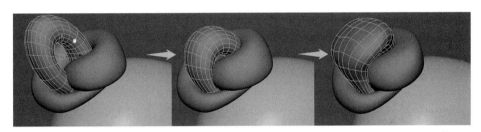

图 14-67 继续制作并丰富发髻的结构

步骤9 进入第一个发髻模型的边级别，逐一双击选中捕捉在头皮模型上的循环边，执行菜单的"修改"→"转化"→"多边形边到曲线"命令，将这些循环边都转成曲线，方便下一步将这些曲线转换为 XGen 引导线（图 14-68）。

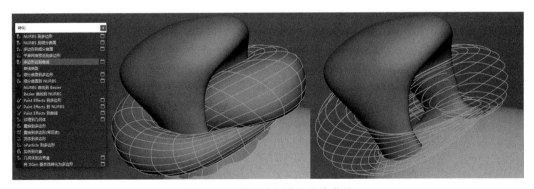

图 14-68 将多边形边转化为曲线

步骤10 用同样的方法，将另一个发髻也转换成曲线（图 14-69）。

步骤11 选中这些曲线，执行"选择"→"第一个 CV"命令，检查并确保所有曲线的起始点都必须在头皮模型上（图 14-70）。

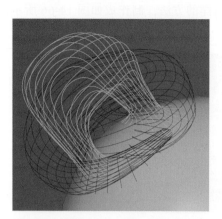

图 14-69　将另一个发髻也转换成曲线

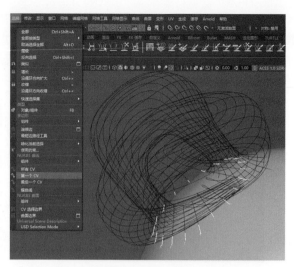

图 14-70　检查曲线的起始点是否在头皮模型上

步骤 12　选中头皮模型，点击"创建 XGen 描述"按钮，将"新的描述名称"设置为"Xgen_bun01_Hair"。在工具面板中，使用"曲线到导向"命令，将第一个发髻的曲线转换为XGen 引导线。因为是由圆环模型生成的，所以中间比较空，需要使用"添加或移动导向"工具，在发髻中心位置添加几条引导线，用来巩固中心部位的造型，然后点击"更新 XGen 预览"按钮，显示出毛发的效果（图 14-71）。

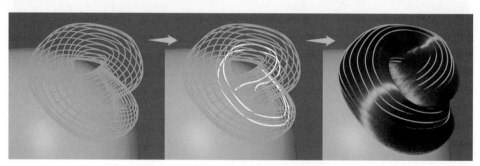

图 14-71　创建第一个发髻

步骤 13　创建遮罩贴图"Xgen_bun01_mask"，将发根处涂成白色，控制头发的生长范围（图 14-72）。

步骤 14　使用同样的方法，制作另一个发髻"Xgen_bun02_Hair"（图 14-73）。

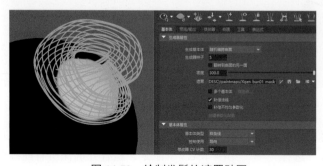

图 14-72　绘制发髻的遮罩贴图

图 14-73　制作另一个发髻

步骤 15 继续使用"雕刻导向"工具调整发髻引导线的形状，也可以继续添加新的引导线，最终完成的发髻如图 14-74 所示。

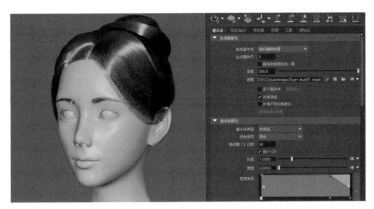

图 14-74 完成的发髻效果

14.4.4 其他头发的制作

步骤 1 选中头皮模型，创建 XGen 描述，将名称设置为"Xgen_long_Hair"。使用"添加或移动导向"工具，在后面创建几条 XGen 引导线。使用放缩工具将它们放大后，再使用"雕刻导向"工具调整它们的形状，做出垂发的效果（图 14-75）。

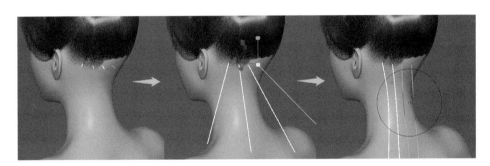

图 14-75 创建并调整 XGen 引导线

步骤 2 使用同样的方法，不断添加并调整 XGen 引导线（图 14-76）。

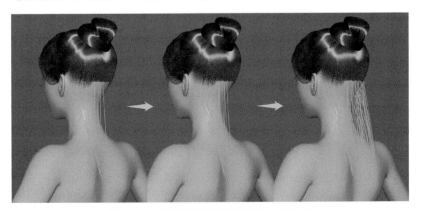

图 14-76 继续创建并调整 XGen 引导线

步骤 3 创建遮罩贴图，将头发生长的区域涂成白色，并模糊边缘。调整头发的"密度"为 200，"修改器 CV 计数"为 30，"宽度"为 0.006 到 0.009 之间随机生成，然后点击"更新XGen 预览"按钮，显示出毛发的效果（图 14-77）。

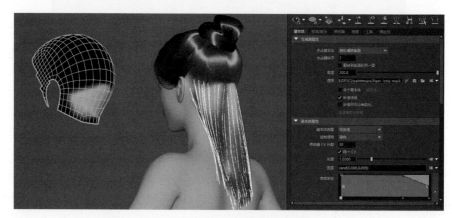

图 14-77　创建遮罩贴图并生成毛发

步骤 4 进入"修改器"面板，添加成束、圈和噪波修改器，根据实际情况调整参数，让头发的效果看起来更加自然（图 14-78）。

图 14-78　添加修改器

步骤 5 再对其他头发进行调整，最终完成的头发效果如图 14-79 所示。

图 14-79　完成的头发效果

最终完成的文件是本书案例素材中的"14.4_Hair.mb"文件，有需要的读者可以打开观看。

14.5 ▶ 脸部汗毛的制作

汗毛可以为角色增加更多的细节，但也会给系统资源带来沉重的负担。因此要在经常出现特写的部位进行添加，例如角色的脸部。而那些虽然裸露在外，但不会给到特写镜头的部位，例如脖子、锁骨等，一般不需要进行汗毛的制作。

步骤 1 选中角色模型，进入它的面级别，打开 UV 编辑器，选中脸部和耳朵的所有面，点击"创建 XGen 描述"按钮，在弹出的窗口中，将"新的描述名称"设置为"Xgen_down"。将"此描述将生成什么类型的基本体？"设置为"可梳理样条线（用于短头发、毛发、草等）"选项，按下"创建"按钮（图 14-80）。

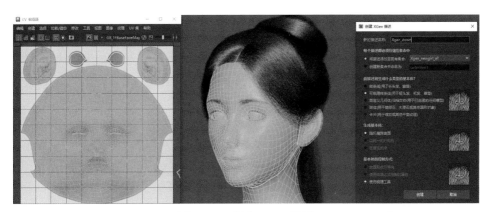

图 14-80　创建 XGen 描述

步骤 2 为了节省系统资源，可以先把其他毛发效果取消显示。使用与制作眉毛同样的方法，在 Photoshop 中制作一张遮罩贴图，将嘴部和眼眶等不长汗毛的地方涂黑，保存后，把该贴图指定给"Xgen_down"的"遮罩"属性，这样汗毛就只会在遮罩的白色区域生长了（图 14-81）。

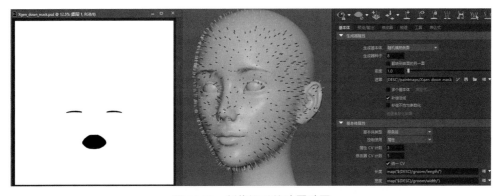

图 14-81　制作汗毛的遮罩贴图

步骤 3 在"梳理"面板中，修改"长度"为 0.3，"宽度"为 0.002，将汗毛设置得更短更细一些。再进入"基本体"面板，调整"密度"为 12，增加汗毛的数量。调整"宽度渐变"

如图 14-82 所示，给汗毛增加一些粗细变化。

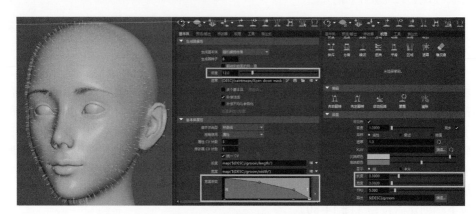

图 14-82　调整汗毛的效果

　　步骤 4　在"梳理"面板中，选择"弯曲"笔刷，可以按着键盘上的 B 键，拖动鼠标左键调整笔刷大小，顺着皮肤的结构刷动汗毛。还可以调整"密度"为 10，增加 XGen 样条线的显示数量。调整完一侧后，可以点击"向右翻转"或"向左翻转"，将汗毛效果镜像复制到另一侧（图 14-83）。

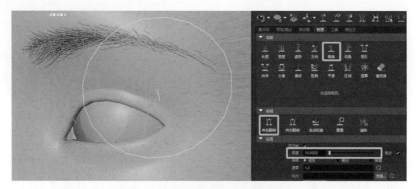

图 14-83　调整汗毛的弯曲效果

　　步骤 5　还可以使用其他笔刷对汗毛进行调整，调整完毕以后，取消"可见性"的勾选，将所有的样条线隐藏，只保留汗毛效果（图 14-84）。

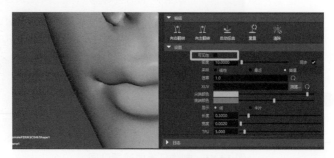

图 14-84　取消"可见性"的勾选

　　最终完成的文件是本书案例素材中的"14.5_down.mb"文件，有需要的读者可以打开观看。

14.6 ▶ 毛发材质的调整

在 Maya 中，XGen 的每个描述都会有自带的材质，可以选中该 XGen 描述，在属性编辑器中找到该材质的设置面板，对相关参数进行调整（图 14-85）。

图 14-85　调整 XGen 自带的材质参数

如果后期想要使用阿诺德渲染器进行渲染，也可以打开 Hypershade 窗口，创建阿诺德的头发材质"aiStandardHair"，在大纲窗口选中对应的 XGen 描述，将该材质指定给它们（图 14-86）。

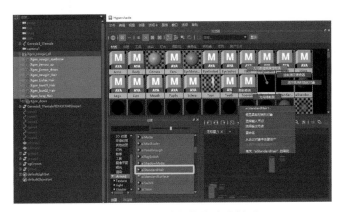

图 14-86　阿诺德自带的头发材质

在阿诺德头发材质的属性编辑器中，有很多的预设参数可以直接使用。因为本案例中的角色为中国风的女性，因此设置该材质为"Black"的预设，再调整"Base Color"属性为纯黑色，"Melanin Redness"为 0，将头发的颜色设置为纯黑色（图 14-87）。

再新建一个阿诺德的头发材质"aiStandardHair"，将它指定给汗毛，并设置该材质为"Black"的预设。因为汗毛很柔软，所以反光强度较弱，调整

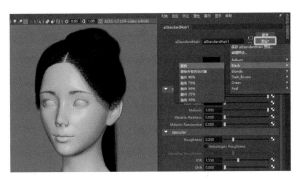

图 14-87　设置纯黑色头发的预设参数

"Roughness"（粗糙度）属性为 0.5（图 14-88）。

图 14-88　设置汗毛的预设参数

制作完成后，可以设置一些简单的灯光，渲染后的毛发效果如图 14-89 所示。

图 14-89　渲染后的毛发效果

最终完成的文件是本书案例素材中的"14.6_color.mb"文件，有需要的读者可以打开观看。

本章小结　本章的主要学习使用 Maya 中的 XGen 模块制作角色毛发。需要掌握的内容包括认识 Maya 的 XGen 系统，使用 XGen 制作眉毛、眼睫毛、头发、脸部汗毛以及毛发材质的调整等，了解并掌握用 XGen 制作毛发的工作流程和制作方法。

课后拓展　1. 使用 Maya 中的 XGen 模块，为已经制作好的角色模型设计并制作发型。
2. 使用 Maya 中的 XGen 模块，为已经制作好的角色模型制作眉毛、眼睫毛和脸部汗毛等毛发。
3. 调整毛发颜色，并渲染不同角度的毛发特写展示图片。

第15章
用Substance 3D Painter制作材质贴图

● **学习重点**　专业的材质贴图软件Substance 3D Painter的制作流程。
　　　　　　　PBR的工作流程以及PBR流程中贴图的制作方法。

● **学习难点**　Substance 3D Painter中遮罩的原理和使用方法。
　　　　　　　Substance 3D Painter中外部贴图的导入和使用方法。

　　2019年以来，随着三维和虚拟现实技术的日益发展，老牌设计软件公司Adobe坐不住了。虽然Adobe凭借着Photoshop、Illustrator、Premiere、After Effects这些业内标准软件一家独大，但这些要么是平面设计软件，要么是影视剪辑和特效软件，和真正意义上的三维软件相差甚远。于是，Adobe的管理层痛定思痛，开始筹备Adobe自己的3D计划（图15-1）。

图 15-1　Adobe 的 3D 计划

　　Adobe 3D计划的第一步，就是收购了主要面向游戏与视频后期制作的3D编辑与创作工具厂商Allegorithmic，并将旗下的Substance工具系列进行了改进，推出了Adobe自己的3D & AR的Adobe Substance 3D系列软件（图15-2）。

图 15-2　Adobe Substance 3D 系列软件

其中，就有制作三维材质贴图的行业标准软件——Substance 3D Painter（简写为 PT）。

15.1 ▶ Substance 3D Painter简介

Substance 3D Painter 广泛用于游戏、影视、产品、时尚和建筑设计制作等行业，是各界创意专业人士首选的 3D 材质应用程序（图 15-3）。

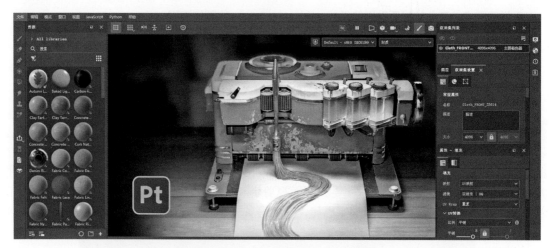

图 15-3　Substance 3D Painter 软件界面

在 Substance 3D Painter 出现之前，制作三维贴图都是直接在 Photoshop 等软件中绘制，生成的是像素化的图片。但是 Substance 3D Painter 开创性地把程序化方式应用到三维材质贴图的制作当中（图 15-4）。

图 15-4　Substance 3D Painter 生成的程序化材质贴图

程序化方式是指用数学计算储存用于描述代码图片的信息，用 GPU 或者 CPU 演算生成贴图图片，而不是用以前的像素化图片。

正因为实现了程序化材质贴图的方式，Adobe 也创建了 Substance 3D 的资产库，成千上万的预设材质被放入库中，世界各地的三维制作者都可以通过网络下载并使用，极大地节省了制作时间（图 15-5）。

图 15-5　Adobe Substance 3D 资产库

Substance 3D Painter软件的主界面是由菜单栏、工具栏、参数设置栏、资源库、3D 窗口、2D 窗口、纹理集列表、图层面板、属性面板、停靠栏组成的（图 15-6）。

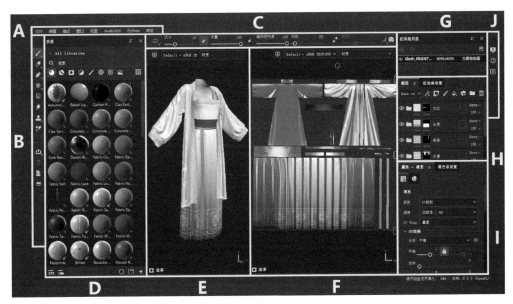

图 15-6　Substance 3D Painter 的主界面

A. 菜单栏：菜单包含在制作中使用到的命令和操作，位于主界面的顶部。
B. 工具栏：有大量的常用工具，直接点击就可以使用。
C. 参数设置栏：显示正在使用工具的相关参数，或界面布局和切换的常用参数。
D. 资源库：有大量的内置素材可以调用，将素材直接拖动到模型或场景中即可使用。
E. 3D 窗口：实时展示场景中的模型效果，可以对视图进行旋转、平移和推拉操作，多角度观察模型的材质效果，还可以切换不同的视图和显示方式。

    F. 2D 窗口：显示场景中模型的 UV，以及材质的贴图效果。

    G. 纹理集列表：展示场景中模型所有的材质纹理。

    H. 图层面板：被选中的纹理集的图层列表，可以创建不同的图层、遮罩和图层组。

    I. 属性面板：显示被选中的图层的相关属性，可以对它们的参数进行调整。

    J. 停靠栏：没有在主界面中展开的面板都在这里停靠，点击图标会弹出设置面板。

15.2 ▶ 用Substance 3D Painter制作衣服的材质贴图

在 Substance 3D Painter 中制作材质贴图，要先用其他软件导出展好 UV 的模型，一般是 OBJ 或 FBX 格式，制作完材质后，再由 Substance 3D Painter 导出贴图文件。

15.2.1 在Marvelous Designer中导出衣服模型

视频教程

因为 Substance 3D Painter 对导入的模型有一定的技术要求，因此要先对模型进行一些处理。在 Marvelous Designer 软件中，打开之前制作完成的写实角色中式古装文件"13.3_cloths.zprj"。

步骤 1　在 3D 窗口中，可以先切换到"固定针（套绳）"工具，这样就可以把衣服上的布线显示出来。仔细观察，会发现很多面的布局比较奇怪（图 15-7），在后续烘焙贴图的时候会出现问题，因此需要重新调整下布线效果。

步骤 2　在 2D 窗口中选择所有的版片，在"Property Editor"（属性编辑器）中，设置"网格类型"为"四边形"，并勾选"重置网格"选项，模型的布线就变得整齐了（图 15-8）。

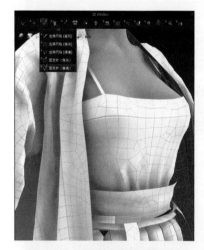

图 15-7　观察衣服模型的布线

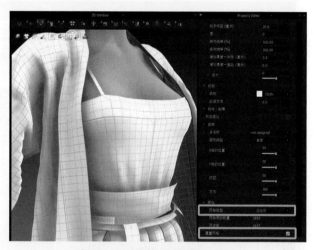

图 15-8　调整衣服模型的布线

技术解析

如果觉得模型的面数太少，精度不够的话，可以选中版片，调整"Property Editor"（属性编辑器）中的"粒子间距（毫米）"参数，数值越低，模型精度越高。但高精度的模型会极大地占用系统资源，尤其是后续要制作动画的话，会导致计算卡顿，甚至电脑直接死机。因此，布料动画的制作，普通电脑最好不要把模型精度调得太高。一般高精度布料动画都会用在电影级别的影视作品中，制作使用的也是专业电脑。

步骤 3   接下来要编辑衣服模型的 UV。切换到"UV Editor"（UV 编辑器），会看到所有的 UV 都重叠在一起，可以先在空白处点击鼠标右键，在弹出的浮动菜单中，点击"将 UV 放置在 2D 版片位置"命令（图 15-9）。

步骤 4   这时 UV 就会按照 2D 窗口中版片的位置重新排列，逐一选中 UV，将它们排列成一个正方形。需要注意的是，缝纫在一起的版片，尽量让两者的 UV 挨在一起。然后在空白处按下鼠标右键，在弹出的浮动菜单中点击"将所有 UV 放置到（0-1）"命令（图 15-10）。

图 15-9   将 UV 放置在 2D 版片位置

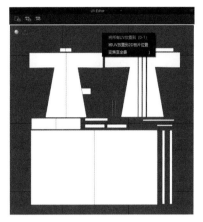

图 15-10   点击"将所有 UV 放置到（0-1）"

步骤 5   在弹出的"将所有 UV 放置到（0-1）"窗口中，点击"确认"按钮，这时所有的 UV 就都会排列在 0～1 的坐标内（图 15-11）。

步骤 6   在布料（Fabric）面板中，如果现在的布料材质有 1 个以上，就需要把其他布料材质都删除，只保留 1 个。选中所有版片，在"属性编辑器"中"织物"的下拉列表中选择"FABRIC 1"，把所有版片的布料材质都指定为"FABRIC 1"（图 15-12）。

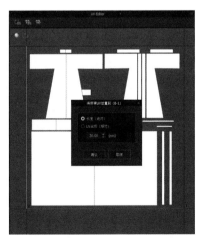

图 15-11   将所有 UV 放置到（0-1）

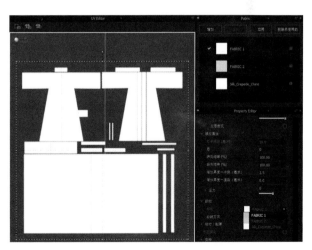

图 15-12   把所有版片的布料都指定为"FABRIC 1"

步骤 7   在"布料"（Fabric）面板中点击"删除未使用的"，其他的布料材质就都会被删除，只留下 1 个"FABRIC 1"。鼠标右键点击该布料材质，在弹出的浮动菜单中点击"重命名"，将它改名为"Cloth"（图 15-13）。

步骤 8   在 2D 窗口中选择所有的版片，执行菜单的"文件"→"导出"→"导出 OBJ

（选定的）"命令，将衣服模型导出为"15.2_ClothUV.obj"文件（图15-14）。

图 15-13　重命名布料材质

图 15-14　导出衣服模型

最终完成的文件是本书案例素材中的"15.2_ClothUV.zprj"文件，有需要的读者可以打开观看。

15.2.2　制作外套的材质效果

打开 Substance 3D Painter 软件，接下来将在该软件中制作材质贴图。

步骤 1　执行 Substance 3D Painter 菜单的"文件"→"新建"命令，在弹出的"新项目"窗口中，点击"选择"按钮，将之前制作好的"15.2_ClothUV.obj"文件打开。"模板"可以选择一款相对应软件的，"文件分辨率"设置为4096，将贴图的精度设置为4K，"法线贴图格式"根据下一步制作要用的软件来选择，UE 和 3ds Max 选择"DirectX"，Unity和 Maya 选择"OpenGL"，然后点击"确定"按钮（图15-15）。

步骤 2　这时，3D 窗口中会显示衣服模型，可以按住 Alt 键（Windows）或 Option 键，（macOS）并配合鼠标左、中、右三个按键拖动，对视图进行旋转、平移和缩放操作。另外，点击资源库中的"背景"按钮，将展示的 HDR 环境贴图拖拽到 3D 窗口的空白处，可以改变照明效果，这里使用的是"Soft 5DaylightStudio"（图15-16）。

图 15-15　新建项目

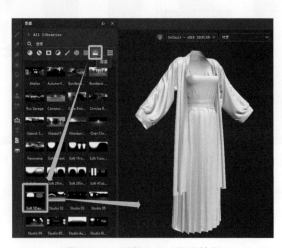

图 15-16　调整 HDR 照明效果

步骤 3 观察"纹理集列表"中，有且只有一个纹理集，即在 Marvelous Designer 中的 Cloth 布料材质。在"图层"面板中有一个"图层 1"，选中它并按下"移除图层"按钮，将它删除。再点击"添加组"的按钮，创建一个图层文件夹组，双击它，修改名字为"外套"。选中"外套"，点击"添加填充图层"，就会在该文件夹下创建一个填充图层（图 15-17）。

> **技术解析**
>
> 在 Substance 3D Painter 中，每一个材质一般都需要通过多个图层的叠加完成。为了管理方便，都会使用图层文件夹组，对同一种材质的图层进行统一管理。

步骤 4 接下来要把这件外套做成半透明的薄纱效果，但是 Substance 3D Painter 默认的属性中没有透明度。进入"纹理集设置"面板，点击"通道"右侧的加号，点击"Opacity"（透明度），将透明度属性打开（图 15-18）。

图 15-17 对图层进行操作

图 15-18 打开透明度属性

步骤 5 选中填充图层，进入"属性"面板中，将"Opacity"（透明度）的值由 1 调整为 0.5，就会看到衣服变透明了（图 15-19）。

> **技术解析**
>
> Opacity（透明度）的值是 1 时为完全不透明，是 0 时为完全透明。

步骤 6 这种整体透明的效果并不像薄纱，所以还需要进一步调整。在填充图层上按鼠标右键，在弹出的浮动菜单中点击"添加黑色遮罩"（图 15-20）。

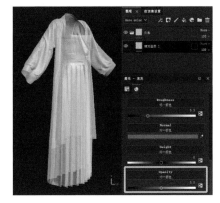

图 15-19 调整透明度

图 15-20 添加黑色遮罩

步骤7 在黑色遮罩上按鼠标右键，在弹出的浮动菜单中点击"添加填充"，出现如图15-21所示的界面。

步骤8 选中填充效果，在"属性"面板中，点击"灰度"属性的"grayscale"按钮，在弹出的菜单中选择"Hexagon Border"，给衣服添加上网纱的效果（图15-22）。

步骤9 但是现在网纱的孔有些大，在属性面板中，将"平铺"数值调整为200，就会看到纱孔变小变密了（图15-23）。

图 15-21 给黑色遮罩添加填充效果

图 15-22 添加贴图效果

步骤10 如果发现纱线透明而纱孔是不透明的话，是贴图颜色搞反了，可以在黑色遮罩上按鼠标右键，在弹出的浮动菜单中点击"添加色阶"。选中色阶效果，在属性面板中，按下"反转"按钮，就可以把透明效果反转过来（图15-24）。

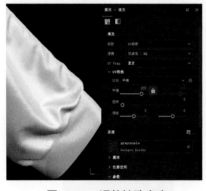

图 15-23 调整纱孔密度

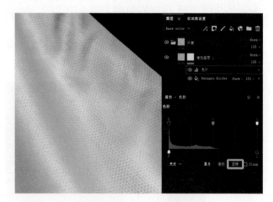

图 15-24 反转透明效果

步骤11 选中填充图层，在属性面板中调整"Height"（高度）参数为0.1，将网纱的高度提起来一点，使结构更加明显（图15-25）。

步骤12 现在所有的衣服都是网纱效果，这就需要给这个图层组制作遮罩，让网纱只应用在外套上。在"外套"图层文件夹组上按鼠标右键，在弹出的浮动菜单中点击"添加黑色遮罩"，这时衣服上所有的网纱效果都消失了，这是因为黑色完全不显示，接下来要把外套部分在遮罩上用白色显示出来，让该图层组的效果只应用在外套上（图15-26）。

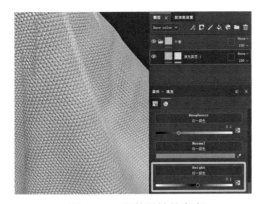

图 15-25　调整网纱的高度

图 15-26　给图层文件夹组添加黑色遮罩

步骤 13　选中图层组的黑色遮罩，先点击工具栏中的"几何体填充"工具，再点击参数设置栏中的"UV 块填充"，然后在 2D 窗口或 3D 窗口中，逐一点击外套的几个 UV，这时会看到黑色遮罩上，被点击过的外套 UV 区域就已经变成了白色，图层组的网纱效果就只在外套上显示了（图15-27）。

图 15-27　设置外套的遮罩区域

步骤 14　接下来要导入一些图片，制作网纱上的刺绣效果。执行菜单的"文件"→"导入资源"命令，在弹出的"导入资源"窗口中，点击"添加资源"按钮，将本书案例素材中的"15.2_纹样.png"和"15.2_纹样-OP.png"两张图片导入。设置两张图片的类型为"texture"（贴图），设置"将你的资源导入到"为"当前会话"，点击"导入"按钮（图15-28）。

步骤 15　导入的两张图片，一张是刺绣的纹样效果，另一张是该图片的遮罩（图15-29）。

步骤 16　选中图层组"外套"，点击"添加填充图层"，再在该图层组下创建一个"填充图层 2"。在资源库面板中，点击"贴图"，在贴图列表中找到刚才导入的两张图片，将"15.2_纹样.png"拖拽到"填充图层 2"的"Base color"（基础颜色）属性上，再把"平铺"属性设置为 8，让该纹样图

图 15-28　导入外部贴图

案模型的纵向和横向上，都排列 8 次（图 15-30）。

图 15-29   外部贴图的效果

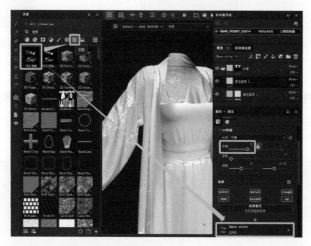

图 15-30   给模型贴上刺绣纹样贴图

步骤 17   在"填充图层 2"上按鼠标右键，在弹出的浮动菜单中点击"添加黑色遮罩"，并为黑色遮罩添加填充效果，选中填充效果，将资源库面板中的"15.2_纹样 -OP.png"拖拽到属性面板的"grayscale"按钮上，把"平铺"属性设置为 8，和颜色贴图保持一致（图 15-31）。

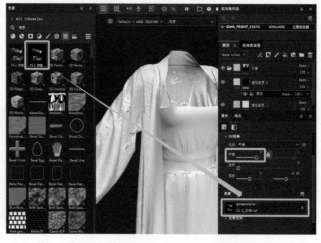

图 15-31   设置刺绣纹样的遮罩效果

步骤 18 再创建一个"填充图层 3",调整"Base color"(基础颜色)属性为纯白色。设置"UV Wrap"属性为"无",再点击"平铺"属性中间的锁定图标,解锁横向和纵向的关联。再分别设置两个平铺参数为 1 和 -8.92,使该图层变成一条白色的窄带。调整"偏移"值,将它放在衣服最下面,形成衣服包边的效果(图 15-32)。

步骤 19 调整"填充图层 3"的"Height"(高度)参数为 0.1,让包边效果有一点厚度,完成的外套材质效果如图 15-33 所示。

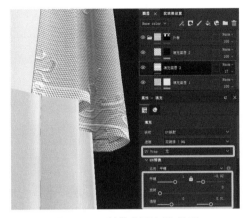

图 15-32 制作衣服包边效果

图 15-33 完成的外套材质效果

15.2.3 制作长裙的材质效果

步骤 1 新建一个图层组,命名为"长裙"。在该图层组下新建一个"填充图层",设置"Base color"(基础颜色)属性为深绿色。将资源库面板中的"Grid Alternate"贴图拖拽到属性面板的"Normal"(法线)按钮上,再调整"平铺"参数为 100,制作出裙子表面的纹理效果(图 15-34)。

视频教程

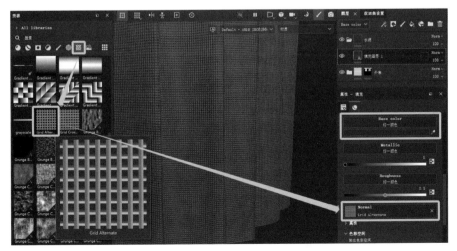

图 15-34 制作裙子表面的纹理效果

步骤 2 给"长裙"图层组添加黑色遮罩,使用之前的方法,将遮罩内长裙 UV 区域变成白色,使"长裙"图层组中的效果只作用于长裙上(图 15-35)。

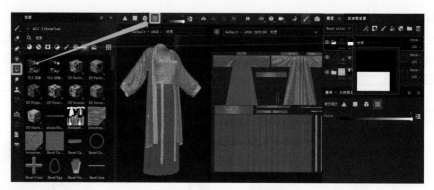

图 15-35　设置裙子的遮罩

技术解析

新建图层组的时候，因为没有图层效果，所以添加遮罩是没有用的。因此要先给图层组添加效果，再设置图层组的遮罩。

步骤 3　新建"填充图层 2"，添加黑色遮罩，并给遮罩"添加填充"，将资源库面板中的"Gradient Linear"贴图拖拽到属性面板的"grayscale"按钮上，并调整"Balance"（色彩平衡）参数为 0.75，做出长裙自上而下的白绿渐变效果（图 15-36）。

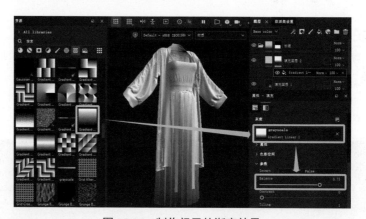

图 15-36　制作裙子的渐变效果

步骤 4　执行菜单的"文件"→"导入资源"命令，将本书案例素材中的"15.2_传统大纹样 OP.png"图片导入。设置类型为"texture"（贴图），设置"将你的资源导入到"为"当前会话"，点击"导入"按钮（图 15-37）。

步骤 5　新建"填充图层 3"，并设置"Base color"（基础颜色）为浅黄色。为该图层添加黑色遮罩，再给遮罩"添加填充"，在资源库面板中，将刚才导入的"15.2_传统大纹样 OP.png"图片拖拽到属性面板的"grayscale"按钮上。设置"UV Wrap"为"水平重复"，即该贴图只在横向上重复平铺。再取消"平铺"的锁定，设置参数为 6.5 和 9。调整"偏移"值，将图案放在裙子的底部位置（图 15-38）。

步骤 6　新建"填充图层 4"，设置"Base color"（基础颜色）为深绿色，设置"UV Wrap"为"水平重复"，"平铺"参数为 -100。再调整"偏移"值，使裙子的底部位置出现一条深色的包边效果。最后再设置"Height"为 0.1，使包边微微凸出一些，结构更加明显。调整完成的长裙的材质效果如图 15-39 所示。

图 15-37　导入的图片效果

图 15-38　设置裙子底部图案的材质效果

图 15-39　制作完成的长裙材质效果

15.2.4　制作其他服饰的材质效果

视频教程

步骤 1　新建一个图层组，重命名为"嵌条"。在该图层组下新建一个"填充图层"，设置"Base color"（基础颜色）属性为浅绿色。再给该图层组添加黑色遮罩，并设置衣服嵌条部分的遮罩区域为白色（图 15-40）。

步骤 2　执行菜单的"文件"→"导入资源"命令，将本书案例素材中的"15.2_祥云纹 OP.png"图片导入。设置类型为"texture"（贴图），设置"将你的资源导入到"为"当前会话"，点击"导入"按钮（图 15-41）。

步骤 3　新建"填充图层 2"，设置"Base color"（基础颜色）为白色，为该图层添加黑色遮罩，再给遮罩"添加填充"。在资源库面板中，将刚才导入的"15.2_祥云纹 OP.png"图片拖拽到属性面板的"grayscale"按钮上，设置"平铺"参数为 5，使嵌条部分呈现祥云纹的纹样效果（图 15-42）。

图 15-40 设置嵌条的图层组

图 15-41 导入的祥云纹贴图

图 15-42 为嵌条制作祥云纹效果

步骤 4 新建一个图层组，重命名为"抱腹"。在资源库面板中，点击"材质"，将列表中的"Fabric Wool Jersey"拖拽到图层组里面，这是一个羊毛材质的预设效果，可以直接使用。在属性面板中，再把"Fabric Color"改为深绿色。为图层组添加黑色遮罩，并设置抱腹部分的遮罩区域为白色（图 15-43）。

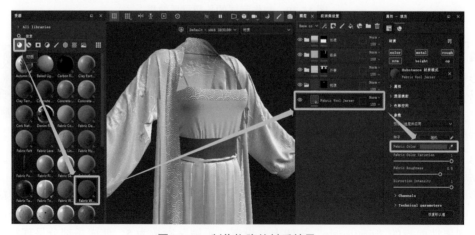

图 15-43 制作抱腹的材质效果

步骤 5 用同样的方法，制作内衣的材质效果，这次使用到的材质是"Fabric Felt"，这是一个毛毡材质的预设效果（图 15-44）。

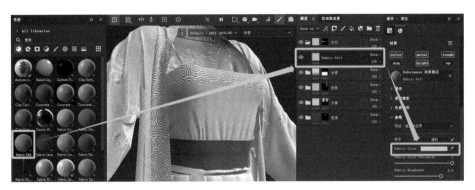

图 15-44 制作内衣的材质效果

步骤 6 最后的腰带效果，可以根据自己的需要进行制作，最终完成的衣服材质效果如图 15-45 所示。

图 15-45 完成的衣服材质效果

最终完成的文件是本书案例素材中的"15.2_cloth.spp"文件，有需要的读者可以使用 Substance 3D Painter 打开观看。

15.3 ▶ PBR工作流程和贴图的使用方法

视频教程

PBR 是 Physically Based Rendering（基于物理渲染）的缩写，它指的是一些在不同程度上都基于与现实世界的物理原理更相符的基本理论所构成的渲染技术的集合。从定义可以看出，PBR 是一套基于物理渲染技术的集合，是一种基于算法形成的工作流程。

目前，PBR 工作流程已经成为几乎所有游戏制作的标准，越来越多的影视作品也开始采用这套工作流程。

Substance 3D Painter 就是基于 PBR 工作流程的材质制作软件，具体来说，每一个调整图层都会有 Base color（基础颜色）、Metallic（金属度）、Roughness（粗糙度）、Normal（法线）、Height（高度），以及可以自行添加的 Opacity（透明度）属性（图 15-46）。

图 15-46　PBR 常用属性

Base color（基础颜色）：模型表面的各种颜色，该属性与 Maya 的颜色属性是一样的。

Metallic（金属度）：模型表面的金属质感，例如反光、高光等效果。0 为完全没有金属感，1 为最强金属感。

Roughness（粗糙度）：模型表面的粗糙度，0 为完全没有粗糙度，表面光滑有反光，1 为最强粗糙度，表面有颗粒感，没有任何反光。

Normal（法线）：模型表面的深度，是一种更高级别的凹凸属性，通过 RGB 颜色通道来标记凹凸的方向和深度。

Height（高度）：模型表面的高度，可用于视差映射，为凹凸和法线提供了更明显的深度，增强真实性。

Opacity（透明度）：模型的透明效果，0 为完全透明，1 为完全不透明。

调整完这些属性以后，需要把它们分别导出贴图，然后在其他软件中贴到对应的属性上使用。在 Substance 3D Painter 中，执行菜单的"文件"→"导出贴图"命令，或者直接按下快捷键 Ctrl+Shift+E 键（Windows）或 Command++Shift+E 键（macOS），在"导出纹理"窗口中，进入"输出模块"，可以根据后续制作软件选择导出贴图的类型（图 15-47）。

图 15-47　导出纹理设置

接下来以 Maya 为例进行制作，可以选择"Arnold（AiStandard）"即阿诺德标准材质的输出模板，"大小"选择 4096 像素，输出标准的 4K 贴图，按下"导出"按钮（图 15-48）。

这样就会得到 5 张不同属性的 4K 贴图文件（图 15-49）。

步骤 1　在 Maya 中导入衣服模型，并打上基础的灯光。然后给模型指定一个阿诺德的标准材质"aiStandardSurface"，点击"Color"属性后面的贴图按钮，将导出的"Base color"（基础颜色）贴图文件指定给它，渲染后可以看到模型已经有了基本颜色（图 15-50）。

步骤 2　再用同样的方法，将导出的"Metalness"（金属度）贴图贴在材质的"Metalness"属性上，渲染后会看到模型背光面的暗部已经变黑了（图 15-51）。

图 15-48　"Arnold（AiStandard）"输出模板

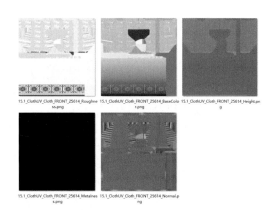

图 15-49　导出的贴图文件

图 15-50　Base Color 贴图效果

图 15-51　Metalness 贴图效果

步骤 3　进入 Metalness 贴图文件的属性面板，调整"颜色空间"为"Raw"，并勾选"Alpha 为亮度"选项，材质效果就恢复正常了。因为衣服材质没有什么金属性，所以模型表面没有什么太大的变化（图 15-52）。

步骤 4　再用同样的方法，将导出的"Roughness"（粗糙度）贴图贴在材质的"Roughness"属性上，并调整贴图文件的"颜色空间"为"Raw"，勾选"Alpha 为亮度"选项，渲染后会看到，模型表面一些有高光的地方就都消失了（图 15-53）。

图 15-52　调整后的 Metalness 贴图效果

图 15-53　Roughness 贴图效果

步骤 5　找到材质球的"Bump Mapping"属性，点击后面的贴图按钮，在 bump 面板中设置"用作"为"切线空间法线",再点击"凹凸值"后面的贴图按钮,在贴图文件面板中将导出的"Normal"(法线)贴图贴上,并调整贴图文件的"颜色空间"为"Raw",勾选"Alpha 为亮度"选项(图 15-54)。

图 15-54　设置"Normal"贴图

步骤 6　渲染后能看到,模型表面已经有各种纹理的凹凸效果了。因为"Height"(高度)贴图一般是配合"Normal"(法线)贴图使用的,在凹凸效果良好的情况下,就不用再设置高度了,目前导出的贴图对应的属性如图 15-55 所示。

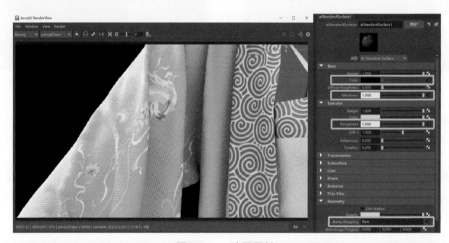

图 15-55　贴图属性

15.4 ▶ 用Substance 3D Painter制作角色的材质贴图

15.4.1　角色模型和贴图的整理

视频教程

步骤 1　在 Maya 中打开并选中角色模型,执行菜单的"网格"→"分离"命令,将模型打散,把不需要贴图的眼睫毛、角膜等模型删除,只保留需要制作材质贴图的模型(图 15-56)。

步骤 2　分别为角色、内裤和内衣模型创建并指定"Phong"材质(图 15-57),然后再选中这些模型,执行菜单的"文件"→"导出当前选择"命令,将它们导出为一个 OBJ 格式的文件。

输出的角色模型文件是本书案例素材中的"15.4_poser.obj"文件，有需要的读者可以打开使用。

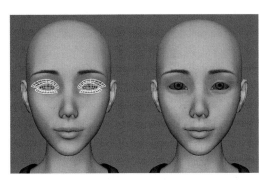

图 15-56　删除不需要制作材质贴图的模型

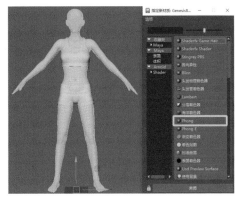

图 15-57　指定材质

步骤 3　打开 Substance 3D Painter 软件，执行菜单的"文件"→"新建"命令，快捷键是 Ctrl+N 键（Windows）或 Command++N 键（macOS），点击"新项目"窗口中的"选择"按钮，找到刚才导出的 OBJ 文件，将它加载进来。设置"文件分辨率"为 4096 像素，并勾选"使用 UV 平铺工作流"选项，点击"确定"按钮（图 15-58）。

步骤 4　进入 Substance 3D Painter 界面以后，会看到"纹理集列表"中有 3 个命名为"Phong"的纹理集，由上到下依次为角色、内衣、内裤模型的纹理集，因为在新建项目时选择的是"使用 UV 平铺工作流"，所以每一个纹理集下面都有相应的 UV 平铺信息，角色模型的纹理集下有 7 个 UV（图 15-59）。

图 15-58　新建项目

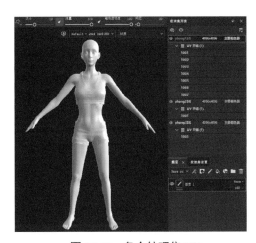

图 15-59　多个纹理集 UV

这是因为角色模型有 7 个 UV 分区，每一个分区就有一套贴图，如果一张一张去贴太麻烦，这就需要再对贴图进行一些调整（图 15-60）。

步骤 5　打开保存 DAZ Studio 模型贴图的文件夹，有时文件夹内只有颜色贴图，可以到 DAZ 的资源文件夹中找到其他贴图，例如现在使用的是 DAZ Studio 的"Genesis 8.1 Basic"女性模型，贴图在 DAZ Studio 安装盘符下的 \Daz 3D\Applications\Data\DAZ 3D\My DAZ 3D Library\Runtime\Textures\DAZ\Characters\Genesis8_1\FemaleBase 文件夹中。其他一些用不到的贴图，例如眼睫毛、角膜等贴图，可以直接删掉。

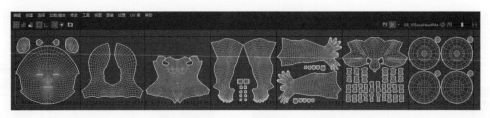

图 15-60　角色模型的 7 个 UV 分区

这些贴图一般可以分为颜色、凹凸、法线、透明度、高光和 3S 这 6 种，分别以 basecolor、bump、Normal、OP、specular、SSS 为前缀，按照 UV 分区进行命名（图 15-61）。

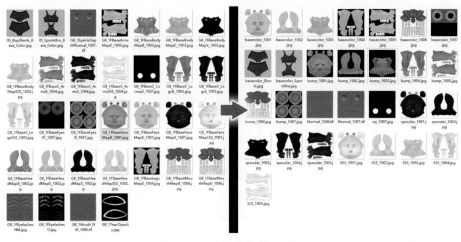

图 15-61　贴图命名前后对比

整理好的贴图文件在本书案例素材中的"girl_images"文件夹内，有需要的读者可以打开使用。

步骤 6　回到 Substance 3D Painter 软件中，执行菜单的"文件"→"导入资源"命令，将这些贴图每个类型的第一张拖入"导入资源"窗口，并将类型都改为"texture"，设置"将你的资源导入到"为"项目"，点击"导入"按钮（图 15-62）。

步骤 7　在资源面板中切换到"Project"，就会看到导入的贴图，有的贴图上面有数字显示，表明该类型的贴图被识别了几张（图 15-63）。

图 15-62　导入贴图

图 15-63　贴图的显示

15.4.2　基础材质效果的制作

步骤1　在停靠栏上点击"着色器设置"，在弹出的设置面板中，将着色器切换为"pbr-metal-rough-with-alpha-test"，这是一个有多种属性的着色器（图15-64）。

步骤2　在"纹理集设置"窗口中，点击"通道"右侧的加号，点击"Scattering"，为当前纹理集添加一个新的属性（图15-65）。

图15-64　设置着色器类型　　　　　图15-65　添加纹理集属性

步骤3　分别选中3个纹理集，创建"填充图层"，并将该图层命名为"basecolor"，把导入的"basecolor"贴图分别拖拽到3个纹理集属性面板中的"Base color"属性上，再把"材质"中除了"color"以外的属性都关掉（图15-66）。

图15-66　将"basecolor"贴图指定给模型

步骤4　新建"填充图层"，重命名为"bump"，把"材质"中除了"height"以外的属性都关掉，再把资源面板中的"bump"贴图拖拽到"Height"属性上，这时会看到角色模型上开始出现比较严重的凹凸效果了（图15-67）。

步骤5　使用鼠标右键点击"bump"图层，在弹出的菜单中点击"添加色阶"，然后在图层面板中选中"色阶"。再到属性面板中，将"受影响的通道"设置为"Height"，调整色阶参数，使模型表面的凹凸效果减弱到人体皮肤的质感（图15-68）。

步骤6　新建"填充图层"，重命名为"高光"，由于高光的贴图只有5张，后两个UV分区是没有高光贴图的，所以需要点击该图层右侧的"几何体遮罩"按钮，在属性面板中，取消后两个遮罩分区的勾选（图15-69）。

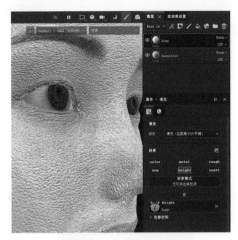

图15-67　设置凹凸效果

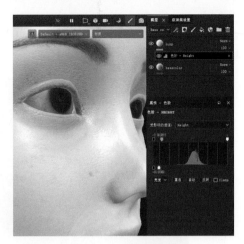

图15-68　调整色阶参数

步骤7　只保留高光图层的"rough"属性，把资源面板中的"specular"贴图拖拽到"Roughness"属性上。这时会发现模型表面变成了像金属的质感，这是因为贴图的黑白灰关系正好相反了（图15-70）。

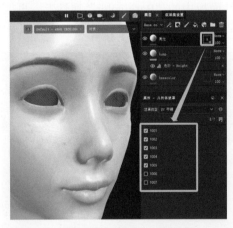

图15-69　设置几何体遮罩

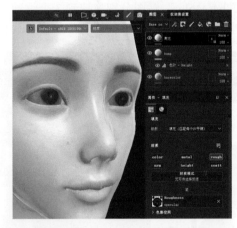

图15-70　"specular"贴图的效果

步骤8　给高光图层添加色阶，在属性面板中，将"受影响的通道"设置为"Roughness"，然后点击"反转"按钮，就会看到角色的高光效果正常了（图15-71）。

步骤9　新建一个"填充图层"，重命名为"sss"，由于sss贴图也是只有5张，所以用同样的方法设置"几何体遮罩"，把sss贴图拖拽给"Scattering"属性，但操作之后发现模型没有什么变化（图15-72）。

步骤10　在停靠栏上打开"显示设置"面板，勾选"激活次表面散射"选项，并把"采样计数"拖到256。再打开"着色器设置"面板，勾选"次表面散射参数"的"启用"选项，设置"散射类型"为"皮肤"，这时模型表面的sss效果就显示出来了（图15-73）。

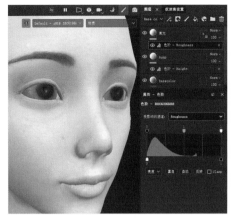

图 15-71　反转贴图效果

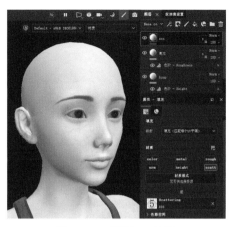

图 15-72　设置 sss 效果

　　步骤 11　新建一个"填充图层"，重命名为"法线"。因为法线贴图只有两张，因此要设置它的"几何体遮罩"，只勾选最后两个 UV 分区，把 Normal 贴图拖拽给"Normal"属性，这时角色的眼睛部分就更加立体了（图 15-74）。

图 15-73　打开次表面散射

图 15-74　设置 Normal 效果

15.4.3　脸部材质贴图的绘制

视频教程

　　现在已经设置完基础材质贴图了，但是角色模型是"素颜"的效果。如果希望角色效果更好，就需要给角色"化妆"。Substance 3D Painter 内置有笔刷等工具，可以直接在模型上进行绘制。

　　步骤 1　新建一个"填充图层"，重命名为"口红"，将"几何体遮罩"设置为只影响第一个 UV 分区，即只对脸部模型生效。再设置"Base Color"为口红的颜色，给该图层"添加黑色遮罩"，选中遮罩，按下鼠标右键，在弹出的菜单中点击"添加绘图"（图 15-75）。

技术解析

在Substance 3D Painter中，直接绘制贴图的方法有两种：

① 直接新建一个"绘画图层"，在该图层上进行绘制。但缺点是，绘制完以后，调整颜色比较麻烦。

② 另一种就是现在使用的方法，新建一个填充图层，再通过绘制遮罩的方法进行绘制，只需要调整填充图层的"Base Color"属性，就可以直接改变绘制的颜色，更便于后期调整。

步骤 2 因为角色的两边是对称的，所以需要打开 Substance 3D Painter 的"对称"按钮，这时角色中间会出现一条红线，作为对称的中线。如果红线并不在模型的中间位置，也可以打开对称设置窗口，调整"设置"中 X 的数值，如果需要精确输入，可以点击数值进行手动输入设置（图 15-76）。

图 15-75 新建图层遮罩效果

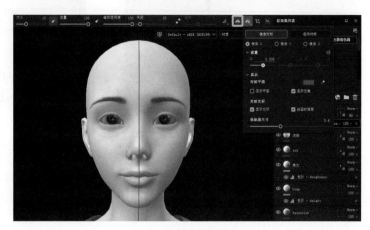

图 15-76 设置对称

步骤 3 选中口红图层中的"绘画"效果，点击工具栏最上方的"绘画"工具，调整好笔刷大小后就可以在模型上进行绘制了，如果需要修改，还可以选中工具栏中的"橡皮擦"工具，将多余的部分擦除。调整笔刷大小的快捷键是"【"和"】"键（图 15-77）。

步骤 4 再给遮罩"添加滤镜"，将滤镜设置为"Blur"（模糊），调整"Blur Intensity"（模糊强度）为 0.7，将口红边缘柔化一些（图 15-78）。

图 15-77 绘制口红效果

图 15-78 添加 blur 效果（1）

步骤 5 新建"填充图层"，重命名为"腮红"，用同样的方法，在角色模型的脸部绘制腮红的效果（图 15-79）。

步骤 6 添加"Blur"（模糊）滤镜，调整"Blur Intensity"（模糊强度）为 12，使腮红在脸部晕染开，再把腮红图层的透明度降到 30%，使腮红效果更加自然（图 15-80）。

步骤 7 新建"填充图层"，重命名为"眼影"，用同样的方法，在角色模型的眼部绘制眼影的效果，并降低图层的"Roughness"（粗糙度）为 0.15，使眼影有提亮的效果（图 15-81）。

步骤 8 添加"Blur"（模糊）滤镜，调整"Blur Intensity"（模糊强度）为 5，把图层的透明度降到 25%，让眼影晕开（图 15-82）。

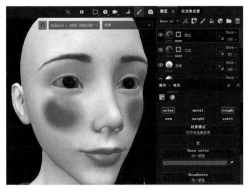

图 15-79　绘制腮红效果

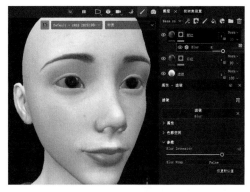

图 15-80　添加 blur 效果并调整图层透明度

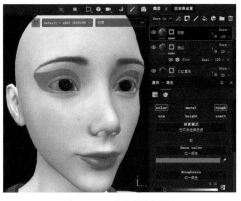

图 15-81　绘制眼影效果

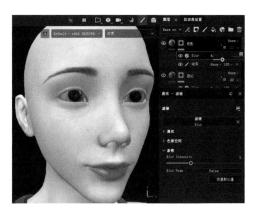

图 15-82　添加 blur 效果（2）

　　步骤 9　选中眼影图层，按下鼠标右键，在弹出的浮动菜单中点击"复制图层"，快捷键是 Ctrl+D 键（Windows）或 Command+D 键（macOS），将复制出来的图层重命名为"眼影重色"。再使用橡皮擦工具，将眼影外部的区域都擦除，只保留眼皮周围的部分。再将"Base color"改为深棕色（图 15-83）。

　　步骤 10　把眼影重色图层中"Blur"（模糊）滤镜的"Blur Intensity"（模糊强度）改为 3，强化眼影效果（图 15-84）。

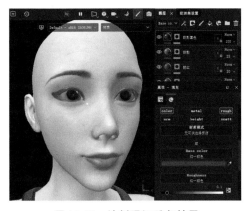

图 15-83　绘制腮红重色效果

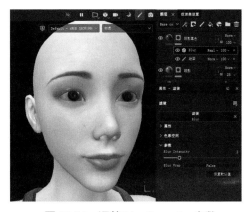

图 15-84　调整 blur Intensity 参数

步骤 11　继续绘制眼线等效果，最终完成的角色脸部效果如图 15-85 所示。

最终完成的文件是本书案例素材中的"15.4_poser.spp"文件，有需要的读者可以使用 Substance 3D Painter 打开观看。

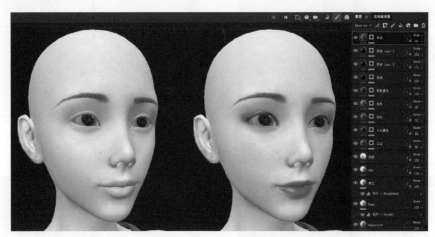

图 15-85　完成的前后效果对比

步骤 12　从 Substance 3D Painter 中导出角色的材质贴图文件（图 15-86）。

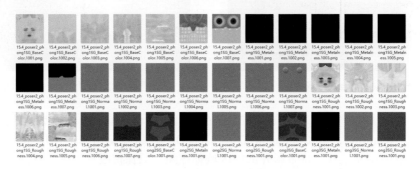

图 15-86　导出的角色材质贴图文件

步骤 13　回到 Maya 中，选中角色模型，重新为它指定一个"aiStandardSurface"材质，点击"Color"属性后面的贴图按钮，选中导出的第一张 Base Color（基础颜色）贴图文件指定给它，然后设置"UV 平铺模式"为"UDIM（Mari）"，这样 Maya 会自动找到其他 6 张贴图文件，自动导入并指定给角色模型（图 15-87）。

图 15-87　为角色模型指定颜色贴图

步骤 14 按照之前的方法，将其他的贴图文件也指定给角色模型，设置一些简单的灯光，使用阿诺德进行渲染，效果如图 15-88 所示。

图 15-88　角色模型设定好贴图后的效果

最终完成的文件是本书案例素材中的 "15.4_maps.mb" 文件，有需要的读者可以打开观看。

本章小结
　　本章的主要学习任务是 Substance 3D Painter 绘制和材质贴图制作的方法，以及 Substance 3D Painter 和 Maya 等三维软件互导数据的方法。需要掌握的内容包括用 Substance 3D Painter 制作衣服材质贴图，PBR 工作流程和贴图的使用方法，用 Substance 3D Painter 制作角色材质贴图等。

课后拓展
　　1. 使用 Substance 3D Painter，为已经制作好的服装绘制材质贴图。
　　2. 使用 Substance 3D Painter，为已经制作好的角色绘制材质贴图。
　　3. 将所有制作好的贴图文件导出，并在 Maya 中指定给已经制作好的模型，设置灯光并进行渲染。

第16章

用Unreal Engine（虚幻引擎）合成写实角色动画

- **学习重点**　Unreal Engine（虚幻引擎）的制作流程。
  各三维软件与Unreal Engine（虚幻引擎）的相互配合流程。

- **学习难点**　三维模型、毛发、材质等数据导入Unreal Engine（虚幻引擎）的方法。
  Unreal Engine（虚幻引擎）中制作动画的流程和方法。

在传统的三维动画制作流程中，制作完成角色以后，就需要继续制作角色动作和场景，然后渲染输出。但是近些年，随着技术的不断发展，三维游戏和三维动画的制作流程开始高度重合，两个行业之间不断取长补短，彼此都对自己的制作流程进行了调整和优化。

动画行业最重要的改变，是使用了游戏行业的引擎技术进行渲染。尤其是近些年流行的Unity 和 Unreal Engine（缩写 UE）两款游戏引擎，以所见即所得的渲染速度，极大提升了动画制作效率。本章将重点介绍 UE 在动画制作中的使用方法。

UE 是美国公司 Epic Games 开发的一款游戏引擎，早期主要用于游戏的开发，经过几十年的更新迭代，现在的 UE 不仅为全球的优秀游戏提供支持，同时也广泛地应用于电影电视、建筑、汽车、制造和模拟等领域（图 16-1）。

图 16-1　虚幻引擎 5

初代的虚幻引擎于 1998 年推出，在业界引起了较大的反响。在 DirectX 时代，虚幻引擎 3 横空出世，成为一款为 PC、Xbox、PlayStation 平台准备的完整的游戏开发构架，在采用虚幻引擎 3 制作的游戏中，如《生化危机》《战争机器》《荣誉勋章：空降神兵》《枪神》《质量效应》《镜之边缘》画质都远超前作，尤其是《战争机器》一度创下游戏的画质神话，一举奠定了虚幻引擎在游戏业中的王者地位。

2022 年虚幻引擎 5 正式发布，Epic 公司宣布该版本"为渲染、动画和模拟引入了实验性的新功能——包括电影质量级的体积渲染、正交渲染、骨骼编辑器、基于面板的 Chaos 布料，并支持了 SMPTE ST 2110 标准"，直接涉足影视行业（图 16-2）。

图 16-2 虚幻引擎官网中展示的城市效果

最重要的是，虚幻引擎在创作电影等线性内容时是免费使用的，在许多游戏项目开发中也是免费使用的，只有当使用者的作品营收超过 100 万美元时，才需要支付超出部分的 5% 的分成费用。

UE 严格意义上来说，是一个制作平台，所有的模型、贴图、动作等文件都需要在别的软件中做好，然后统一导入 UE 中进行整合，涉及的文件种类和数量都较大。因此，在开始制作之前，需要先把三维角色模型、绑定、动画等都制作完。

使用者可以在 UE 官网免费下载并安装 UE。

16.1 ▶ 角色动作的制作

写实三维角色的动作制作，包括角色本身的动作、衣服的动画和头发的动画效果。

从理论上来讲，这三部分的动画都可以在 UE 中完成，但是本案例中，角色动作和衣服动画都不适合直接在 UE 中制作。

角色动作部分，本案例使用的是 Daz Studio 的角色模型，而不是 UE 自带的 MetaHuman，所以无法直接调用 UE 的角色动作库。

衣服动画部分，UE 的 chaos 系统只能支持比较简单的衣服动画，而本案例中的衣服较为复杂，而且面数较高，因此无法使用 UE 的 chaos 系统进行运算。

头发动画部分是可以在 UE 中进行直接运算的。

因此，角色动作和衣服动画需要在其他软件中制作，然后再把数据导入 UE 中。

16.1.1 调用Daz Studio中的角色动作

三维角色绑定骨骼以后，就可以用手动设置关键帧的方法去制作角色动作了。

视频教程

但是随着技术的进步，有很多角色动作库可以直接调用，因为该案例中使用的是 Daz Studio 的角色模型，因此在本章中也使用 Daz Studio 的动作库来进行设置。

步骤 **1**　打开 Daz Studio 软件，新建一个和之前创建的角色模型一样的"Genesis 8.1 Basic Female"角色模型（图 16-3）。

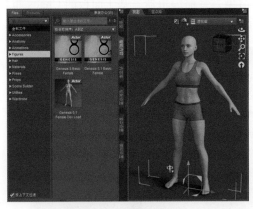

图 16-3　创建角色模型

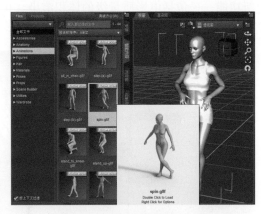

图 16-4　给角色模型指定动作

图 16-5　烘焙关键帧

步骤 **2**　在内容库窗口中切换到"Animations"，这里面有多种已经设置好的角色动作，选中其中一个并双击，将该动作指定给模型（图 16-4）。

步骤 **3**　在时间轴窗口的空白处点击鼠标右键，在弹出的浮动菜单中，点击"Bake To Studio Keyframes"，将动作的所有关键帧进行烘焙（图 16-5）。

技术解析

烘焙（Bake）是三维动画制作中的一个专用名词。

在关键帧烘焙中，是对角色每一段骨骼，在每一帧都自动设置关键帧，简单来说，就是将补间动画设置为逐帧动画，从而保证动作更为稳定和准确。

步骤 **4**　执行 Daz Studio 菜单的"File（文件）"→"导出"命令，选择好导出位置，并将"保存类型"设置为"Autodesk FBX"的 fbx 格式，点击"保存"按钮后，会弹出导出设置窗口，勾选"Include Animation（包含动画）"选项，点击"接受"按钮（图 16-6）。

导出的文件是素材中的"16.1_dancing.fbx"文件，有需要的读者可以直接使用。

16.1.2　在Maya中调整角色动作

步骤 **1**　打开上一章完成的"15.4_maps.mb"文件，分别勾选视图菜单的"着色"→"X 射线显示关节"选项，和"显示"→"视口"→"关节"选项，让角色的骨骼在视图中显示出来（图 16-7）。

视频教程

图 16-6　导出 FBX 设置

步骤 2 因为接下来还要将角色动作导入 Marvelous Designer 中制作衣服动画，而在 Marvelous Designer 中，角色的起始姿势就是现在的 A 型站立，因此要在第 0 帧的位置将该姿势设置关键帧。在大纲视图中，按着键盘的 Shift 键，使用鼠标左键点击角色骨骼的 hip 层级，将该层级的所有骨骼都显示出来。选中它们，在第 0 帧处按下键盘的 S 键，为所有的骨骼设置关键帧（图 16-8）。

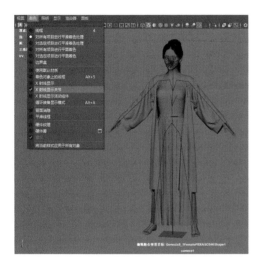

图 16-7　在视图中显示所有骨骼

图 16-8　将 hip 层级中的所有骨骼在第 0 帧处设置关键帧

步骤 3 一旦进行大数据的运算，例如几十段骨骼共计几千关键帧的复制粘贴，很容易导致软件崩溃，因此要在导入动作之前，选中头发、衣服、灯光等一切与角色动作无关的物体，按下键盘的快捷键 Ctrl+H（Windows）或 Command+H（macOS），将它们隐藏。并执行菜单的"文件"→"场景另存为"命令，将该场景另存为"16.1_girl_animation.mb"文件（图 16-9）。

步骤 4 将从 Daz Studio 导出的角色动作文件"16.1_dancing.fbx"拖拽入 Maya 的视图中，会发现之前的模型消失了，而且骨骼也乱了（图 16-10）。

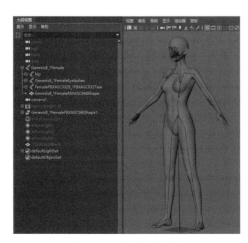

图 16-9　清理当前场景

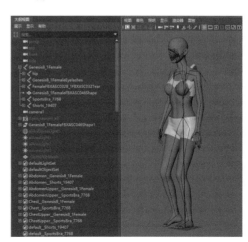

图 16-10　拖入动作文件

步骤5 执行菜单的"文件"→"新建场景"命令，创建一个新的场景，再将从 Daz Studio 中导出的"16.1_dancing.fbx"文件拖拽入 Maya 的视图中，这时观察大纲视图，会看到这个 FBX 文件中有很多物体（图 16-11）。

步骤6 因为在导入角色动作的时候，只需要骨骼关键帧的数据，因此要清理一下整个场景。只保留总层级和 hip 层级的骨骼，将其他的物体全部删除，并将该场景另存为"16.1_dancing.mb"文件（图 16-12）。

图 16-11 新建场景并导入动作文件

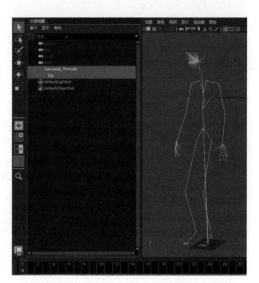

图 16-12 另存场景

步骤7 重新打开"16.1_girl_animation.mb"文件，再把刚才保存的角色动作文件"16.1_dancing.mb"拖拽入视图中，就会看到骨骼被顺利导入了（图 16-13）。

步骤8 还是按着键盘的 Shift 键，使用鼠标左键点击导入的动作骨骼的 hip 层级，将该层级的所有骨骼都显示出来并选中，会看到时间轴上第 0 到 62 帧的位置上，每一帧都被打上了关键帧（图 16-14）。

步骤9 将时间滑块放在时间轴的第 0 帧处，按着键盘的 Shift 键，使用鼠标左键向右拖动，选中时间轴上所有的关键帧，在时间轴上按下鼠标右键，在弹出的菜单中点击"复制"命令，将这些关键帧复制下来（图 16-15）。

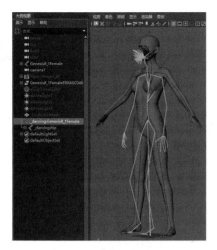

图 16-13　导入动作文件

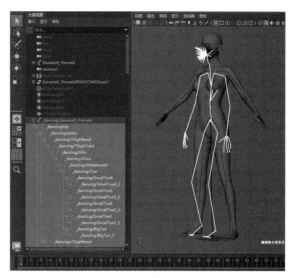

图 16-14　显示并选中所有动作骨骼（1）

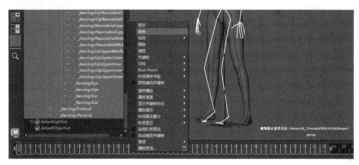

图 16-15　复制动作文件所有骨骼的关键帧

步骤 10　再重新选中角色模型的所有骨骼，将时间滑块放在第 30 帧的位置，在时间轴上按下鼠标右键，在弹出的浮动菜单中点击"粘贴"→"粘贴"命令，将动作骨骼所有的关键帧粘贴在角色骨骼上（图 16-16）。

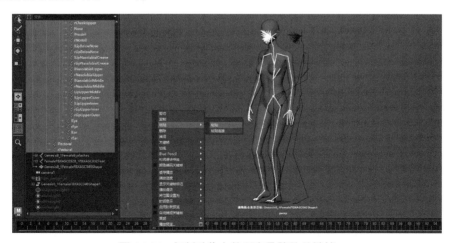

图 16-16　复制动作文件所有骨骼的关键帧

步骤 11　选中动作骨骼，将它们隐藏。拖动时间轴播放，就能看到角色在第 0 到 30 帧，是由 A 型站立向动作的起始姿势转换，这是为在后续制作过程中，将角色动作导入 Marvelous Designer 中计算衣服动画做准备。从第 30 到 92 帧就是跳舞的动作了。仔细检查模型在做动作的时候有没有穿插在一起的情况，如果有，可以执行菜单的"窗口"→"动画编辑器"→"曲线图编辑器"命令，打开"曲线图编辑器"窗口，接着再逐一选中有穿插情况的骨骼，调整其不同属性的曲线效果（图 16-17）。

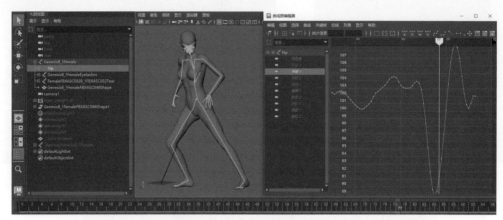

图 16-17　检查并调整角色动作

将设置好动作的场景另存为"16.1_girl_animation2.mb"文件，有需要的读者可以在素材中找到，并直接打开使用。

步骤 12　选中角色模型，在"动画"模块下，点击菜单"缓存"→"几何缓存"→"导出缓存"命令后面的小方块，打开它的设置面板（图 16-18）。

步骤 13　在"导出几何缓存选项"设置面板中，在"缓存目录"中设置保存的路径，并输入"缓存名称"，将"缓存格式"设置为 mcc，勾选"一个文件"选项，将"缓存时间范围"设置为"开始 / 结束"，并设置开始帧为 1，结束帧为 100，将 1 ~ 100 帧的动画导出为缓存，按下"应用"按钮（图 16-19）。

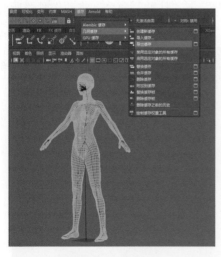

图 16-18　导出缓存

图 16-19　显示并选中所有动作骨骼（2）

随后 Maya 会自动播放动画以记录动画缓存，播放完成后缓存文件就导出完成了。

导出的动画缓存文件是素材中的"16.1_girl_animation.mc"文件，有需要的读者可以直接使用。

16.1.3　在Marvelous Designer中制作衣服动画

步骤 1　打开 Marvelous Designer 软件，再在软件中执行"文件"→"打开"→"项目"命令，打开之前展好 UV 的"15.2_ClothUV.zprj"文件。再执行菜单的"文件"→"导入"→"Maya Cache（MC）"命令，将刚才从 Maya 中导出的角色动作缓存文件"16.1_girl_animation.mc"导入（图 16-20）。

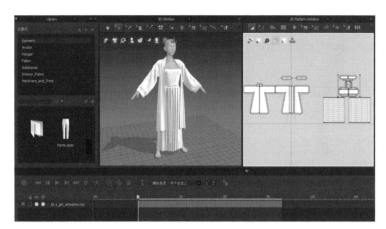

图 16-20　将动作缓存文件导入 Marvelous Designer 软件

步骤 2　选中角色模型的任意一处，在"属性编辑器"（Property Editor）中，将"表面间距［0-100](mm)"属性参数降低至 1.0，让衣服和角色模型贴得更紧一些（图 16-21）。

步骤 3　选中所有的衣服板片，在"属性编辑器"（Property Editor）中将"增加厚度 - 冲突（毫米）"参数降低至 1.0，使衣服与衣服之间也贴紧一些（图 16-22）。

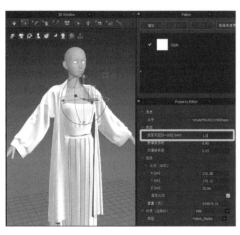

图 16-21　调整角色模型参数

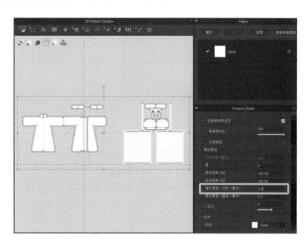

图 16-22　调整衣服板片参数（1）

步骤 4　再将"粒子间距（毫米）"属性参数降低至 8.0，让所有衣服板片的动画变形效果更加细腻（图 16-23）。

步骤 5　在"布料"（Fabric）面板中，选中"Cloth"布料，在"属性编辑器"（Property Editor）中，设置"预设"为"Silk_Double_Georgette"，这是一种较薄且运动起来比较飘逸的布料效果，可以让衣服的运动效果更加流畅（图 16-24）。

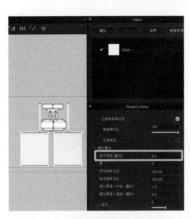
图 16-23　调整衣服板片参数（2）

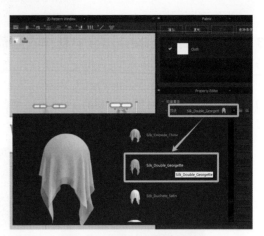
图 16-24　设置衣服布料参数

步骤 6　角色身上的衣服并不都是一种布料效果，例如贴身的内衣、腰封腰带、袖口和领口这些地方，应该是较厚的纯棉布料。在"布料"（Fabric）面板中，再新建一个"FABRIC 1"布料，将它指定给上述衣服板片。为了便于区分，将该布料调整为深色。在"预设"中设置该布料为"Cotton_50s_Poplin"，这是一种纯棉且较厚的布料效果（图 16-25）。

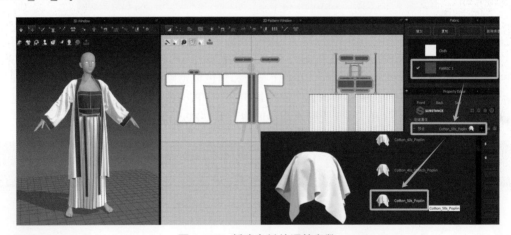
图 16-25　新建布料并调整参数

步骤 7　将"FABRIC 1"布料的预设参数打开，将"内部 Damping""密度"和"摩擦系数"属性的参数都调高至 80，增加该布料的硬度，降低它的变形效果（图 16-26）。

步骤 8　点击"动画编辑器"面板右上角的"录制"按钮进行服装的布料解算，会新增一个名为"服装"的动画层存储每一帧的运算效果。运算完会发现动作幅度大的时候，布料出现了非常严重的撕扯现象（图 16-27）。

步骤 9　选中撕裂效果的"服装"动画层，按下键盘的 Delete 键将它删除，便于重新对布料进行运算。再将"动画编辑器"面板右侧的"场景时间变换"设置为 10，将整个动作慢放 10 倍，使动作放缓，更利于布料解算。因为放慢了 10 倍，帧数也增加为原来的 10 倍，因此再把时间范围设置为 0 到 1200 帧。重新点击"录制"按钮进行服装的布料解算，这时会发现布料动画正常了（图 16-28）。

图 16-26　调整布料预设的参数

图 16-27　布料解算出现严重的撕扯现象

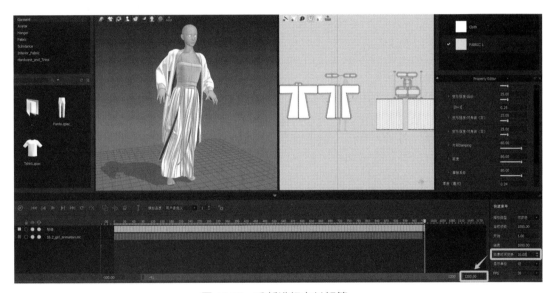

图 16-28　重新进行布料解算

计算完毕以后，把"场景时间变换"重新调整回 1，让动画正常速度播放。执行菜单的"文件"→"另存为"→"项目"命令，将它另存为"16.1_cloth_animation.zprj"文件，有需要的读者可以在素材中找到，并直接打开使用。

16.2 ▶ 将所有素材导入UE

UE 支持所有三维动画相关素材的导入，但不同素材类型，所支持的文件格式也不相同，例如毛发素材就需要通过 UE 自带插件进行导入。

16.2.1　UE的基础操作和项目设置

UE 的主界面是由菜单栏、工具栏、关卡视口、内容侧滑菜单、底部菜单栏、大纲窗口和细节窗口所组成的（图 16-29）。

图 16-29　UE 的主界面

A. 菜单栏：菜单包含在制作中所使用到的命令和操作，位于主界面的顶部。

B. 工具栏：包含虚幻引擎中部分最常用工具和编辑器的快捷方式，以及用于进入播放模式和用于将项目部署到其他平台的快捷方式。

C. 关卡视口：显示关卡的内容，例如摄像机、Actor、静态网格体等。

D. 内容侧滑菜单：点击打开内容侧滑菜单，可以在其中访问项目中的所有资产。

E. 底部菜单栏：包含命令控制台、输出日志和派生数据功能的快捷方式。

F. 大纲窗口：显示关卡中所有内容的分层树状图。

G. 细节窗口：在选择物体时，显示该物体的各种属性参数，可以对其数值或选项进行相应的调整和设置。

UE 的视图操作方法也和 Maya 是一样的。

旋转视图：按住 Alt 键（Windows）或 Option 键（macOS）并使用鼠标左键拖动。

平移视图：按住 Alt 键（Windows）或 Option 键（macOS）并使用鼠标中键（滚轮键）拖动。

推拉视图：按住 Alt 键（Windows）或 Option 键（macOS）并使用鼠标右键拖动，或者直接使用鼠标的滚轮进行操作。

全屏视图：按下 F11 键，可以将当前视图全屏化。

游戏视图：按下 G 键，可以将灯光等不可见的辅助工具都隐藏起来。

另外，如果需要观察被选中物体，也可以直接按下键盘的 F 键，会将屏幕直接推进到被选中物体的中心位置。

除了传统的视图操作方法以外，UE 还可以使用游戏操作的方法来控制视图。前提是要先按着鼠标左键或右键不要松手，再点击其他按键。

W 键：向前移动视图。

S 键：向后移动视图。

A 键：向左移动视图。

D 键：向右移动视图。

E 键：向上移动视图。

Q 键：向下移动视图。

Z 键：增加 FOV（Field of View 的缩写，即视场）。

C 键：减小 FOV。

需要注意的是，增加 FOV 或缩小 FOV 时，当松开鼠标后，视口会回到原来的状态。

如果需要切换其他的视图，可以点击视图左上角的视图切换按钮，在弹出的浮动菜单中点击相应的视图进行切换。如果觉得视图运动速度太慢，也可以点击视图右上角的"摄像机速度"按钮，将参数调高，使摄像机速度加快（图 16-30）。

UE 也可以对物体进行操作，和 Maya 一样，移动工具的快捷键是 W 键，旋转工具的快捷键是 E 键，缩放工具的快捷键是 R 键（图 16-31）。

图 16-30　切换视图和调整摄像机速度

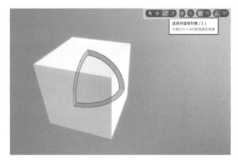

图 16-31　移动工具、旋转工具和缩放工具

由于 UE 是一个制作平台，所有文件都需要在别的软件中做好后统一导入 UE 中进行整合，涉及的文件种类和数量都较大。因此，在开始制作之前，需要对项目进行设置。

如果没有特殊的需求，可以在 UE 启动的"虚幻项目浏览器"窗口中，点击"游戏"→"空白"，将整个项目设置为不含任何代码的空白项目。设置"项目名称"为"girl"，并将"项目位置"放在没有中文的路径下，再按下"创建"按钮（图 16-32）。

图 16-32　设置新项目

进入 UE 的主界面以后，会发现画面中还是存在一个地形模型，可以执行菜单的"文件"→"新建关卡"命令，或者直接使用快捷键 Ctrl+N（Windows）或 Command+N（macOS），在弹出的"新建关卡"窗口中，点击"Basic"，再按下"创建"按钮（图 16-33）。

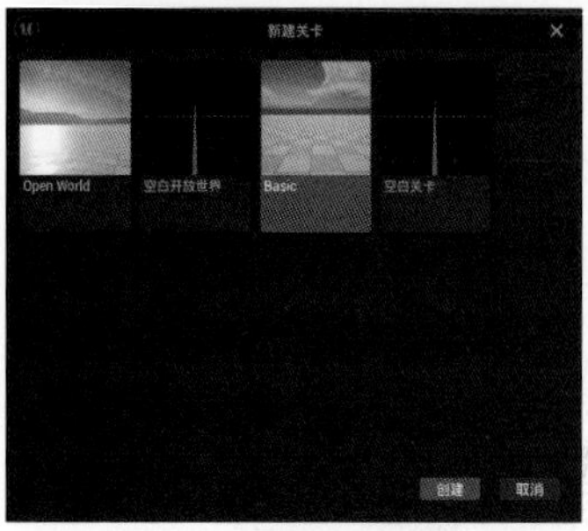

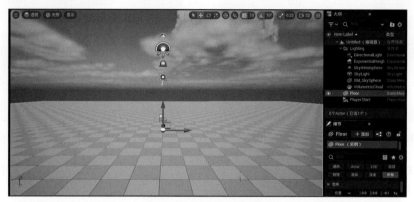

图 16-33　新建 Basic 关卡

这时场景中就只有灯光和一个地面模型，更方便往场景中添加各种物体（图 16-34）。

因为要导入的素材种类较多，为了方便管理，需要对项目的素材文件夹进行设置。

进入左下角的"内容浏览器"中，使用鼠标右键点击"内容"，在弹出的浮动窗口中点击"新建文件夹"，重复此操作，在"内容"文件夹下创建 5 个文件夹（图 16-35）。

图 16-34　场景中的模型

将五个文件夹分别命名为 Animation（动画文件）、Maps（关卡/地图文件）、Materials（材质文件）、Models（模型文件）、Textures（贴图文件）（图 16-36）。

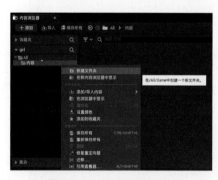

图 16-35　新建项目文件夹

图 16-36　文件夹设置

技术解析

不同的制作团队，对文件夹的命名也有不同要求，本案例中列举的文件夹命名方法是较为普遍的一种。在实际制作中，以所在团队的命名规则为准。

除了上述文件夹以外，根据制作需求，还可以设置 Blueprints（蓝图文件）、Sequence（场景序列文件）、Framework（框架文件）、UMG（UI文件）等文件夹。

执行菜单的"文件"→"保存当前关卡"命令（图 16-37）。

将该关卡保存在"Maps"文件夹中，命名为"girl01"（图 16-38）。

图 16-37 执行"保存当前关卡"命令

图 16-38 将该关卡保存在"Maps"文件夹中

16.2.2 角色和衣服动画的导入

视频教程

步骤 1 重新在 Maya 中打开"16.1_girl_animation2.mb"文件，只选中角色模型，执行菜单的"缓存"→"Alembic 缓存"→"将当前选择导出到 Alembic"命令（图 16-39）。

步骤 2 在弹出的"导出当前选择"窗口中，将"缓存时间范围"设置为"开始/结束"，并将"开始/结束"设置为 0 到 100 帧的范围，打开"高级选项"，勾选图 16-40 中所示的选项。设置好文件名为"16.2_girl_animation.abc"，并将该缓存文件保存在 UE 项目的"Animation"文件夹内。

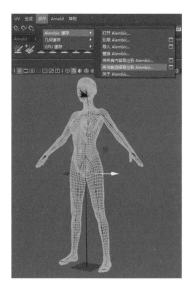

图 16-39 导出 Alembic 缓存

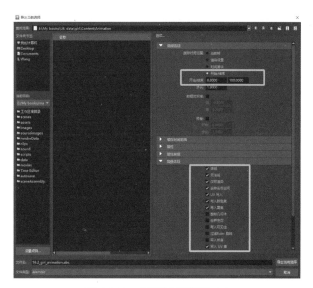

图 16-40 设置导出选项（1）

技术解析

如果只是导出模型、骨骼以及骨骼动画等，也可以直接执行 Maya 中导入 UE 的"文件"→"发送到 Unreal"命令。

步骤 3 在 Marvelous Designer 中打开"16.1_cloth_animation.zprj"文件，执行菜单的"文件"→"导出"→"Alembic"命令，导出衣服的缓存（图 16-41）。

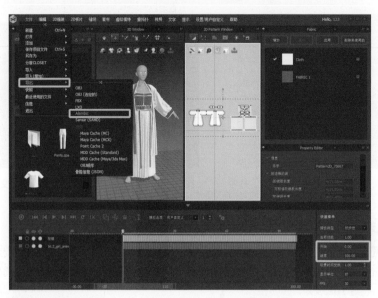

图 16-41 导出衣服的 Alembic 缓存（1）

图 16-42 设置导出选项（2）

步骤 4 在弹出的设置窗口中，将"文件类型"设置为"OGAWA"，并将"开始/结束""物体"设置为"合并""薄的"和"统一的 UV 坐标"，取消所有贴图的勾选，比例设置为"cm"（图 16-42）。设置好文件名为"16.2_cloth_animation.abc"，并将该缓存文件保存在 UE 项目的"Animation"文件夹内。

步骤 5 重新回到 UE 中，点击"内容浏览器"面板左上角的"添加"按钮，在弹出来的浮动菜单中点击"导入到"→"Game"→"Animation"命令（图 16-43）。

步骤 6 选中刚才导出的角色动画缓存文件"16.2_girl_animation.abc"，将其导入，在"Alembic 缓存导入选项"面板中，将"导入类型"修改为"Geometry Cache"（几何体缓存），点击"导入"按钮（图 16-44）。

步骤 7 导入后，可以把角色动画缓存文件拖拽到场景中，会发现模型是躺倒的状态。如果将其调正，需要沿 X 轴旋转 90 度。这会导致模型的数据不是清零状态，因此需要再重新导入，并在导入设置时进行设置，以保证模型在场景中是清零状态（图 16-45）。

步骤 8 在"内容浏览器"中选中刚才导入的角色动画缓存文件，按下键盘的 Delete 键，会弹出删除确认窗口，点击"强制删除"按钮（图 16-46）。

步骤 9 重新导入"16.2_girl_animation.abc"文件，在导入选项中，将"旋转"的第一个参数设置为 90，即导入时将素材沿 X 轴旋转 90 度（图 16-47）。

步骤 10 导入后，将素材从"内容浏览器"中拖入场景，点击"细节"面板中"位置"属性最右侧的"将该值重置为默认值"按钮，使模型处于场景的中间位置（图 16-48）。

图 16-43　导出衣服的 Alembic 缓存（2）

图 16-44　设置导出选项（3）

图 16-45　导入的模型有问题

图 16-46　强制删除

图 16-47　设置导入的旋转值

图 16-48　位置清零

步骤 11　用同样的方法，将衣服动画的缓存文件"16.2_cloth_animation.abc"导入进来。接下来要检查一下动画效果，点击"工具栏"上"修改游戏模式和游戏设置"按钮，在弹出的菜单中点击"模拟"，切换到"开始模拟游戏"模式（图 16-49）。

步骤 12　再点击"工具栏"上的"开始模拟游戏"按钮，这时角色和衣服动画就开启了循环播放的模式，检查没有问题以后，点击"停止模拟"按钮（图 16-50）。

图 16-49　设置"开始模拟游戏"模式

图 16-50　动画效果预览

步骤 13　点击"内容浏览器"上的"保存所有"按钮，或执行菜单的"文件"→"保存所有"命令，对当前的项目进行保存。

16.2.3　贴图的导入和材质的创建

步骤 1　先把衣服的 5 张贴图文件，复制粘贴到 UE 项目的"Textures"文件夹内，这时 UE "内容浏览器"会自动识别，并将 5 张贴图导入进来（图 16-51）。

视频教程

图 16-51　导入衣服的贴图

步骤 2　在"内容浏览器"中进入"Materials"文件夹，在空白处点击鼠标右键，在弹出的浮动菜单中点击"材质"按钮，新建一个材质球并命名为"cloth"（图 16-52）。

步骤 3　双击该材质球，会弹出材质的设置窗口（图 16-53）。

步骤 4　在"内容浏览器"中进入"Textures"文件夹，将 5 张贴图拖拽进材质设置窗口中（图 16-54）。

步骤 5　分别点击贴图文件 RGB 右侧的白色圆点，并将其拖拽到材质对应的属性上，例如将 Base Color（基础颜色）贴图拖拽到"基础颜色"属性上，将 Metalness（金属度）贴图拖拽到 Metallic 属性上，将 Roughness（粗糙度）贴图拖拽到"粗糙度"属性上，将法线贴图拖拽到 Normal 属性上，Height（高度）贴图没有对应的属性，可以先放在一边。选中 cloth 材质，在细节窗口中勾选 Two Sides（双面显示）属性，让衣服的内部和外部都显示出来（图 16-55）。

图 16-52　新建材质

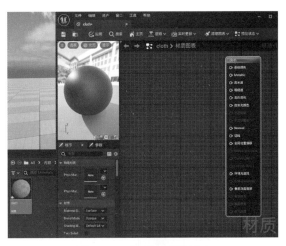

图 16-53　打开材质设置窗口

图 16-54　将贴图素材拖入材质设置窗口中

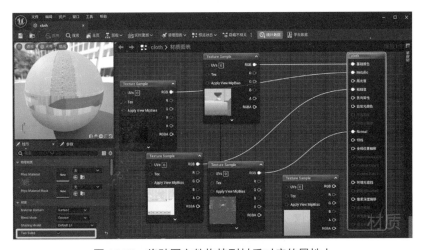

图 16-55　将贴图文件拖拽到材质对应的属性上

步骤 6　在材质设置窗口中点击"应用"按钮，使设置生效（图 16-56）。

步骤 7　在"内容浏览器"中选中 cloth 材质球，再在场景中选中衣服模型，在细节面板中，点击材质的"使用内容浏览器中选择的资产"按钮，将设置好的 cloth 材质球指定给衣服模型（图 16-57）。

图 16-56 应用材质设置

图 16-57 将材质指定给模型

步骤 8 继续将角色的贴图复制粘贴到 UE 项目的"Textures"文件夹内，UE 的"内容浏览器"不但可以识别，还会自动将多象限的贴图合并整理成一个文件导入（图 16-58）。

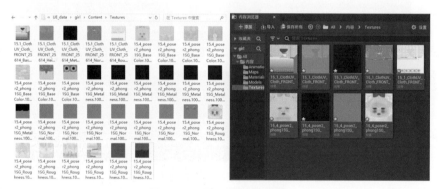

图 16-58 导入角色的贴图

步骤 9 使用同样的方法，在"Materials"文件夹中创建一个 girl 的材质球，双击它打开材质设置窗口，将 4 套贴图与不同属性一一对应（图 16-59）。

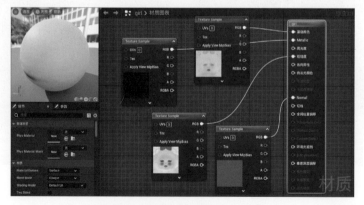

图 16-59 设置角色的材质和贴图

步骤 10 将材质指定给角色模型，发现出现贴图错位的问题（图 16-60）。

步骤 11　执行菜单的"编辑"→"项目设置"命令，在弹出的"项目设置"窗口的搜索栏中，输入"虚拟纹理"进行对应属性设置的搜索，勾选搜索到的"启用虚拟纹理支持"属性，这时 UE 会要求重启，保存后再进行重启（图 16-61）。

图 16-60　贴图出现错位的情况

图 16-61　打开虚拟纹理的设置

步骤 12　重启以后，打开内容浏览器，将"Textures"文件夹内的角色贴图删除。重新点击"添加"→"导入到 /Game/Textures"命令，只选中 4 套贴图中的第一张，点击导入，导入后的贴图文件右下角出现 VT 字样，就表明多象限贴图导入成功了（图 16-62）。

步骤 13　重新打开 girl 材质球的材质设置窗口，将重新导入的贴图一一连接在对应的属性上，并点击"应用"按钮，这时就会看到贴图在模型上的显示正常了（图 16-63）。

图 16-62　重新导入多象限贴图

图 16-63　重新设置材质属性

16.2.4　毛发的导入和物理动画制作

步骤 1　在 Maya 中打开"14.6_color.mb"文件，在大纲视图中选中所有的 XGen 毛发，执行菜单的"生成"→"转化为交互式梳理"命令（图 16-64）。

步骤 2　在弹出的"转化为交互式梳理选项"窗口中，直接按下"转化"按钮

视频教程

（图 16-65）。

图 16-64 转化为交互式梳理

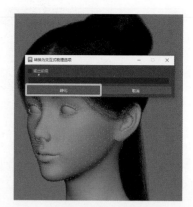

图 16-65 开始转化

步骤 3 转换完成以后，大纲视图中会新生成 XGen 毛发文件，这时可以选中之前的 XGen 毛发文件，按下快捷键 Ctrl+H（Windows）或 Command+H（macOS）将它们隐藏，方便更好地观察。转换后的 XGen 毛发会变成黄色，因为导入 UE 后会再对毛发颜色进行调整，因此先不用处理（图 16-66）。

步骤 4 放大检查毛发效果，如果发现不够毛发不够圆滑，可以调整"CV 计数"参数并按下"重建"按钮，数值越高，毛发弯曲效果就越好，但数据量也会随之增加，如果毛发没有特写镜头，建议默认值 50 即可（图 16-67）。

图 16-66 转化完成

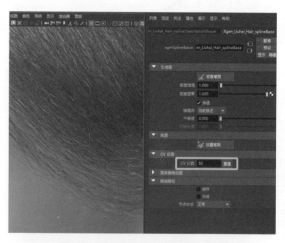

图 16-67 调整"CV 计数"参数

步骤 5 因为不同的毛发，导入 UE 中要做不同的设置，因此需要将毛发分别导出。先在大纲视图中选中眉毛、睫毛、刘海、发髻等不需要单独做动画的毛发，执行菜单的"生成"→"缓存"→"导出缓存"命令（图 16-68）。

步骤 6 在弹出来的"导出缓存"设置窗口中，勾选"写入最终宽度"选项，并将该部分毛发命名为"16_2_2_Hair_all.abc"，存储在 UE 项目的"Models"文件夹内。继续重复该操作，将后期需要制作毛发碰撞动画的背部长发部分导出为"16_2_2_Hair_long.abc"文件，把后期需要单独指定材质的汗毛部分导出为"16_2_2_Hair_face.abc"文件（图16-69）。

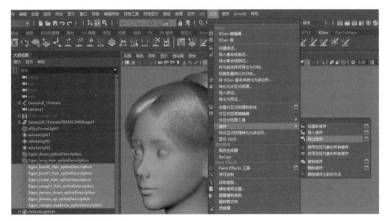

图 16-68　将不需要单独做动画的毛发导出

步骤7　将毛发缓存文件导入UE时，需要使用对应的插件。回到UE中，执行菜单的"编辑"→"插件"命令，打开"插件"设置窗口，在搜索栏中输入"Groom"，勾选搜索到的两个相关插件，并重启UE使其生效（图16-70）。

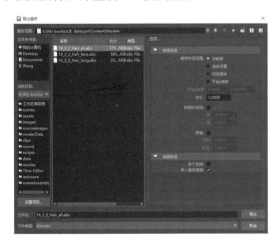

图 16-69　分别将毛发导出为缓存文件

图 16-70　启用 UE 中的 Groom 插件

步骤8　重启以后，先把"16_2_2_Hair_all.abc"文件添加进"Models"文件夹中，这时会弹出"Groom 导入选项"，证明 Groom 插件识别到了毛发文件，点击"导入"按钮，并将毛发拖入场景中，会看到毛发的位置不对（图16-71）。调整后发现需要让毛发沿 X 轴旋转 270度，沿 Z 轴旋转 180 度。

步骤9　将毛发文件删除，重新添加进来，并在"Groom 导入选项"中设置 Rotation（旋转）参数为270、0 和180，再导入并拖入场景中（图16-72），点击"位置"属性最右侧的"将该值重置为默认值"按钮，使毛发处于场景的中间位置，与头部位置保持一致。

步骤10　使用同样的方法，将其他两个毛发素材也添加进来（图16-73）。

虽然把毛发放在角色模型上了，但现在毛发并不能跟着模型一起运动，这就需要把毛发和模型绑定，让两者一起运动。

步骤11　在内容浏览器中选中"16_2_2_Hair_all"并点击鼠标右键，在弹出的菜单中点击"创建绑定"命令（图16-74）。

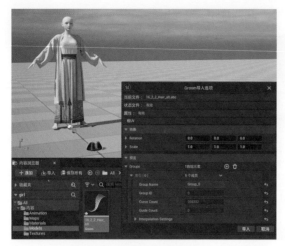

图 16-71　测试毛发导入位置

图 16-72　重新添加毛发

图 16-73　添加所有的毛发

图 16-74　创建毛发绑定文件

步骤 12　在弹出的"Groom 绑定选项"窗口中，将 Groom Binding Type（绑定类型）设置为 Geometry Cache（几何体缓存），点击 Target Geometry Cache（目标几何体缓存）右侧的下拉菜单，选中角色身体。再把 Num Interpolation Points（插值点数量）降至 10，点击"创建"按钮，内容浏览器中就会创建一个绑定文件（图 16-75）。

步骤 13　先在大纲窗口中选中角色模型缓存，再在细节面板中，点击"添加"按钮，在弹出的搜索框中输入 Groom，再点击搜索出来的 Groom 组件，使其添加在角色模型缓存中（图 16-76）。

步骤 14　在细节窗口中选中刚才添加的 Groom 组件，再设置 Groom Asset（Groom 资产）为 16_2_2_Hair_all，Blinding Asset（绑定资产）为刚才创建的绑定文件（图 16-77）。

步骤 15　用同样的方法，将其他两个毛发文件也绑定在角色模型上，这时场景中就会有两套毛发，可以在大纲窗口中，将之前拖入的三个毛发文件删除，只保留绑定好的毛发。按下快捷键 Alt+P（Windows）或 Option+P（macOS）预览下动画效果，会看到毛发就跟着身体一起动起来了（图 16-77）。

图 16-75　设定 Groom 绑定选项

图 16-76　为角色模型缓存添加 Groom 组件

图 16-77　设定 Groom 组件

图 16-78　预览毛发运动效果（1）

步骤 16　在内容浏览器中双击背部长发部分的毛发文件，弹出它的设置窗口，进入到"物理"面板中，勾选 Enable Simulation（启用模拟）属性，将该毛发的物理碰撞模拟打开，点击左上角的"保存此资产"的按钮后将窗口关闭（图 16-79）。

再次在场景中预览下动画效果，就可以看到背部长发的运动更加飘逸了（图 16-80）。

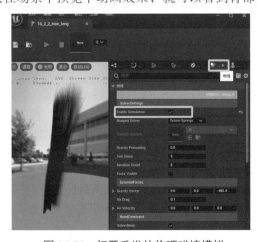

图 16-79　打开毛发的物理碰撞模拟

图 16-80　预览毛发运动效果（2）

接下来要对毛发的颜色和材质进行调整。

步骤 17 依次选中角色模型、细节面板中的 Groom，再点击材质后面的"浏览到内容浏览器"按钮，找到现在毛发的系统默认材质，并将它拖拽到 Materials 文件夹中，在弹出的浮动菜单中点击"复制到这里"（图 16-81）。

步骤 18 进入 Materials 文件夹中，将复制过来的头发材质重命名为 girl_Hair（图 16-82）。

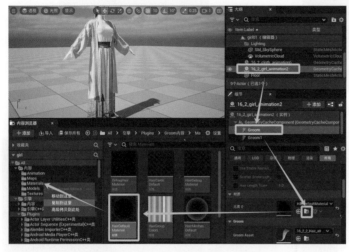

图 16-81　找到系统的毛发材质　　　　　　图 16-82　重命名毛发材质

步骤 19 双击打开 girl_Hair 材质的设置面板，双击 Color 节点中的色块，在弹出的取色器中，可以设置头发的颜色，设置完成后按下"确定"按钮，并点击左上角的"保存此资产"按钮后将窗口关闭（图 16-83）。

步骤 20 在内容浏览器中选中 girl_Hair 材质，再在大纲窗口中选中角色模型，分别选中"细节"面板中的几个 Groom，点击材质属性中的"使用内容浏览器中选择的资产"，将 girl_Hair 材质指定给场景中的毛发（图 16-84）。

图 16-83　调整毛发颜色　　　　　　　图 16-84　将毛发材质指定给场景中的毛发

步骤 21 将 girl_Hair 材质复制一份，重命名为"girl_Hair_face"，作为脸部汗毛部分的材质。双击打开它的设置窗口，将颜色调整为褐色。保存并关闭设置窗口，将该材质指定给场景中的汗毛毛发（图 16-85）。

步骤 22 由于汗毛是很细的，可以双击打开内容浏览器中的汗毛毛发文件的设置窗口，在"发束"面板中，勾选 Hair Width（头发宽度），并设置参数为 0.01，在 UE 中重新调整毛发的粗细效果，保存并关闭设置窗口（图 16-86）。

图 16-85　调整汗毛材质的颜色

图 16-86　调整汗毛的宽度参数

16.3 ▶ 虚幻商城中资源的使用

在传统的项目开发中，需要制作大量的角色、场景、道具模型和材质，会极大地增加开发难度和周期。因此制作人员会找一些素材，修改后进行使用。基于此需求，Epic Games 提供了虚幻商城系统，很多制作人员会把自有版权的资源上传到虚幻商城中进行售卖，供其他项目的开发人员下载使用。

步骤 1 在 UE 中执行菜单的"窗口"→"打开虚幻商城"命令，或直接点击工具栏中"快速添加到项目"图标旁边的小三角，在弹出的浮动菜单中点击"虚幻商城"（图 16-87）。

步骤 2 弹出"虚幻商城"窗口，会看到各种各样可供购买下载使用的资源（图 16-88）。

图 16-87　打开虚幻商城

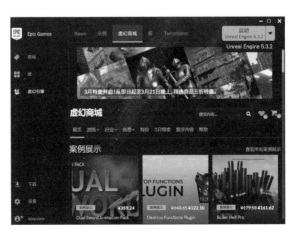

图 16-88　"虚幻商城"窗口

这些资源有免费的，但绝大多数都是收费的。虚幻商城支持国内常用的支付方式，可以很快速地完成付费购买。本案例中购买并使用的是一套古代宫殿的场景资源。

步骤 3 完成购买以后，资源的页面就会显示"添加到工程"按钮（图 16-89）。

步骤 4 点击"添加到工程"的按钮后，会弹出"选择要添加资源的工程"界面，点击要导入的工程文件，再点击下方的"添加到工程"按钮（图 16-90）。

图 16-89　完成购买后的资源页面

图 16-90　将资源添加到工程中

步骤 5 在虚幻商城开始下载并安装该资源（图 16-91）。

步骤 6 下载并安装完毕后，回到 UE 的界面中，会看到"内容浏览器"中出现了该资源的文件夹，进入它的 Maps（关卡/地图文件）文件夹，双击它的关卡资产文件，就可以在视图中看到该资源的全貌了（图 16-92）。

图 16-91　下载并安装资源

图 16-92　打开该资源的关卡资产文件

检查完资源以后，就需要把刚才制作好的角色导入该资源场景中了。

步骤 7 重新打开 Maps 文件夹中的 girl01 关卡，在大纲窗口中选中角色身体和衣服的缓存文件，执行菜单的"编辑"→"拷贝"命令，也可以按下键盘的快捷键 Ctrl+C（Windows）或 Command+C（macOS）（图 16-93）。

步骤 8 再重新打开场景资源的关卡，执行菜单的"编辑"→"粘贴"命令，也可以按下键盘的快捷键 Ctrl+V（Windows）或 Command+V（macOS），将角色身体和衣服缓存文件粘贴到场景中（图 16-94）。

图 16-93　拷贝角色身体和衣服缓存

图 16-94　将角色身体和衣服缓存文件粘贴到场景中

　　步骤9　在场景中选中角色身体和衣服模型，按下 W 键切换到移动工具，将角色移动到合适的位置，还可以按下 E 键切换到旋转工具，调整角色的角度。调整完毕以后，按下"开始模拟游戏"按键，检查一下角色动画效果（图 16-95）。

图 16-95　检查角色动画效果

　　如果角色没有动画效果，可以先执行菜单的"文件"→"当前关卡另存为"命令，将当前有角色和场景的关卡保存在 Maps 文件夹中，命名为"girl02"。然后重启 UE，再重新打开 girl02 关卡即可。

16.4 ▶ UE灯光的制作

视频教程

　　如果使用了外部的资源，在创建灯光之前，要先确认资源内有没有灯光，如果有的话，要确认接下来的制作是在已有灯光的基础上调整，还是删掉它们重新创建。在本案例中，将使用重新创建灯光的方法进行制作。

　　步骤1　点击大纲窗口左上角的"添加过滤器"图标，在弹出来的浮动菜单中点击"光源"和"视觉效果"，这样大纲窗口中就会显示该场景中的所有灯光和视效（图 16-96）。

　　步骤2　选中资源中已经创建好的所有灯光和视效文件，按下键盘的 Delete 键将它们删除，这时场景中会因为失去了灯光而变得一片漆黑（图 16-97）。

图 16-96　显示资源中的所有灯光

图 16-97　删除资源中的所有灯光

步骤 3　执行菜单的"窗口"→"环境光照混合器"命令，打开"环境光照混合器"窗口，在窗口顶部会看到"创建天空光照""创建大气光源"等多个按钮（图 16-98）。

图 16-98　打开"环境光照混合器"窗口

步骤 4　依次点击"环境光照混合器"窗口顶部的"创建天空光照""创建大气光源""创建天空大气""创建体积云""创建高度雾"等按钮，为当前场景创建光源和环境效果，然后场景就被创建的光源照亮了（图 16-99）。

图 16-99　创建光源和环境效果

步骤 5 选中大纲窗口中的 DirectionalLight 光源，即方向光源，在细节窗口中调整它的旋转参数，调整灯光的照射角度，使角色完整地站在阳光下（图 16-100）。

步骤 6 在细节窗口中，根据需要，调整 DirectionalLight 光源的 Intensity（强度）值，数值越高，灯光强度就越高。再将 Source Angle（光源角度）值调高，这是控制阴影效果的参数，调整数值，阴影会随着距离的远近产生虚化效果（图 16-101）。

图 16-100　调整灯光照射角度

图 16-101　调整阴影虚化效果

步骤 7 勾选 Use Temperature（使用色温）选项，激活并调整 Temperature（色温）值为 7200，使整体画面偏蓝一些，营造出下午的光线效果。再调整 Indirect Lighting Intensity（间接照明强度）值为 2，将场景中的暗部提亮一些（图 16-102）。

步骤 8 选中大纲窗口中的 SkyLight 光源，即天光，取消 Real Time Capture（实时捕捉）的勾选，再把 Source Type（光源类型）改为 SLS Specified Cubemap（使用指定的照明贴图），再在 Cubemap 的下拉菜单中选择一个 HDR 贴图作为照明，并调整"强度范围"值为 2，提高天光的照明强度（图 16-103）。

图 16-102　调整色温和间接照明强度

图 16-103　调整天光的参数

步骤 9 在大纲窗口中选中 ExponentialHeightFog，即场景中的高度雾。在细节窗口中，调低它的 Fog Density（雾浓度）为 0.01，下午光线较强，雾气也要稀薄一些（图 16-104）。

步骤 10 执行菜单的"窗口"→"放置 Actor"命令，打开"放置 Actor"面板（图 16-105）。

步骤 11 在"放置 Actor"面板中切换到"视觉效果"栏，将 Post Process Volume（后处理）组件拖拽进场景中的任何位置，在细节面板中勾选"后期处理体积设置"栏中的 Infinite Extent（Unbound）选项，使该组件对场景中所有物体生效（图 16-106）。

步骤 12 勾选 Bloom 栏中的"方法"，并调整为 Convolution（卷积）模式，增加场景的细节。再勾选 Local Exposure（局部曝光）栏下的"细节强度"，并调高其数值为 1.2，继续增加画面中的细节（图 16-107）。

图 16-104　调整高度雾的浓度

图 16-105　打开"放置 Actor"面板

图 16-106　创建 Post Process Volume 组件

步骤 13　勾选 Global 栏中的"饱和度"，并调整 R（红色）值为 1.5，提高场景中红色区域的饱和度，还可以根据实际情况，调整 Shadows（暗部）、Midtones（中间部）和 Highlights（高光部）的相关参数（图 16-108）。

图 16-107　增加画面的细节

图 16-108　调整画面的颜色参数

技术解析

　　Post Process Volume（后处理）组件也被称为"后期盒子"，可以对当前场景的局部或整体的画面效果进行调整，例如曝光、景深、光斑、色温、饱和度、对比度、颗粒度、动态模糊等。

16.5 ▶ 渲染输出的流程和设置

严格来说，UE是一款游戏引擎，是不需要渲染的。但是随着其功能的日益强大，越来越多的影视制作者也开始使用它，因此UE中就加入了渲染输出的功能。

16.5.1 添加关卡序列

步骤1 点击工具栏上关卡序列图标右侧的小三角，在打开的浮动菜单中，点击"添加关卡序列"（图16-109）。

视频教程

步骤2 在弹出的"资产另存为"窗口中，将新建的关卡序列命名为"girl_Seq_01"，并将它保存在Sequence文件夹中（图16-110）。

图16-109 添加关卡序列

图16-110 保存关卡序列

步骤3 这时界面的底部会出现Sequence窗口，在大纲窗口中选中角色身体和衣服的模型，将它们拖拽到Sequence窗口中松手，它们就会被添加到girl_Seq_01序列的时间轴上了（图16-111）。

图16-111 将角色身体和衣服模型添加到序列中

步骤4 在序列轨道上点击两个模型右侧的加号，在弹出的浮动菜单中点击"几何体缓存"，将动画缓存效果添加到序列轨道中（图16-112）。

步骤5 拖动轨道上的时间滑块，会看到角色动画就开始播放了（图16-113）。

步骤6 因为整个动画中，前后各有一部分是起始的准备姿势，因此可以在时间轴上将它们切掉。将时间轴最左侧的绿色左括号移动到第20帧处，再把右侧的红色右括号移动到第90帧处，再

图16-112 添加几何体动画缓存

第16章 用Unreal Engine（虚幻引擎）合成写实角色动画 309

点左下角的播放键，就会只播放 20 到 90 帧的动画效果了（图 16-114）。

图 16-113　预览动画效果

图 16-114　设置动画长度

16.5.2　新建相机和设置景深效果

视频教程

步骤 1　在序列窗口上点击"新建相机并将其设为当前相机剪切"按钮，创建一个新的相机（图 16-115）。

步骤 2　在轨道或大纲窗口中选中相机，在细节面板中，设置 Filmback 为 16：9 Digital Film，将视图画面的宽高比设置为 16：9（图 16-116）。

图 16-115　新建相机

图 16-116　设置画面宽高比为 16：9

步骤 3　调整相机的 Lens Setting 为 85mm Prime f/1.8，这时因为相机由标准焦段调整为中焦段，画面会发生比较大的变化，可以先在视图中调整视角，把角色放在画面的中心位置（图 16-117）。

图 16-117　设置相机的焦段

步骤 4　现在的画面中，角色是模糊的，而远处的场景是清晰的，这是景深没有设置好的原因。现在默认的"聚焦方法"为 Manual，即手动聚焦。可以点击"手动聚焦距离"后面的小吸管，在场景中点击一下角色模型，就会看到"手动聚焦距离"的参数自动设置为相机与角色之间的距离长度，角色就变清晰了（图 16-118）。

步骤 5 但是角色是运动的，因此聚焦距离也要不断改变，这就需要把"聚焦方法"设置为 Tracking，即跟踪聚焦，然后再点击"要追踪的 Actor"后面的下拉菜单，选中角色模型，这样就可以始终聚焦在场景中的角色模型上了（图 16-119）。

图 16-118　手动聚焦的设置　　　　　　图 16-119　跟踪聚焦的设置

步骤 6 如果想增强景深效果，就需要先调整"最小光圈级数"为 1，这样在调整 Current Aperture（当前光圈数）的时候，就可以在"最小光圈级数"和"最大光圈级数"之间设置参数了。将 Current Aperture（当前光圈数）设置为 1，使景深效果变强（图 16-120）。

图 16-120　增强景深效果

步骤 7 将时间滑块拖动到第 90 帧的位置，打开最下面的 Transform 轨道，在"位置"属性上打一个关键帧（图 16-121）。

步骤 8 再把时间滑块拖动到第 20 帧，将视图向右移动一些，再打上关键帧，拖动时间滑块，会看到形成一个由右向左移动的镜头效果（图 16-122）。

图 16-121　在 90 帧处设置关键帧　　　　图 16-122　在 20 帧处设置关键帧

步骤9 打开"曲线编辑器",选中 Transform,调整动画曲线,使镜头移动的速度形成先快后慢的减速效果(图 16-123)。

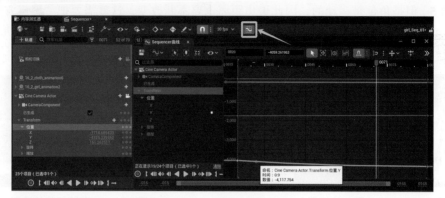

图 16-123 调整动画曲线

16.5.3 渲染设置

视频教程

步骤1 执行菜单的"编辑"→"插件"命令,打开"插件"面板,搜索并勾选启用 Movie Render Queue(影片渲染队列)插件,这时会弹出需要重启 UE 的提示,保存当前工程后对 UE 进行重启(图 16-124)。

步骤2 重启后,点击序列窗口上渲染图标右侧的三个点,在弹出的浮动菜单中,点击"影片渲染队列",然后再点击渲染图标(图 16-125)。

步骤3 打开"影片渲染队列"窗口,点击 Unsaved Config 字样(图 16-126)。

步骤4 在弹出的设置窗口中,先点击右上角的"未保存设置",在弹出来的浮动菜单中,点击 Still_Ultra,这是 UE 当中已经设置好的渲染预设,可以在调用该预设后,再在其基础上根据实际情况进行调整(图 16-127)。

图 16-124 启用影片渲染队列插件

图 16-125 切换到影片渲染队列

步骤5 点击左侧的"输出"字样,在右侧的面板中调整 Output Resolution 后面的参数为 3840 和 2160,即渲染输出的画面尺寸为 4K。再勾选 Use Custom Playback Range(使用自定义播放范围),并设置 Custom Start Frame 为 20,Custom End Frame 为 90,只渲染 20 到 90 帧的动画区间(图 16-128)。

步骤6 选中"设置"面板左侧的"exr 序列",这个设置选项是不需要的,按下键盘的 Delete 键将它删除。再点击面板左上角的"设置"按钮,在弹出的浮动菜单中,点击"png 序列"这个设置选项，这样就可以将渲染输出的图片设为 png 格式（图 16-129）。

图 16-126　点击 Unsaved Config 字样

图 16-127　打开 UE 渲染预设

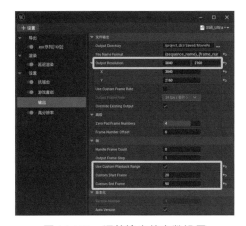

图 16-128　调整输出的参数设置

图 16-129　点击"png 序列"设置选项

步骤 7　在设置面板左侧选中"抗锯齿"，设置 Spatial Sample Count（空间采样数）和 Temporal Sample Count（时间采样数）的参数为 4，并勾选 Override Anti Aliasing（覆盖抗锯齿设置），以该设置覆盖掉系统默认的反锯齿设置（图 16-130）。

步骤 8　全都设置完以后，再点击右上角的"Still_Ultra"，在弹出的浮动菜单中点击"另存为预设"，把这些设置好的参数另存为 girl_render 预设，保存在 Sequence 文件夹中（图 16-131）。

图 16-130　设置抗锯齿

图 16-131　将该预设另存

步骤 9　点击设置窗口右下角的"接受"按钮（图 16-132）。

步骤 10　回到"影片渲染队列"窗口中，点击右下角的"渲染（本地）"按钮，开始进行渲染输出（图 16-133）。

图 16-132　点击"接受"按钮

图 16-133　开始渲染输出

步骤 11　渲染时会弹出渲染预览窗口，实时显示渲染的各种信息（图 16-134）。

步骤 12　渲染完毕后，渲染预览窗口会自动关闭，渲染好的文件会保存在 UE 工程文件夹下的 MovieRenders 文件夹中，可以使用其他后期软件对它们进行合成（图 16-135）。

图 16-134　渲染预览窗口

图 16-135　渲染完成的图片

最终完成的文件是素材中的"girl.uproject"文件，有需要的读者可以打开观看。

本章小结　　本章的主要学习任务是使用 UE，对之前完成的所有素材进行导入、整合以及最终渲染输出的流程和方法。需要掌握的内容包括各种格式素材的转换和导入、UE 的基础操作和项目设置、虚幻商城中资源的使用、UE 灯光的制作和渲染输出的流程和设置等，让大家了解并掌握 UE 的工作流程和使用方法。

课后拓展

1. 将所有完成好的模型、贴图、动画等素材导入 UE（虚幻引擎）中。
2. 使用虚幻商城，下载素材，添加到场景中。
3. 在 UE 中重新制作灯光。
4. 添加摄像机，并制作景深效果，将完成的动画进行渲染输出。